Flutter跨平台开发

核心技巧与应用

程序员老刘　编著

FLUTTER CROSS-PLATFORM
DEVELOPMENT CORE SKILLS AND APPLICATIONS

化学工业出版社
· 北京 ·

内 容 简 介

本书是一本系统且实用的Flutter全栈开发指南，内容涵盖Flutter框架原理、Dart语言核心特性和开发环境搭建等基础知识，以及UI构建、路由管理、动画处理与网络请求等关键技术讲解。同时，本书通过一个完整的图书阅读App项目，实战演示企业级架构设计、状态管理和混合开发方案，并引入测试驱动开发（TDD）提升代码质量。全书理论结合实战，致力于帮助读者从零掌握商业级应用开发全流程。

本书适合移动开发初学者及希望系统提升Flutter技术能力的工程师阅读学习。

图书在版编目（CIP）数据

Flutter跨平台开发核心技巧与应用 / 程序员老刘编著. -- 北京 : 化学工业出版社, 2026. 1. -- ISBN 978-7-122-49240-1

Ⅰ. TN929. 53

中国国家版本馆CIP数据核字第20250NN787号

责任编辑：于成成　　　　装帧设计：王晓宇

责任校对：李　爽

出版发行：化学工业出版社（北京市东城区青年湖南街13号　邮政编码100011）

印　　装：三河市航远印刷有限公司

787mm×1092mm　1/16　印张 $24\frac{3}{4}$　字数659千字

2026年2月北京第1版第1次印刷

购书咨询：010-64518888　　　　售后服务：010-64518899

网　　址：http://www.cip.com.cn

凡购买本书，如有缺损质量问题，本社销售中心负责调换。

定　　价：128.00元

PREFACE

前言

当 ChatGPT 能生成代码、Midjourney 能绘制 UI、Copilot 能自动补全程序时，一个灵魂之问自然浮现：在 AI 可以自动生成代码的时代，为什么我们还要学习编程？

这个问题背后，暗含着对技术本质的深刻思考。AI 确实正在改变软件开发的面貌：它能将自然语言转化为基础代码，能根据草图生成界面原型，甚至能协助调试程序错误。但就像望远镜的发明没有让天文学家失业，而是让人类看得更远一样，AI 本质上是开发者思维的延伸工具，而非替代品。

让我们回归编程的本质：AI 的代码生成是基于已有数据的模式匹配，就像用已知色块拼贴的油画，永远无法突破训练数据集的边界。当面对从未出现过的交互需求时（比如全新的手势操作体系），当要创造具有艺术美感的动效时（比如符合材料设计与拟态风格融合的过渡效果），这些需要人类独创性才能解决的问题，AI 只能停留在“近似模仿”的层面。

本书的创作初衷，正是要带领开发者穿透 AI 辅助的迷雾，掌握真正的开发者思维模式。我们将通过 Flutter 这个融合了渲染引擎、响应式框架和平台能力的跨端利器，深入探讨三个核心命题：

① 解构与重构的艺术：在模块化拆解练习中，你会亲历将复杂交互界面拆解为 Text、Stack、Positioned 等基础组件的全过程，就像画家理解三原色般掌握 UI 的原子构成。这种将抽象需求转化为具象可操作的细节的能力，是我们解决大多数问题的底层能力，这样的思维框架绝不仅仅只用于代码开发。

② 创造力的技术实现：在自定义绘制组件中将揭示如何用 CustomPaint 突破现有组件的限制，就像雕塑家用刻刀赋予大理石生命。当你要实现一个从未有过的复杂图像进度条，或是构建具有物理特性的滚动效果时，正是开发者思维绽放火花的时刻。

③ 逻辑的精确之美：在架构设计中，我们会深入探讨如何设计可维护的状态流转架构。这种在数十个异步事件、数百个组件间构建确定性逻辑链条的能力，恰是人类思维严谨性的最佳体现。

选择 Flutter 作为载体绝非偶然。这个融合了 Dart 语言的简洁、响应式编程的优雅，以及自带渲染引擎强悍性能的框架，为我们提供了绝佳的思维训练场：它的热重载特性让创意快速可视化，Widget 树结构天然契合模块化思维，而跨平台能力则要求开发者建立抽象统一的逻辑模型——这些特质，使得 Flutter 成为培养现代开发思维框架的理想选择。

当你跟随本书完成第一个自定义 Sliver 效果，当你亲手实现复杂的交错动画，当你在多端平台上看到完全一致的渲染效果时，你会理解：编程不仅是与计算机对话的技术，更是将抽象创意具象化为数字世界的魔法。这种创造的真实感，这种逻辑的掌控感，正是 AI 时代开发者不可替代的价值所在。

让我们开启跨平台开发框架的学习之旅，从第一个“Hello World”开始，见证代码如何超越工具属性，成为思维跃迁的阶梯。

编著者

CONTENTS

目录

第4章 Flutter开发基础

第1章 Flutter简介

1.1 跨端技术的发展历史

1.1.1 原生开发

原生应用程序开发是指使用相应平台支持的开发工具和语言基于平台 SDK（Software Development Kit）开发的应用程序。例如使用 Java、Kotlin 语言基于 Android SDK 开发 Android 端的 App。图 1-1 展示了 Android 与 iOS 两个原生平台的架构对比。

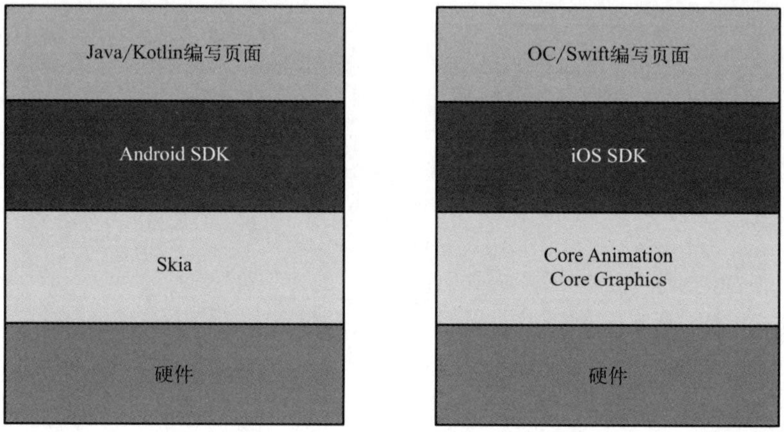

图 1-1 Android 与 iOS 原生开发对比

(1) 原生开发的优势

原生开发体系都是系统官方提供的，所以其稳定性、兼容性和性能通常来说都是最好的。特别是对于 Android、iOS 这类手机系统来说，只有原生 SDK 能够调用系统提供的各种功能，比如定位、获取手机电池信息等。我们后面提到的所有跨平台开发框架，本质上都是通过系统原生 SDK 来实现对手机系统硬件功能的调用。

(2) 原生开发的缺点

① 开发成本高 以手机端 App 为例，同样的功能，需要 Android 和 iOS 两个平台各维护一套代码包括对应的一组开发人员。与之相应的测试也需要在每次开发完成后测试两个平台。

这种每个平台一套代码的模式带来的不仅仅是多了一个团队维护的成本问题，更严重的是会造成不同平台上的 App 的差异性越来越大。

② 平台差异化严重 想象一下你是一个既会 Android 开发也会 iOS 开发的程序员，要开发一款手机 App。你能否保证在 Android 端和 iOS 端的代码逻辑是完全一致的？我想谁都保证不了。因为 Android 和 iOS 两个系统的开发体系在一开始就是不一样的。不仅仅是编程语言的不同，其中 SDK 的设计思路也有很大的差异。

那么放到两个不同的开发团队身上，这种差异化就会大很多倍。一个人写两套代码至少大概逻辑是一致的，但是两个团队可能在逻辑上就会南辕北辙。比如笔者参与的一次项目需求评估，当时有一个商品详情页需要修改。结果 Android 团队评估的修改时间是 1 人天，iOS 端需要 8 人天。原因就是 Android 端和 iOS 端在这个页面中处理不同商品类型的逻辑完全不同，Android 端只需要为新需求增加一个商品类型即可，iOS 端则需要修改整个商品分类逻辑。

随着项目一次次迭代，两个平台的项目差异会一次次累积、放大。最终结果就是两个平台的 App 不仅仅内部逻辑不一样，就连 UI 交互都会有一定的不同（这里的不同指剥离平台本身交互习惯差异之后的部分）。

这种差异性会同时影响用户体验和开发效率。拿我自己来说，我手机是 Android 系统，平时喜欢用 iPad 看看书和视频。比如我在家的时候会用 iPad 看书或者看视频，出门后可能直接切换到手机上继续看。这时很多 App 在 Android 端和 iOS 端行为上的差异会让我的使用体验突然变差。

那这又是如何影响开发效率的呢?

当你的产品在不同平台上的差异开始影响用户体验的时候，产品经理会在后续的需求版本中将这种差异性强行统一。比如以 iOS 端为标准，Android 端改成和 iOS 端一样。另一方面随着产品迭代，新需要的加入会被动地要求两端的逻辑趋于一致。比如前面说的 1 人天和 8 人天，最终 iOS 端花了一周时间把代码逻辑重构成和 Android 端一致了。

③ 动态化能力较差　我们知道手机端 App 的发布是通过应用商店的。也就是说如果你开发了新的功能，只能打包一个新的 App 版本，然后上传应用商店。用户则可以选择是否要更新最新版本的 App。这种模式对开发者来说其实是很不方便的。

比如马上“双十一”，我的 App 针对“双十一”开发了一些促销类的功能。如果这个版本的 App 在临近“双十一”的时候发布，可能有大量的用户没有升级，就会影响我的促销活动。所以我们只能提前一到两周就把新的版本发布到应用商店，而开发计划可能需要提前一个月甚至两个月就开始进行。即使这样，也没办法保证所有的用户都能及时升级 App。一般从后台统计数据来看，能有 90%以上的升级比例就已经很不错了。

如果到了临近促销的日期，有什么突然增加的促销活动，这时候原生开发也没有太好的办法应对。

另一种情况是出现 Bug。我们开发 App 总是难免会出现一些 Bug。如果是一些不重要的场景出现 Bug 也还好，只要等下一个 App 的发布版本修复就好。但是如果是核心功能、用户最常用的场景出现 Bug 就比较麻烦。比如用户点开某个页面就闪退。这时候即使程序员熬夜加班修复了 Bug，也要等 App 发布应用商店—应用商店审核—用户升级。等这一套流程走完，可能已经造成比较大的影响了。

面对上面这些问题时，作为开发者，当然希望能绕开应用商店，实时发布 App 的更新。其实很多大厂都开发了一些基于原生的动态化解决方案，比如常见的原生热补丁方案。但是这些方案都或多或少有兼容性、覆盖范围的问题。

前面用不小的篇幅介绍原生开发的问题，主要是为了说明为什么这些年来各种跨平台框架层出不穷。本质上它们都是试图解决或者规避原生开发的问题。那么接下来我们就来看看跨平台开发的发展历程。

1.1.2 Hybrid

不管是桌面端还是手机端系统的开发框架都提供了在应用内展示 Web 页面的方案。在 Android 和 iOS 系统内是通过 Webview 实现的。Hybrid 技术本质上就是在 App 内通过 Webview 展示 Web 页面。

开发者把原先需要原生开发的页面的内容通过 H5 网页的形式开发。为了增加 Web 页面与原生内容在展示上的一致性，网页中的 JS 代码与原生代码通过 JsBridge 通信，页面中部分内容（如对话框）会通过 JsBridge 调用原生展示。这样在对性能要求不高的页面上，用户的使用体验和原生页面相差不大。

严格来说 Hybrid 技术不能算是一种独立的技术框架，因为它是原生开发本身就支持的。顶多是在原生项目中为 H5 页面增加一些 JsBridge 的调用接口。也正是因为这个原因目前达到一定规模的 App 中都或多或少会采用这种技术。比如很多电商类 App 的促销活动页就经常使用 H5 页面实现。

我们常见的小程序一定程度上也可以划分到这个类别，只不过小程序的 API 定制化程度更高，并且在 Webview 层面也做了很多的定制和优化。另外一个比较新的框架 Tarui 也属于这个类型，目前已经发布了 2.0 版本，支持 Linux、macOS、Windows、Android 和 iOS 平台。

1.1.2.1 Hybrid 技术的优势

(1) 开发效率高

一般来说，Hybrid 页面的开发效率会比开发原生页面还高。一方面由于开发的页面是标准的 H5 页面，所以前端开发中庞大的生态体系都可以正常使用。另一方面，我们知道很多 App 都有对应的 Web 版本，所以 Hybrid 页面也能复用 Web 网站中的很多代码。

(2) 不需要引入额外的框架

因为原生开发框架本身就支持 Webview 技术。所以 Hybrid 不需要额外地引入一些库去支撑。这就意味着对应用的打包大小不会有额外的影响。这对于一些对包大小很敏感的 App 可以说是非常友好的。

(3) 动态化能力极佳

前面我们介绍原生开发的缺点时提到了动态化的问题。Hybrid 技术可以说是动态化问题最好的解决方案了。

H5 页面每次打开的时候都会向服务器请求最新的页面，所以 Hybrid 其实是实时发布，没有提前发布的问题，用户每次打开的页面都是最新版本。

另外因为是原生系统就支持的技术，也不存在第三方原生热补丁方案的兼容性等缺陷。

所以我们可以看到各个电商 App 中逢年过节的促销活动页面，大部分都是基于 Hybrid 技术的 H5 页面。

既然 Hybrid 技术有前面说的那么多优势，为什么它一直没有成为 App 开发的主流技术方案呢？为什么众多大型 App 都只把它作为活动页面的选项，而不是大部分核心页面的选择呢？接下来我们看看 Hybrid 技术的缺点。

1.1.2.2 Hybrid 技术的缺点

(1) 性能欠佳

性能问题可以说是 Hybrid 技术的核心缺陷，如果能解决性能问题，Hybrid 就是跨平台开发甚至是客户端开发的首选技术方案。

Hybrid 的性能有多差呢？它可以说是所有跨平台开发框架中性能最差的一个。这也很好理解，毕竟是一个 Webview 渲染的网页。

其实对一般的交互并不复杂的页面来说，Hybrid 的性能并不差。就好像我们通过浏览器看新闻，即使有很多图片，网页也不会卡顿，顶多是图片加载的速度会慢一点。但是对于大量交互的场景，特别是页面内有很多实时动态效果的页面，Webview 进行实时运算和渲染就有点捉襟见肘了。所以简单来说对于比较复杂的页面，在 Hybrid 页面上会有明显卡顿的感觉。

(2) 存在一定碎片化问题

这里的碎片化是指同样的代码，在不同手机系统、不同的系统版本上展示效果可能不完全一致。

大家可能会有这样的体会，同一个网站，用不同的浏览器打开，展示效果上会有一些细微的差异。不同手机系统比如 Android 和 iOS，以及同一个系统的不同版本，它们提供的

Webview 并不完全相同。就好像是不同的浏览器一样。

特别是不同的 Webview 针对 JS 语言的支持也不一样。如果你的代码使用了比较新的语法，在一些较老的系统上就可能碰到不兼容的问题。

总的来说碎片化不是太大的问题，因为还是能够通过开发过程中的一些技术手段来规避和优化的。但是性能问题因为是 Hybrid 技术的架构导致的，不仅对用户体验的影响比较大，而且还没有太好的应对办法。就是因为这个原因，才出现了接下来要说的第二种跨平台开发方案。

1.1.3 中间层开发+原生渲染

Hybrid 的性能低下主要是因为其通过 Webview 进行渲染。那如果把 Webview 替换成原生开发的各个组件是不是就能提升性能了呢？很多人听说过的 RN（React Native）就是基于这种思想设计的。

RN 采用了前端常用的 React 技术来编写页面，但是最终生成的页面内容并没有交给 Webview 来进行渲染展示，而是将生成的页面信息转换成原生的各种组件，然后在原生框架中进行渲染。

从图 1-2 原生开发与 RN 开发对比中可以看出来，RN 使用 JS 开发页面和逻辑。然后把页面相关的信息传递给原生的 RN 模块。原生的 RN 模块把页面的内容转换为原生的各种组件，然后交给原生 SDK 进行渲染。

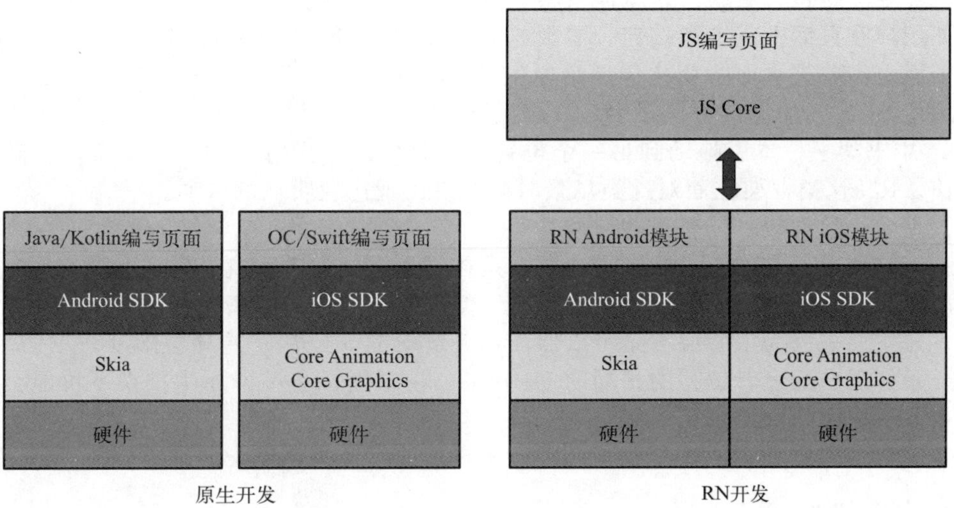

图 1-2 原生开发与 RN 开发对比

中间层是软件工程中最常用的一种解决方案，其最大的好处就是灵活、省事。有了 RN Android 和 RN iOS 两个中间层，就可以在其上随意搭建自己的页面框架了。这样基本不需要考虑底层系统带来的影响，理论上一切差异都可以在中间层搞定。当然在实际的工程实践中做不到这么完美，不过也足以满足工程应用了。微软的 MAUI、阿里的 Weex 也属于这种模式。

1.1.3.1 中间层方案的优点

(1) 开发效率高

中间层方案在开发者这一侧通常都采用了很成熟的技术方案，比如 RN 采用了 React，MAUI 则是微软的 .Net 体系。它们都是成熟稳定的开发框架，具有非常丰富的生态。对于开发者来说可以很好地降低学习成本，并且成熟而丰富的三方库也能提升开发效率。

（2）性能相对于 WebView 大幅提升

由于所有的渲染展示都是在原生层面完成的，所以性能上会比 Hybrid 中的 WebView 高很多。特别是对于交互简单的页面来说，比如展示一个商品的详情，其性能和原生基本一致。

（3）动态性很好，可以热更新

相对于原生开发来说，由于页面都是由非原生的技术体系开发的，所以很容易摆脱应用打包的限制。以 RN 为例，不需要发布新的 App 版本，在线更新页面内容是很容易的事情。所以采用中间层方案的框架通常都有很好的动态化能力，也就是很容易进行热更新这类操作。

1.1.3.2 中间层方案的缺点

（1）复杂场景性能不足

虽然中间层方案相对于 Hybrid 性能已经有了很大的提升，但是面对交互复杂或者计算量较大的场景时性能仍然不足。我们以 RN 为例，性能损失的主要原因有以下两个方面。

① 中间层本身的消耗　中间层肩负着上下层转换的工作，这本身就会带来内存和 CPU 等运行期资源的消耗。相对于原生开发来说，这种损耗是额外增加的。在客户端这种对流畅性非常敏感的应用场景下，就会很容易造成用户体验下降。

② 上下层通信造成的延迟　要知道，页面不是一次渲染就放在那不动了，随着用户的操作，页面要随时进行更新。这就涉及了上下层的通信。

比如用户在页面上点击了按钮，需要把点击事件从原生 SDK 传递给 JS 页面。JS 页面响应点击后也需要把页面的变化传递给原生 SDK。这种跨编程语言运行时的通信，比原生组件和原生 SDK 间的通信要慢很多。如果碰到用户拖动一个页面元素移动的场景，比如把阅读 App 中书架上一本书拖动到另一个位置。这时用户手指每移动一个像素，就需要进行一次通信。RN 这类框架在面对这类场景时就容易出现比较明显的卡顿。

（2）平台一致性较差，有兼容问题

这一点其实也不难理解。既然最终页面是在原生框架内进行渲染展示，那么原生框架所具有的两端不一致的问题中间层方案也会有。但是中间层方案的情况会比直接使用原生开发好很多。这主要是因为中间层方案可以保证业务逻辑的一致性，差异会限制在 UI 展示的层面。主要是体现在开发者编写的相同的 UI 效果，在不同平台不同原生框架下可能会存在最终展示效果不完全一致的情况。

正是因为中间层方案的这些缺陷，因此才有了后面那些更复杂的解决方案。

1.1.4 自渲染框架

既然使用各平台原生渲染会带来兼容性和一致性问题，同时性能也有不足。那为什么不在各个平台使用统一的一套渲染引擎呢？Flutter 就是基于这种思路设计的。

从图 1-3 原生开发与 Flutter 开发对比　中可以看出来，Flutter 重写了一套 SDK 用以代替原生的 SDK。其实图中没有画出来的是在 SDK 和 Skia 引擎中间还应该有一个 Flutter 引擎层。通常 SDK 只是给开发者提供一个接口，基于 SDK 开发出来的页面需要经过 Flutter 引擎的处理才能传递给 Skia 进行绘制。所以简单来说就是 Flutter 重建了一整套和原生框架一样的 UI 体系。

那么这样的设计思路带来了哪些优势和不足呢？

1.1.4.1 Flutter 的优点

（1）媲美原生的性能

Flutter 这类自带整套渲染引擎方案最大的好处就是可以做到和原生完全一致的架构。

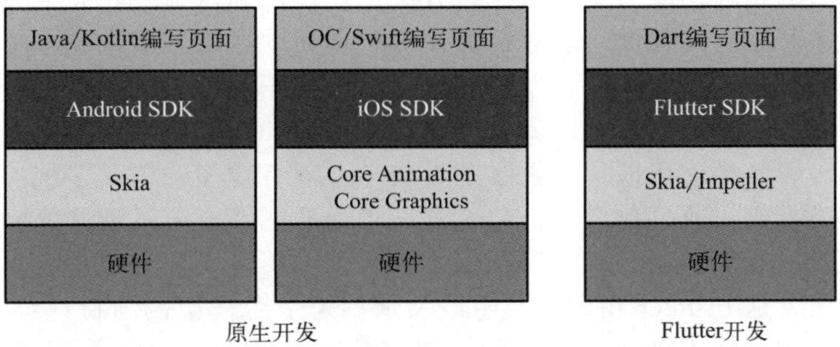

图 1-3 原生开发与 Flutter 开发对比

这样自然也就没有了中间层方案的性能损耗。这也是为什么 Flutter 可以做到媲美原生的性能的根本原因。而随着 Impeller 等新一代渲染引擎的投入使用，Flutter 在性能上超越原生也是非常有可能的。

（2）极致的多端一致性

同样是因为自带渲染引擎，不同的手机系统对 Flutter 来说，从图形绘制这个角度看都是一样的，都是 CPU 和 GPU 的抽象硬件提供者。同一套 Flutter 代码，在 Android 和 iOS 上执行，从业务逻辑到页面布局再到最终渲染，都是在 Flutter 内部完成的。因此，通过 Flutter 实现的功能，在不同系统手机上的呈现效果是高度一致的。

前面这两个优点其实是自渲染框架自身的架构特点带来的，可以说是大多数自渲染框架共有的优势。接下来介绍一下 Flutter 本身独有的一些优势。

（3）超越原生的开发效率

其实说到自渲染框架，还有一个比较出名的是 Qt，Qt 在桌面端的流行度还是比较高的，但是在手机端一直没有被大范围的采用，其中一个很重要的原因就是开发效率比较低。这一方面和 Qt 采用 C++作为核心开发语言有关，另一方面也和 Qt 一直没有为手机端提供一系列有针对性的组件库有关。

反观 Flutter 在开发效率方面就做得非常好。

首先 Flutter 采用了 Dart 作为其开发语言，相对于 C++，Dart 语言通过提供现代语言特性如垃圾回收、类型推导、异步编程支持，极大地简化了开发流程。同时 Dart 支持热重载功能，允许开发者在应用运行时快速地看到代码更改的效果。这意味着开发者可以立即看到 UI 更改，而不需要重新启动应用，大大加快了开发和调试过程。这些因素共同作用，显著提高了开发者的开发效率，尤其是在快速迭代和 UI 开发方面。

其次就是组件库。Flutter 提供了一个丰富的组件库，这些组件可以快速组合和定制，以创建复杂的用户界面。这些预制的组件减少了从零开始构建 UI 元素的时间。除了 Flutter 官方提供的组件外，还有大量的第三方组件可以通过 pub.dev（Flutter 的包管理平台）获取。这些第三方组件提供了额外的功能，如社交媒体集成、支付处理、广告服务等。

得益于 Dart 的高抽象程度和热重载功能以及 Flutter 生态带来的大量成熟组件，Flutter 在日常开发中可以得到比原生开发更高的开发效率。

（4）工程级单元测试能力

随着项目规模的增加和复杂性的提升，传统的瀑布模型流程（设计—开发—测试）已经无法满足现代化大规模项目的管理需求。这种线性流程往往导致项目周期长、响应市场变化慢、错误修复成本高，且难以适应频繁的需求变更。因此，现代软件开发采用了更为灵活和高效的方法论，如敏捷开发、持续集成（CI）和持续部署（CD）以及测试驱动开发（TDD），这些方法已经成为现代化项目开发的必备条件。

而开发框架的单元测试能力是上面这些方法论的基础和保证。在大型项目中，单元测试是确保代码质量和可靠性的关键，它通过验证每个单元（通常是函数或方法）的功能来帮助发现和修复早期阶段的错误和缺陷。单元测试促进了代码的模块化和解耦，提高了代码的可维护性和可扩展性，使得开发者可以更自信地进行重构和添加新功能。此外，单元测试作为一种自动化测试，可以快速反馈代码更改是否破坏了现有功能，这对于维护大型项目的稳定性和持续集成至关重要。通过持续运行单元测试，团队能够及时发现并修复问题，减少回归错误，提高整体开发效率和项目质量。

而单元测试能力是 Flutter 相对于原生以及众多跨平台框架的独特优势。Flutter 的单元测试框架是一个全面且强大的工具，它不仅支持广泛的测试类型，还提供了丰富的工具和 API 来确保测试的全面性和效率。这使得单元测试成为 Flutter 开发中不可或缺的一部分。

① 核心框架和工具：Flutter 的核心框架提供了丰富的工具集，使得编写测试变得容易，从而使得单元测试成为开发过程中的一个有机组成部分。

② 测试包：Flutter 提供了两个主要的测试包——test 和 flutter_test。test 包提供了编写单元测试的核心框架，而 flutter_test 包则提供了额外的功能来测试 Flutter 的 UI 组件。

③ 测试类型：Flutter 支持三种主要的测试类型：单元测试、小部件测试和集成测试。单元测试用于验证单个函数、方法或类的行为。小部件测试用于验证 Flutter 小部件的行为，而集成测试则用于验证多个组件之间的交互和数据流。

④ 自动化测试和持续集成：Flutter 还支持自动化测试和持续集成，确保代码的质量和可靠性。这包括使用工具如 Dart Analysis Server 和 Flutter Test Runner 来自动化测试过程。

⑤ 测试策略：Flutter 的设计允许开发者编写高效的单元测试，这些测试可以在代码更改后快速执行，从而加快开发周期。此外，Flutter 的测试策略还包括使用模拟数据和断言来确保代码的行为符合预期。

相比于 Android 和 iOS 的原生开发，Flutter 的单元测试执行速度非常快，因为 Flutter 允许单文件运行测试例，而无需编译整个工程。这种秒级的运行速度为真正的测试驱动开发（TDD）提供了可能，使得开发者可以快速编写测试、运行测试并根据测试结果进行代码修改，从而提高了开发效率和代码质量。

前面我们介绍了自渲染框架的优点，以及作为这种方案的代表 Flutter 的独有优势。但是有所得必有所失，自渲染框架因为其特殊的架构具备了很多优势也必然要为这种架构付出一些代价，接下来就来看看自渲染框架的缺点。

1.1.4.2 Flutter 的缺点

（1）学习曲线较陡

其实 Flutter 本身的设计理念并不复杂，甚至算是比较简洁清晰的。但是一方面 Flutter 采用了全新的编程语言 Dart，另一方面 Flutter 采用的一切皆组件思路、声明式编程以及响应式模型和现有的原生开发都有一定的差异。所以对初学者来说还是要花费一定的时间和精力进行学习才能掌握。

（2）包体积较大

自渲染框架最直接的一个问题就是会显著地增加应用的打包体积。这也很好理解，原生开发的渲染引擎都是操作系统自带的。Hybrid 使用的 Webview 也是系统提供的，这两者都不需要额外地增加内容。即使是 RN 这样的中间层类型，其中间层也只是起到一个转换的功能，相对来说中间层还是比较轻量的。但是 Flutter 这类自带渲染引擎的框架需要把整个渲染引擎封装打包到 App 中。Flutter Framework 本身的大小为 5～10MB，再加上基于 Flutter 开发的页面引用到的一些内容，一个 Flutter 开发的 App 相对于原生 App 安装包一般至少会增加 10MB 以上。对于很大一部分手机 App 的安装包来说，这个增量不算小了。

(3) 离不开原生支持

Flutter 在不同系统上只能通过系统的 SDK 来调用系统功能。比如在 Android 上只能基于 Android SDK 调用手机的定位、相机等功能。前面说的中间层方案，因为最终调用的还是系统级的 SDK，所以可以很方便地调用系统的相关功能，只是需要考虑不同系统的差异性问题。但是以 Flutter 为代表的自定义引擎方案，就没有这种优势了。

Flutter 的整套体系都是自定义的，而且 Dart 语言也无法直接调用 Java 体系的 SDK。这就造成了 Flutter 本身只能是一个 UI 系统，当我们的 App 需要用到系统的各种功能时，Flutter 只能通过一些外部的手段解决。Flutter 通过 channel 机制已经可以比较方便地调用原生系统的功能了。但是如果是碰到摄像头实时预览这类数据量很大的功能，仍然会有性能方面的损耗。

本节我们介绍了跨平台开发技术是如何逐步发展到目前这种多种框架并存状态的，并详细说明了 Flutter 框架的优缺点。其实还有一些比较小众的跨平台框架没有讲到，比如采用转义方案的 Skip。之所以是多种框架并存，本质上是因为不同类型的框架适用于不同的场景，但同时也有自身的问题。

作为开发者，我们不能期待着有一个技术只有优点没有缺陷，我们学了它就再也不用学习新的技术了。反之能根据产品、项目的特点选择合适的开发框架，并且在需要的时候能快速掌握新的技术栈，才是我们应该努力具备的能力。

好了，梳理完跨平台技术的发展脉络，接下来我们正式介绍一下 Flutter。

1.2 Flutter 是什么

Flutter 是一个由谷歌开发的跨平台开发框架，它允许开发者使用单一代码库，主要通过 Dart 编程语言，来构建运行在 iOS、Android、Web、Windows、Mac 和 Linux 上的高性能、高保真的应用程序。Flutter 的核心在于其丰富的 Widget（组件）集合，这些 Widget 封装了大量平台的 UI 组件和功能，使得开发者可以轻松创建具有原生外观和感觉的应用界面。此外，Flutter 的热重载特性使得开发过程中的迭代和调试变得异常高效，而其独立的渲染引擎则确保了应用的流畅性、高性能以及极高的多平台一致性。

1.2.1 为什么是 Dart

Flutter 诞生之初就有很多人有疑问，为什么谷歌选择了 Dart 作为其开发语言。因为在那个时候 Dart 并不出名，生态也谈不上好。

首先 Flutter 官方提到过一个原因：Dart 团队的办公室与他们比较近，这使得在开发过程中可以更方便地进行沟通和协作。这确实是一个很充分的理由，不过笔者觉得这里还是应该介绍一下为什么没有选择一些其他的编程语言，以及 Dart 的优势。

1.2.1.1 Java、Go 和 JavaScript

(1) Java

其实 Java 在 Android 端的表现是很不错的，在开发效率和运行效率间找到了一个比较理想的平衡点。但是谷歌没有选择 Java，这可能与其技术路线调整有关。

(2) Go

Go 语言虽然是一个强大的编程语言，特别擅长处理高并发和大规模的网络问题，但是这些特性更适用于服务端开发。对于客户端编程来说，Go 的这些特性不太有机会发挥其威力。

(3）JavaScript

JavaScript 的解释执行和动态类型特性虽然提供了灵活性和便利性，但在性能方面无法满足 Flutter 对高性能用户界面和流畅动画的要求。此外，动态类型增加了代码的复杂性和维护难度，这对于 Flutter 这样注重开发效率和代码质量的框架来说是一个重要的考虑因素。而 Dart 语言的设计初衷之一就是弥补 JavaScript 在性能、可扩展性和结构化编程方面的不足，从而为开发者提供一个更高效、更现代化的编程选择。

前面介绍了三个大家争论比较多的编程语言没有成为 Flutter 开发语言的原因。当然还有很多优秀的编程语言，但是 Flutter 团队最终选择了 Dart 肯定不仅仅是因为办公室离得近，Dart 本身在很多方面的表现也非常优秀。

1.2.1.2 Dart 的优势

(1）性能优势

我们先来看图 1-4 所示的编程语言性能测试排名。

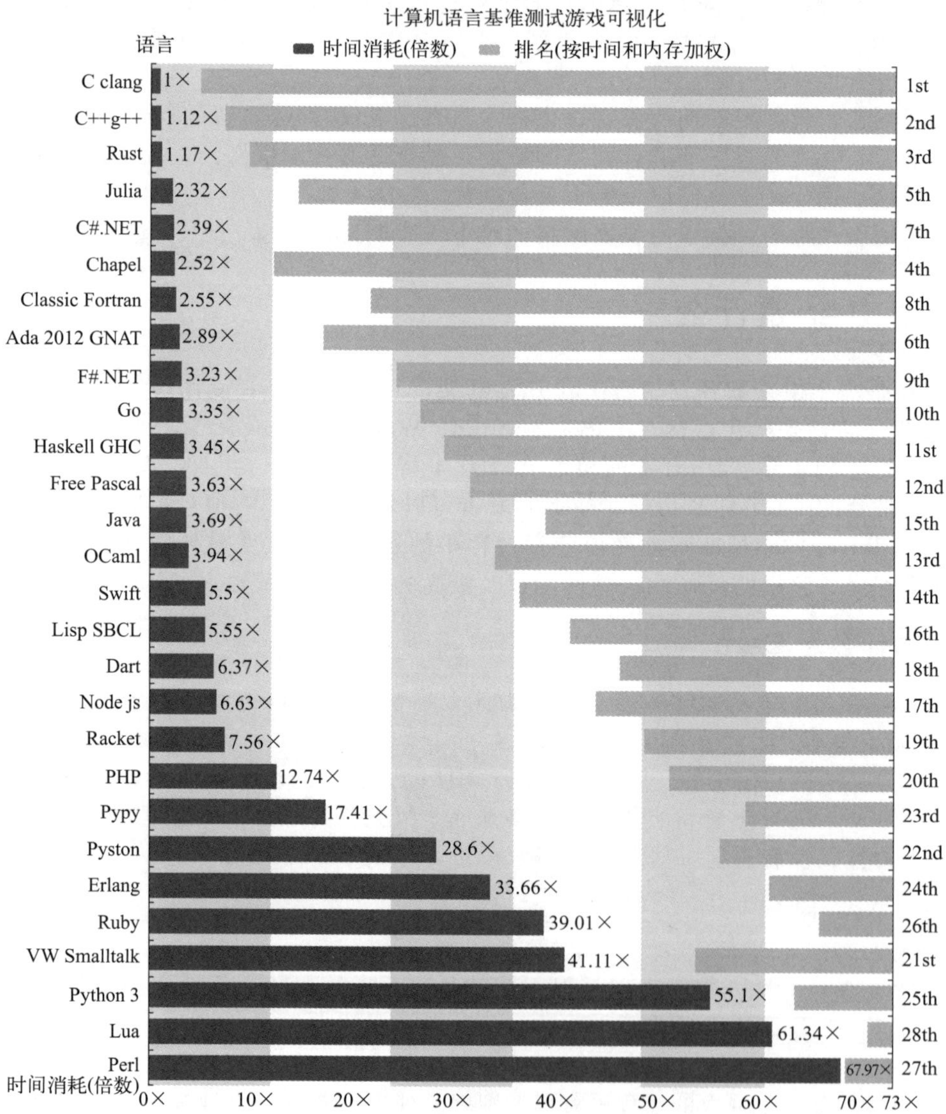

图 1-4 编程语言性能测试排名

可以看到 Dart 的性能和 Java、Swift 等语言是在一个梯队的，从历史经验看这个性能水平足以支撑客户端项目的开发。

(2) 两种编译模式

在开发过程中，快速的开发周期对于迭代至关重要。Dart VM 支持即时编译（JIT），编译器拥有增量重编译功能（支持热重载）、运行数据收集以及丰富的开发调试支持。

当应用程序可以部署到生产环境时（例如 App 的打包发布），Dart AOT 编译器可以编译成原生的 ARM 或 x64 的机器码。经过 AOT 编译的应用程序将稳定快速地启动。

经过 AOT 编译的代码会在高效的 Dart 运行环境中运行，该运行环境拥有健全的 Dart 类型系统，并使用快速对象分配和垃圾收集器来管理内存。图 1-5 汇总了两种编译模式编译到不同平台的场景，其中在 Web 平台上，目前最新版本的 Flutter 已经不再支持 JavaScript。

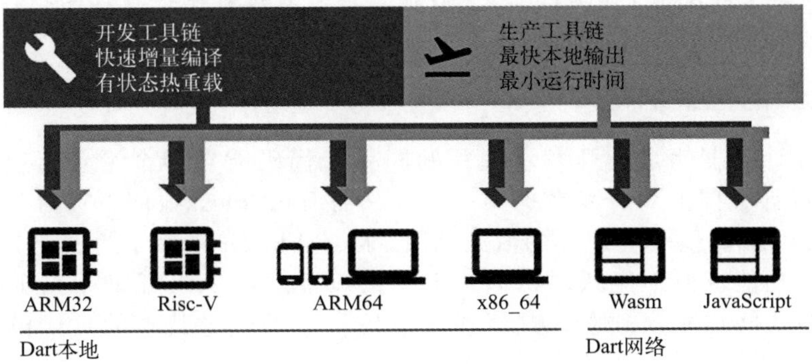

图 1-5　Dart 的两种编译模式

(3) 统一开发体验

得益于 JIT 编译模式，Dart 允许 Flutter 避免需要单独的声明式布局语言（如 JSX 或 XML），也不需要单独的可视化界面构建器。开发者可以直接使用 Dart 进行声明式编程完成页面布局，同时也能实时运行最新的代码来看到布局效果。

使用一种语言进行所有的布局开发工作可以简化开发过程并提高代码的一致性和可维护性。这一点很多 Android 开发者会有比较深的体会。Android 早期的开发方式是使用 xml 进行页面的静态布局，但同时又可以通过 Java 代码修改和调整页面内容。这就造成了如果发现页面的问题需要同时排查 xml 和 Java 代码，如果需要对页面进行修改也经常要同时修改 xml 和 Java 两套代码。

(4) 提高开发效率

Dart 语言的高开发效率主要体现在以下四个方面。

① 即时编译：Dart 的即时编译特性允许开发者在开发过程中随时方便地检查代码的运行效果，这极大地加速了开发和调试过程。开发者可以快速看到代码更改的效果，从而提高了开发效率。

② 面向对象和函数式编程的支持：Dart 同时支持面向对象和函数式编程两种抽象模式，为代码的抽象设计提供了很好的基础支持。这种灵活性使得开发者可以根据具体需求选择最合适的编程范式，从而更高效地进行代码设计和实现。

③ 简化的并行处理机制：Dart 基于 isolate 的并行处理机制简化了并行编程的复杂性。isolate 是一种轻量级的线程，它们之间通过消息传递进行通信，避免了传统线程编程中的同步和死锁问题。这种机制使得并行编程更加容易和安全，从而提高了开发效率。

④ 自动内存管理：Dart VM 提供了自动内存回收机制，让开发者可以专注于业务逻辑

的实现，而不必担心内存管理的复杂性。自动内存回收机制减少了内存泄漏和手动内存管理的负担，使得开发者可以更高效地编写代码。

编程语言是开发框架的基石，其底层思维逻辑与编程语言的设计逻辑之间存在极强的相关性。Flutter 框架之所以能够高效地使用函数作为 API 的参数甚至是返回值，正是得益于 Dart 语言的函数式编程特性。这种设计逻辑使得 Flutter 能够提供更加灵活和强大的 API，从而支持高度动态和响应式的用户界面开发。

Dart 语言的设计逻辑为 Flutter 框架提供了一个高度安全可控的编程环境。Dart 的现代编程特性，如静态类型系统、面向对象和函数式编程的支持，以及高效的即时编译和热重载特性，为 Flutter 框架的开发提供了坚实的基础。这些特性不仅提高了开发效率，还确保了代码的质量和性能。

此外，Dart 语言的简化并行处理机制和自动内存管理也为 Flutter 框架提供了良好的逻辑抽象支持。这些特性使得 Flutter 能够更好地处理多线程和内存管理问题，从而为开发者提供了一个更加高效和安全的开发环境。

1.2.2 Flutter 的框架结构

Flutter 的设计初衷就是让开发者编写的同一套代码能在多个平台上运行。这就要求 Flutter 在架构设计上向上对开发者提供一套统一的 framework，向下针对不同平台封装其差异并为 framework 提供一套统一的渲染 API。因此 Flutter 采用了组件化分层架构，上层依赖下层提供的功能，但不能跃层访问。上层依赖下层的 API 而非下层的实现，同时同一层内的各个模块间也相互独立。这就保证了任何一层或者其中的具体模块都是可以替换的。

图 1-6 展示了 Flutter 的整个框架体系，下面分别介绍架构中的每一层。

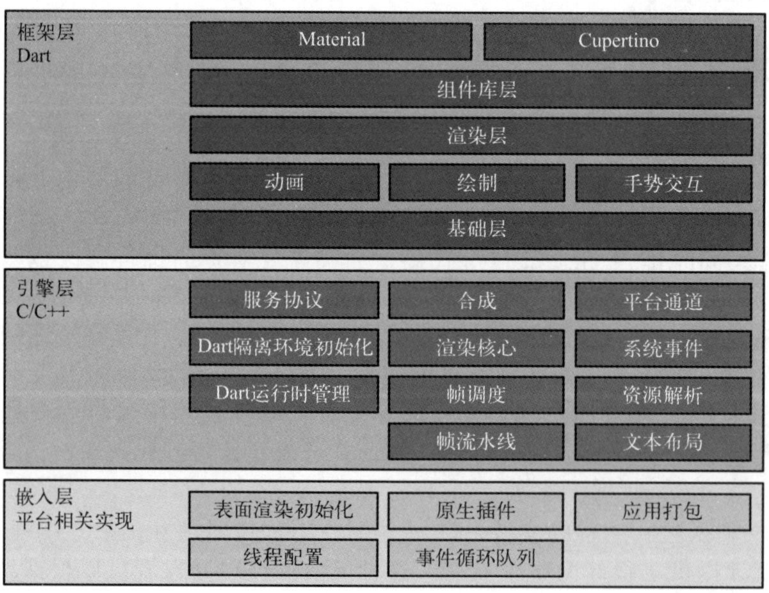

图 1-6　Flutter 架构

（1）嵌入层

一个 Flutter 应用，在不同的操作系统中都套上了一层对应操作系统应用的外壳。这让 Flutter 应用可以无缝融入不同操作系统的运行环境中被加载运行。

在每个平台上，Flutter应用都依赖于一个特定的嵌入层。这个嵌入层是Flutter应用与底层操作系统之间的桥梁，它负责提供程序的入口点，协调应用与操作系统的交互，并管理关键的服务，如表面渲染、辅助功能、输入事件以及事件循环队列。

为了确保最佳的兼容性和性能，嵌入层采用适合当前平台的语言编写。例如，在Android平台上，嵌入层通常使用Java和C++编写；而在iOS和macOS上，则使用Objective-C和Objective-C++。Windows和Linux平台则偏好使用C++。

虽然Flutter自身包含了针对常见平台的嵌入层，但它的开放性也意味着存在其他第三方嵌入层。这些嵌入层可能提供额外的功能或者针对特定场景的优化，进一步扩展了Flutter的应用范围。

（2）引擎层

Flutter引擎是Flutter框架的核心，它负责处理Flutter应用的底层任务，主要包括以下几个方面。

① 图形渲染：当需要绘制新一帧的内容时，引擎负责对需要合成的场景进行栅格化，确保应用界面的流畅渲染。

② 文本布局：引擎提供了文本布局的功能，确保应用中的文本可以根据不同的语言和字体要求正确显示。

③ 文件和网络IO：引擎支持文件操作和网络通信，使得Flutter应用能够与外部数据源进行交互。

④ 辅助功能支持：引擎实现了对辅助功能的支持，确保应用对所有用户都是可访问的。

⑤ 插件架构：引擎提供了一个插件架构，允许开发者扩展Flutter的功能，集成第三方服务和SDK。

⑥ Dart运行环境和编译环境：引擎为Dart代码的执行提供了必要的环境，包括运行时和编译工具链。

Flutter引擎不仅负责底层的任务，它还将底层的C++代码包装成Dart代码，通过dart：ui库暴露给Flutter框架层。这个库提供了最底层的原语，包括用于驱动输入、图形和文本渲染的子系统的类。这些原语是Flutter框架构建其上层API的基础，使得开发者可以利用Dart语言的高级特性来构建跨平台的应用。

在图形渲染方面，目前Flutter引擎在iOS和Android平台上已经可以通过Impeller提供支持，而在其他平台上则通过Skia。这种平台特定的实现确保了图形渲染的性能和效率，同时也保证了跨平台的一致性。

（3）框架层

Flutter框架层是开发者与Flutter进行交互的主要层面，它提供了一个现代的、响应式的框架，完全使用Dart语言编写。框架层提供了一个丰富、灵活且强大的工具集，使得开发者可以高效地构建出美观、动态且响应式的跨平台应用。

Flutter框架层由多个层次组成，从下到上依次如下。

① 基础层：这一层包含了基础的类和一些构建块服务，如动画、绘图和手势识别。这些服务为上层提供了常用的抽象，使得开发者可以更容易地实现复杂的功能。

② 渲染层：渲染层提供了操作布局的抽象。在这一层，开发者可以构建一棵可渲染对象的树。当这些对象被动态更新时，渲染树会自动根据变更更新布局，确保界面的即时响应。

③ 组件库层：组件库层是Flutter框架中最引人注目的部分。它是一种组合的抽象，每一个在渲染层中的渲染对象，在组件库层中都有一个对应的类。

组件库层允许开发者自由组合和复用各种组件，从而构建出复杂的用户界面。在这一层中，引入了响应式编程模型，使得开发者可以轻松地构建出动态和响应式的应用界面。

④ Material 和 Cupertino 库：这两个库提供了全面的组件库层原语组合，分别实现了 Material 设计和 iOS（Cupertino）设计规范。这些预设的组件库集合使得开发者可以快速构建出符合各自平台设计规范的应用。

Flutter 框架的一个显著特点是其相对较小的核心，一些更高层级的功能被拆分到不同的软件包中。这些软件包使用 Dart 和 Flutter 的核心库实现，包括以下几个方面。

① 平台插件：如 camera 和 webview，这些插件提供了与设备硬件或平台特定功能交互的能力。

② 平台无关的功能：如 characters、http 和 animations，这些软件包提供了跨平台的功能，增强了 Flutter 应用的能力。

③ 生态系统中的软件包：如应用内支付、Apple 认证和 Lottie 动画，这些软件包来自更广泛的 Flutter 生态系统，为开发者提供了更多的选择和可能性。

1.2.3 Flutter App 结构剖析

图 1-7 展示了一个通过 Flutter 开发并打包的 App 的框架结构。

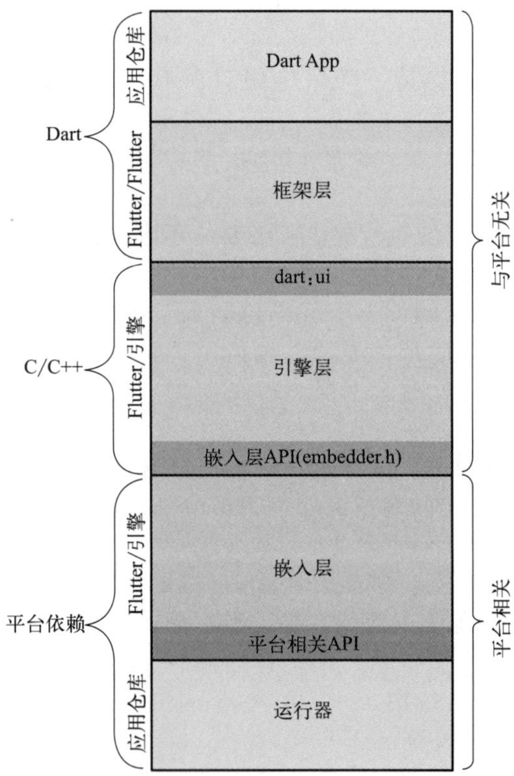

图 1-7　Flutter App 打包框架结构

其中 Dart App 部分就是我们开发者编写的程序代码。接下来的框架层、引擎层和嵌入层部分是 Flutter SDK 提供的，也是前面 Flutter 框架结构中介绍的三部分。这三部分内容都会打包到 App 中，这也是为什么 Flutter App 会偏大的原因。最后的运行器是操作系统原生的 App 外壳。Flutter 的整套程序都是基于这个外壳被加载和运行起来的。

1.2.4 声明式、响应式 UI

Flutter 是一个现代的、声明式的 UI 框架，它允许开发者通过声明一组 Widget 来构建用户界面。在这种声明式编程范式中，开发者只需描述 UI 的最终状态，而无需关心如何从当前状态转换到目标状态。Flutter 的引擎会负责根据这些声明自动更新和渲染 UI，使得构建复杂、动态且响应式的跨平台应用变得高效且直观。

让我们通过一个简单的例子来说明命令式修改 UI 和 Flutter 的声明式修改 UI 的差异。假设我们要创建一个简单的 UI，其中包含一个按钮和一个文本标签。当按钮被点击时，文本标签的内容会更新为“Hello，World!”。

(1) 命令式 UI 修改（例如在 Android 中使用 Java）

在命令式编程中，你需要直接操作 UI 元素来实现所需的效果。以下是一个简化的例子：

```
XML
页面布局

<! -- res/layout/activity_main.xml -->
<LinearLayout
xmlns:android="http://schemas.android.com/apk/res/android"
    android:layout_width="match_parent"
    android:layout_height="match_parent"
    android:orientation="vertical"
    android:gravity="center">

    <TextView
        android:id="@+id/myTextView"
        android:layout_width="wrap_content"
        android:layout_height="wrap_content"
        android:text="Hello"/>

    <Button
        android:id="@+id/myButton"
        android:layout_width="wrap_content"
        android:layout_height="wrap_content"
        android:text="Say Hello"/>
</LinearLayout>
```

```
Java
Button button=findViewById(R.id.myButton);
TextView textView=findViewById(R.id.myTextView);

button.setOnClickListener(new View.OnClickListener(){
    @Override
    public void onClick(View v){
        textView.setText("Hello,World!");
    }
});
```

在这个例子中，我们首先找到按钮和文本视图的引用，然后为按钮设置一个点击监听器。当按钮被点击时，我们直接操作文本视图，将它的文本内容设置为"Hello，World!"。

（2）Flutter 的声明式、响应式 UI 修改

在 Flutter 中，UI 的修改是通过声明 Widget 的不同状态来实现的。以下是相应的 Flutter 代码：

```
Dart
class HelloWorldComponent extends StatefulWidget {
  @override
  _HelloWorldComponentState createState()=> _HelloWorldComponentState();
}

class _HelloWorldComponentState extends State<HelloWorldComponent>
{
```

```
  String _message='Hello';

  void _updateMessage(){
    setState((){
      _message='Hello,World!';
    });
  }

  @override
  Widget build(BuildContext context){
    return Center(
      child:Column(
        mainAxisAlignment:MainAxisAlignment.center,
        children:<Widget>[
          Text('$ _message'),
          RaisedButton(
            onPressed:_updateMessage,
            child:Text('Say Hello'),
          ),
        ],
      ),
    );
  }
}
```

在这个 Flutter 的例子中，我们定义了一个 StatefulWidget，它包含了一个可以改变的状态_message。我们创建了一个_updateMessage 方法，当被调用时，它会通过 setState 来通知 Flutter 框架状态已经改变。Flutter 框架随后会调用 build 方法来重新构建 Widget 树，从而更新 UI。在这个过程中，我们并没有直接操作任何 UI 元素，而是通过声明 Widget 的新状态来实现 UI 的更新。

首先可以看出来 Flutter 全部使用 Dart 完成布局和页面逻辑，而 Android 老的开发方案页面布局和业务逻辑分别使用了不同的语言。这无疑会增加代码的复杂度，为后期的新需求开发和 Bug 修改带来麻烦。

除此之外由于直接操作 UI 元素，开发者可以清楚地看到 UI 的哪些部分被修改了。这种方法可能感觉更自然直观，尤其是对于习惯了命令式编程的开发者来说。那么为什么现代的 UI 框架 Kotlin Compose、SwiftUI、React Native 等都选择了声明式 UI 呢？我们来看图 1-8 所示的颜色选择器程序。

在这个例子中我们可以通过左侧的颜色面板、中间的颜色滑动条以及右侧的两种色值输入框来设置一个最终的颜色。但是不管通过哪种方式去设置了颜色，颜色变化后都需要去修改其他几个部分。比如通过 RGB 输入框修改了颜色，那么左侧面板、中间滑动条以及右下角的最终颜色都需要通过指令去修改。随着需求增加，假设我们增加了一个颜色选择方式例如通过色轮，那原先所有修改颜色的代码，都要在每次改变颜色后增加调用色轮颜色变化的方法。

那么 Flutter 这类的响应式框架如何处理这种问题呢？不管是通过界面中的哪个部分修改了颜色，最终都是改变了颜色这个状态。而状态变化后 Flutter 框架会自动重建整个页面，

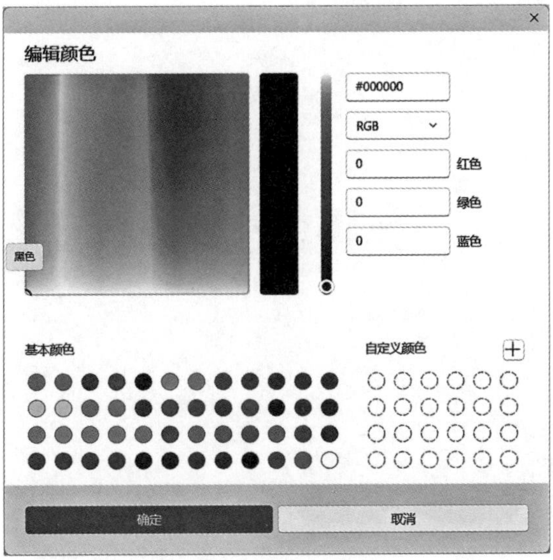

图 1-8　颜色选择器程序

进而其中的每一个组件都会基于新的颜色而展示。

Flutter 是一个由谷歌开发的开源移动应用开发框架，它允许开发者使用一套代码库同时为 iOS 和 Android 平台构建高性能、美观且响应式的应用。Flutter 采用 Dart 语言，提供了一个响应式、声明式的 UI 框架，使得开发者可以通过组合和配置组件来构建复杂的用户界面。Flutter 的引擎负责底层任务，如图形渲染和输入处理，而框架层则提供了丰富的组件集合和工具，使得开发者可以高效地构建出跨平台的移动应用。通过热重载、状态管理解决方案和强大的社区支持，Flutter 为开发者提供了一个强大的平台，以快速迭代和创新，满足现代移动应用开发的需求。

第2章

Flutter开发环境搭建

2.1 安装必要的软件工具

Flutter 是一个跨平台的移动应用开发框架，它允许开发者使用一套代码库来构建运行于 iOS 和 Android 平台的应用程序。为了确保开发过程的顺畅，首先需要在开发机器上正确搭建 Flutter 开发环境。本章将详细介绍如何在 Windows 系统上搭建用于开发 Android 应用的 Flutter 开发环境，由于这两个平台的组合在搭建过程中可能遇到的问题较为复杂，因此以它们为例进行介绍能够覆盖大多数开发者可能遇到的问题。对于 iOS 等其他目标平台的开发环境搭建，只需在本章的基础上稍作调整即可。

2.1.1 系统要求

在开始搭建 Flutter 开发环境之前，首先需要确保你的 Windows 系统满足以下基本要求：

○ 64 位版本的 Microsoft Windows 10 或更高版本。

○ 至少 8GB 的内存。

○ 至少 11GB 的可用磁盘空间。

一般来说推荐至少 16GB 的内存，因为使用手机模拟器调试会占用较大的内存空间。最好是 SSD 硬盘，SSD 相对于机械硬盘可以极大地加快编译打包的速度。

2.1.2 安装 Java

为了确保更好的兼容性和支持最新的功能，建议使用 Java 11 或更高版本。同时推荐下载 OpenJDK 的 Java 版本。

2.1.3 安装 Android Studio

Android Studio 是谷歌官方的集成开发环境（IDE），专门用于 Android 应用开发。它不仅提供了全面的工具集，支持代码编辑、调试、性能分析等功能，还内置了对 Flutter 开发的支持。这意味着开发者可以使用 Android Studio 来创建、运行、测试和调试 Flutter 应用，享受其提供的丰富插件和工具，如 Flutter 插件和 Dart 分析器。

对于初学者来说，Android Studio 的用户界面友好，集成的开发工具和功能可以帮助更容易地开始 Flutter 开发之旅。此外，Android Studio 还提供了丰富的文档和教程，这对于新手来说是非常宝贵的学习资源。因此，推荐初学者安装 Android Studio。注意一定要从官方地址下载 Android Studio，从第三方下载 IDE 可能导致开发的 App 被植入病毒。

2.1.4 安装 Android SDK

为了开发 Android 应用，必须安装对应的 Android SDK。Android SDK 提供了开发 Android 应用所需的所有必要工具，包括 Android 平台的不同版本的 API、开发者工具、模拟器等。以下是通过 Android Studio 的 SDK 管理器安装 Android SDK 的步骤。

① 打开 Android Studio：启动 Android Studio，如果这是第一次启动，它通常会自动打开 SDK 设置界面。如果不是第一次启动，可以通过菜单栏选择“File”->“Project Structure...”或者“Tools”->“SDK Manager”来访问 SDK 管理器。

② 访问 SDK 管理器：在 SDK 管理器中，你可以看到“SDK Platforms”和“SDK Tools”

两个选项卡。

③ 选择 SDK 平台：在“SDK Platforms”选项卡中，你可以选择要安装的 Android 平台版本。通常，建议选择最新版本的 Android、你开发的 App 目标版本以及测试用手机的系统版本等，以确保应用兼容性。

④ 选择 SDK 工具：切换到“SDK Tools”选项卡，这里你可以看到各种开发工具，包括 Android SDK Build-Tools、Android Emulator、Android SDK Platform-Tools 等。确保选中需要的工具。

⑤ 安装选中的 SDK 和工具：选择好所需的 SDK 平台和工具后，点击“Apply”按钮，然后点击“OK”开始下载和安装。

⑥ 等待安装完成：安装过程可能需要一些时间，取决于网络速度和选中的 SDK 及工具的大小。

完成上述步骤后，Android SDK 及其工具将被安装到你的开发环境中，你可以开始开发 Android 应用了。

2.1.5 安装 Flutter SDK

在开始开发 Flutter 应用之前，还需要安装 Flutter SDK。Flutter SDK 提供了开发 Flutter 应用所需的所有必要工具和库。以下是安装 Flutter SDK 的步骤。

① 下载 Flutter SDK：根据你的操作系统（Windows、Mac、Linux 或 ChromeOS），下载对应的 Flutter SDK 安装包。

② 安装 Flutter SDK：对于 Windows 用户，下载 .zip 文件，解压缩到你的程序文件夹，例如 C:\src\flutter；对于 Mac 用户，下载 .zip 文件，解压缩到你的程序文件夹，例如/Users/＜你的用户名＞/development/flutter；对于 Linux 用户，下载 .tar.gz 文件，解压缩到你的程序文件夹，例如～/development/flutter。

③ 配置环境变量：对于 Windows，将 Flutter 的 bin 目录添加到系统的环境变量 Path 中；对于 Mac 和 Linux，打开终端，运行 export PATH="$PATH:pwd/flutter/bin"命令，将 Flutter 的 bin 目录添加到环境变量 Path 中。

④ 配置 Flutter 环境：运行 flutter doctor--android-licenses 命令，接收 Android SDK 的许可证。

2.1.6 安装 Flutter 开发插件

为了在 Android Studio 中进行 Flutter 开发，还需要安装 Flutter 插件。以下是在 Android Studio 中安装 Flutter 插件的步骤。

① 访问插件市场：在 Android Studio 中，选择“Configure” -> “Plugins”来打开插件市场。

② 搜索 Flutter 插件：在插件市场中，搜索“Flutter”插件。

③ 安装 Flutter 插件：找到“Flutter”插件后，点击“Install”按钮进行安装。

④ 重启 Android Studio：安装完成后，根据提示重启 Android Studio。

⑤ 配置 Flutter SDK 路径：重启 Android Studio 后，如果这是第一次安装 Flutter 插件，它会提示你配置 Flutter SDK 的路径。输入你之前安装的 Flutter SDK 的路径。

⑥ 验证安装：配置完成后，Android Studio 会自动运行 flutter doctor 命令来检查环境配置是否正确。

完成上述步骤后，你就可以在 Android Studio 中进行 Flutter 应用的开发了。

2.2 运行 App 及问题排查

2.2.1 创建第一个 Flutter 项目

在 Android Studio 中创建第一个 Flutter 工程的步骤如下。

① 打开 Android Studio：启动 Android Studio。

② 选择 “Start a new Flutter project”：在欢迎界面上，选择 “Start a new Flutter project” 来创建一个新的 Flutter 项目。图 2-1 是 Android Studio 中创建 Flutter 项目的入口位置。

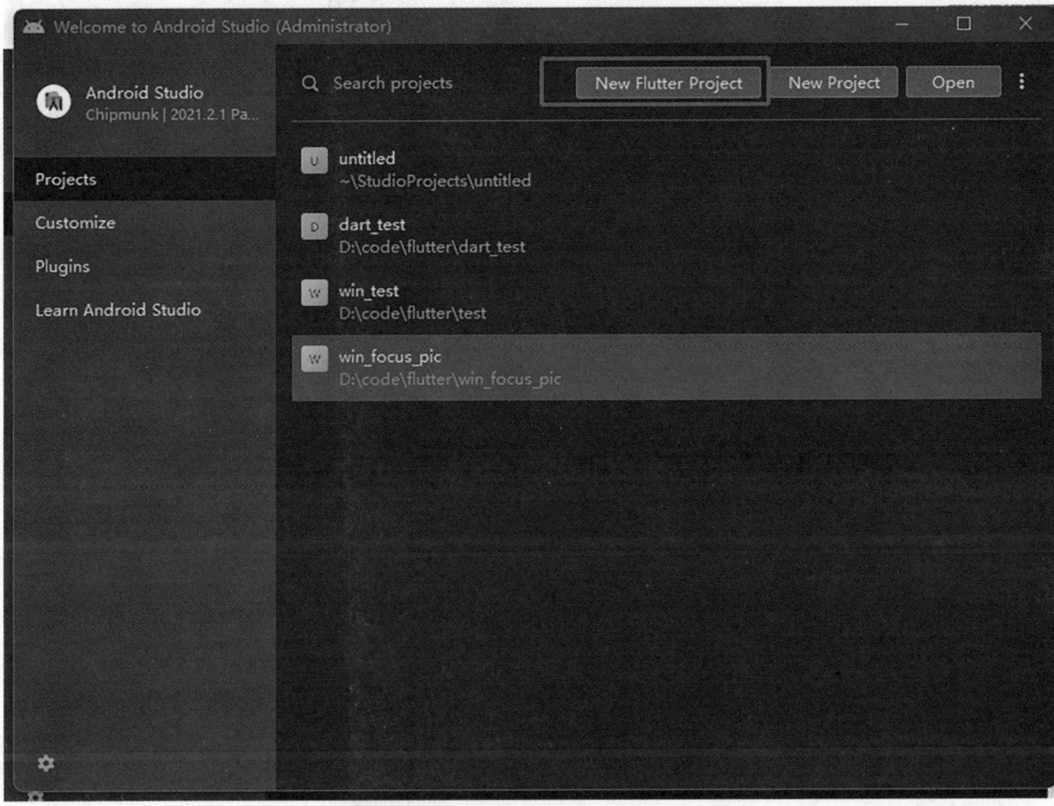

图 2-1　创建 Flutter 项目

③ 选择项目类型：选择你想要创建的项目类型，通常是 “Flutter Application”。

④ 填写项目信息：输入项目的名称、保存位置、描述、公司域名等信息。

⑤ 选择 Flutter SDK 路径：如图 2-2 所示，如果之前已经配置了 Flutter SDK 的路径，这里会自动填充。如果没有，需要手动选择 Flutter SDK 的路径。

⑥ 选择项目模板：选择一个项目模板，通常是 “No template”。

⑦ 创建项目：如图 2-3 所示，这里需要填写项目的基本情况。点击 “Finish” 按钮，Android Studio 会自动创建并配置 Flutter 项目。

⑧ 等待项目创建完成：创建过程可能需要一些时间，等待 Android Studio 完成所有配置。

⑨ 运行项目：项目创建完成后，可以选择一个设备（真机或模拟器）来运行项目。点

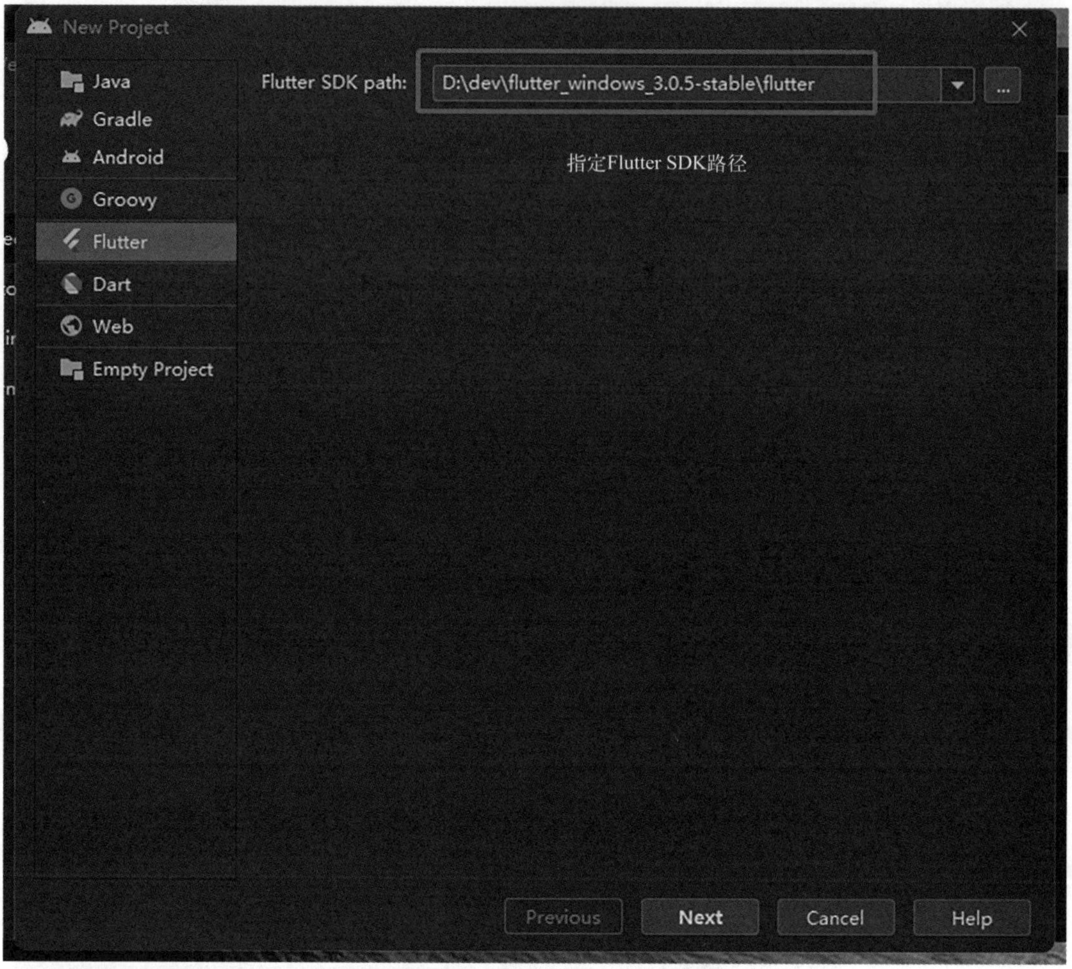

图 2-2　指定 Flutter SDK 位置

击工具栏上的运行按钮，Android Studio 会自动编译并运行你的 Flutter 应用。

2.2.2　真机运行 App

为了在真机上运行 Flutter 应用，首先需要开启手机的调试模式。以下是开启不同操作系统手机调试模式的步骤。

（1）Android 手机

① 开启开发者选项：在手机的“设置”中找到“关于手机”，连续点击“版本号”7 次，直到提示“你现在是开发者”。

② 开启 USB 调试：返回“设置”，找到“开发者选项”，开启“USB 调试”选项。

③ 连接手机到电脑：使用 USB 数据线将手机连接到电脑，手机上会弹出提示，询问是否允许 USB 调试，选择“允许”。

（2）iOS 手机

对于 iOS 设备，通常不需要开启调试模式，可以直接通过 Xcode 进行部署和调试；如果使用 Flutter，可以通过 Flutter 命令行工具或 Android Studio 直接部署到 iOS 设备。

完成上述步骤后，你的手机就开启了调试模式，可以用于在真机上运行和调试 Flutter 应用了。

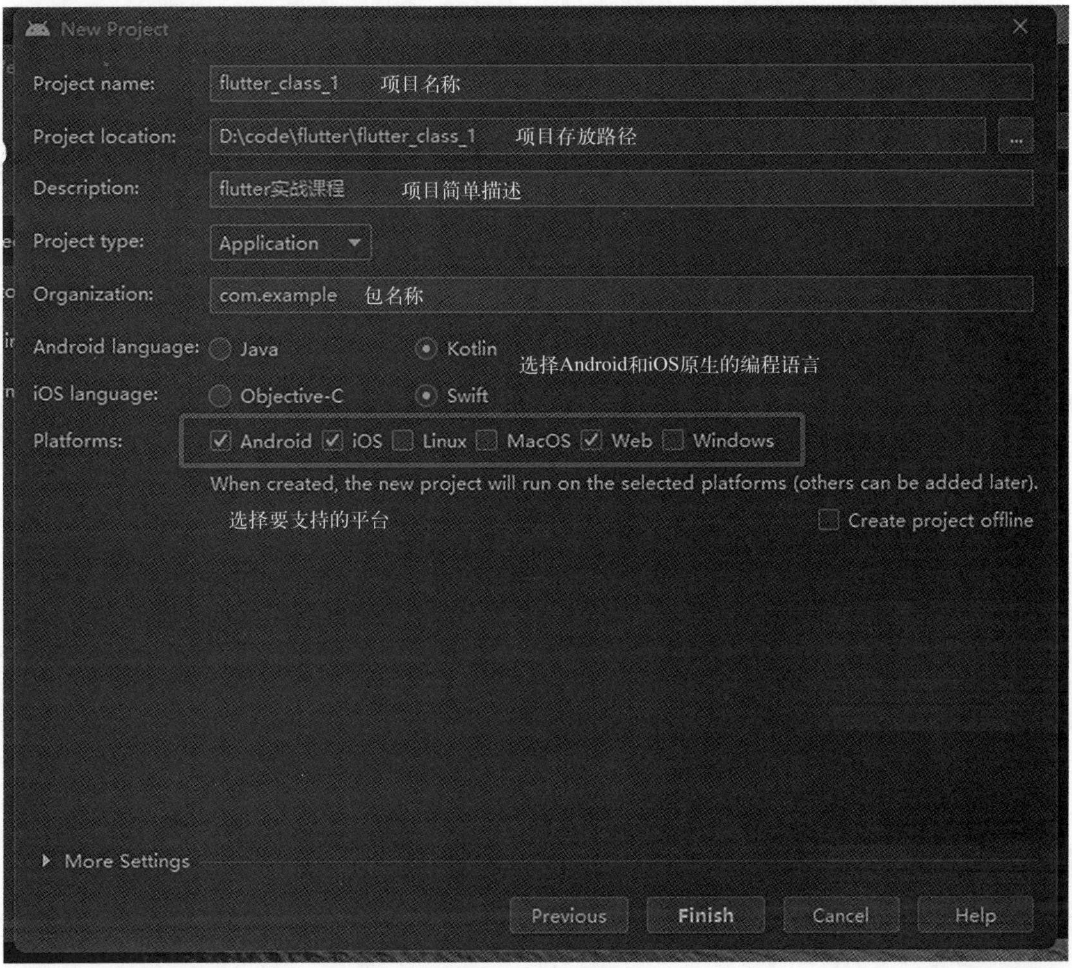

图 2-3 创建项目

2.2.3 Flutter 环境问题排查

有时我们手机开启调试模式后 IDE 仍然无法正确地识别手机，如图 2-4 所示。

图 2-4 Android Studio 无法识别手机

这是 Flutter 工具链给出的提示，这时就需要我们利用 Flutter 提供的问题排查工具检查问题所在。

通过 Android Studio 的菜单栏执行 Flutter Doctor 命令步骤如下。

① 访问 Flutter 工具：在 Android Studio 的菜单栏中，选择“Tools”->“Flutter”。

② 执行 Flutter Doctor：在弹出的 Flutter 工具菜单中，选择“Flutter Doctor”。

执行上述步骤后，Android Studio 将自动打开一个终端窗口并执行 Flutter Doctor 命令，显示环境配置的诊断结果。在有问题的地方会给出修复该问题的方法，只需要按照指定的方法修复问题即可。

2.2.4 Android 原生问题排查

如果 Flutter Doctor 检查的 Flutter 环境问题都已经修复，但是编译过程长时间停留在“Running Gradle task 'assembleDebug'...”，如图 2-5 所示，表明这时候问题可能出在原生 Android 的编译过程中。

图 2-5　编译信息

Android 原生编译过程中的问题可以通过执行 Gradle 的“assembleDebug --info”命令来获取更多的编译信息，从而帮助排查问题。这个命令会输出详细的编译过程信息，包括每个任务的执行情况和所花费的时间。

以下是如何在命令行中执行这个命令的步骤。

① 打开终端：打开你的命令行工具。

② 导航到项目目录：使用 cd 命令导航到你的 Android 项目的根目录。

③ 执行 Gradle 命令：在项目根目录下，执行以下命令。

```
Bash
./gradlew assembleDebug --info

Windows cmd
gradlew.bat assembleDebug --info
```

这个命令会编译你的 Debug 版本的原生应用，并输出详细的编译信息。通过分析这些信息，你可以找到编译过程中出现的问题，并进行相应的排查和修复。

2.3 Android 模拟器使用方法

在 Android 开发中，模拟器也是一个非常重要的调试工具。它允许开发者在没有真实设备的情况下测试应用，并且可以在 IDE 界面中直接显示，方便开发者进行调试。以下是使用 Android 模拟器的基本步骤。

（1）安装 Android 模拟器

首先，确保你已经安装了 Android 模拟器。通常，Android 模拟器会随 Android Studio 一起安装。如果未安装，可以通过 Android Studio 的 SDK 管理器来安装。

（2）创建模拟器

在 Android Studio 中，可以通过以下步骤创建模拟器。

① 打开 Android Studio。

② 选择“Tools”->“AVD Manager”（Android 虚拟设备管理器）。

③ 点击“Create Virtual Device”按钮。

④ 选择一个设备定义，如 Nexus 5X、Pixel 2 等，然后点击“Next”。

⑤ 选择一个系统镜像，如 API 级别 28（Android 9.0），然后点击“Next”。

⑥ 配置模拟器的其他设置，如 AVD 名称、设备方向、内存大小等。

⑦ 点击“Finish”完成创建。

（3）启动模拟器

在 AVD Manager 中，找到你创建的模拟器，然后点击“Launch”按钮启动模拟器。模拟器启动后，会打开一个窗口显示模拟器的屏幕。

（4）在模拟器上运行应用

① 在 Android Studio 中，确保你已经打开了你的 Android 项目。

② 连接模拟器到 IDE：如果模拟器未自动连接，可以通过“Run”->“Run on”->“Select Device”来手动选择模拟器。

③ 点击“Run”按钮，Android Studio 会编译应用并安装到模拟器上。

（5）调试应用

应用在模拟器上运行后，你可以通过 Android Studio 的调试工具来调试应用。模拟器支持大多数 Android 功能，包括电话、短信、位置、传感器等，可以通过 AVD Manager 中的设置来模拟这些功能。

（6）使用快捷键

模拟器支持多种快捷键，如按键事件、屏幕旋转等。你可以在模拟器运行时查看这些快捷键，通常在模拟器窗口的标题栏上。

通过上述步骤，你可以使用 Android 模拟器来开发和调试你的 Android 应用。模拟器是一个强大的工具，可以帮助你快速迭代和测试应用，尤其是在手头没有需要的型号、分辨率等参数的设备时。

第3章

Dart语言基础

3.1 Dart简介
3.2 DartPad
3.3 重要概念
3.4 内置类型
3.5 变量和常量
3.6 函数（基本语法）
3.7 运算符
3.8 流程控制
3.9 异常处理
3.10 面向对象编程
3.11 函数式编程
3.12 空安全
3.13 异步和流
3.14 并发
3.15 库和可见性
3.16 高效Dart语言指南

本章会系统罗列Dart语言的要点，内容偏向于语法细节。学习者可以快速浏览Dart语言提供了哪些功能以及编写思路，不用花费太多时间在语法细节上。可以在浏览完后把这一章作为手册，自己写代码的过程中随时回来查询，写的多了自然就会记住，不需要专门花时间记忆语法细节。

3.1 Dart简介

Dart是一种开源的编程语言，由谷歌于2011年首次发布。它主要设计用于客户端开发，特别是在构建现代化的Web和移动应用时提供高效、可扩展的解决方案。Dart语言的最大特点之一是它的高性能，特别是与Flutter框架结合时，能够提供流畅的用户体验。

Dart是一种强类型、面向对象的语言，所有的代码都是类的成员，且支持类的继承、多态、封装等特性。甚至函数也是对象，可以作为参数传递和返回。

尽管Dart不是一门纯粹的函数式编程语言，但它充分支持函数式编程的核心概念和特性，包括一等公民的函数、高阶函数、闭包、不可变数据，以及集合操作等。这些特性使得开发者能够以声明式的方式编写清晰、简洁的代码，特别适合构建响应式和数据驱动的应用。

我们通常说的Dart语言可以分为语言本身和核心库两部分。

Dart语言：涵盖Dart编程语言的语法、特性、编程范式（如面向对象编程、函数式编程）以及如何使用Dart进行开发。

Dart核心库：包括Dart提供的标准库（如dart：core，dart：async，dart：io等），这些库为开发者提供了处理常见任务的工具，例如集合操作、异步编程、输入输出、网络通信等。

3.2 DartPad

DartPad是一个在线的交互式编程环境，旨在帮助开发者快速尝试和学习Dart编程语言。它不需要任何本地安装和配置，开发者只需访问DartPad网站，就可以在浏览器中编写、运行和分享Dart代码。它是学习Dart语言和进行快速原型开发的理想工具，特别适合入门级开发者以及那些希望快速验证代码片段的程序员。

访问和使用DartPad的步骤如下。

① 访问DartPad网站：打开浏览器，访问DartPad的网址。

② 选择Dart或Flutter模式：进入DartPad后，用户可以选择在纯Dart环境中编写代码，或者切换到Flutter模式进行UI开发。

③ 开始编写代码：在代码编辑区域编写Dart或Flutter代码，点击运行按钮查看结果。DartPad会立即执行并展示输出或UI界面。

3.3 重要概念

以下是Dart语言的几个重要概念，可以帮助理解其基础构成和特性。

3.3.1 注释

（1）单行注释

```
Dart
void main(){
```

```
  // 我是单行注释
  print('Hello World!');
}
```

（2）多行注释

```
Dart
void main(){
  /*
   * This is a lot of work. Consider raising chickens.

  Llama larry=Llama();
  larry.feed();
  larry.exercise();
  larry.clean();
   */
}
```

（3）文档注释

文档注释可以是多行注释，也可以是单行注释，文档注释以///或者/**开始。在连续行上使用///与多行文档注释具有相同的效果。

在文档注释中，除非用中括号括起来，否则分析器会忽略所有文本。使用中括号可以引用类、方法、字段、顶级变量、函数和参数。括号中的符号会在已记录的程序元素的词法域中进行解析。

下面是一个引用其他类和成员的文档注释：

```
Dart
/// A domesticated South American camelid (Lama glama).
///
/// Andean cultures have used llamas as meat and pack
/// animals since pre-Hispanic times.
///
/// Just like any other animal,llamas need to eat,
/// so don't forget to [feed] them some [Food].
class Llama {
  String? name;

  /// Feeds your llama [food].
  ///
  /// The typical llama eats one bale of hay per week.
  void feed(Food food){
    // ...
  }

  /// Exercises your llama with an [activity] for
  /// [timeLimit] minutes.
```

```
  void exercise(Activity activity,int timeLimit){
    //...
  }
}
```

在生成的文档中，[feed] 会成为一个链接，指向 feed 方法的文档，[Food] 会成为一个链接，指向 Food 类的 API 文档。

解析 Dart 代码并生成 HTML 文档，可以使用 Dart 的文档生成工具 dart doc。

3.3.2 万物皆对象

在 Dart 中，几乎所有的东西都是对象。这个概念源于 Dart 的面向对象编程（OOP）模型，几乎所有的数据类型和结构都是对象，甚至包括数字、函数和 null。举例如下。

```
Dart
int x=10;
print(x.isEven);  //输出:true,因为 x 是一个对象,调用了其方法
```

数字、函数和 null 都是对象：在 Dart 中，数字（如 int 和 double）是对象，意味着它们拥有方法和属性。同样，null 是一个特殊的对象类型，表示没有值。

类继承关系：除了 null 类型外，Dart 中所有类都继承自 Object 类，Object 类是所有类的根基类。即使是 int、String 等基础类型，它们也是 Object 类的实例。举例如下。

```
Dart
var x=10;
print(x.runtimeType);  //输出:int,因为 x 是一个 int 对象,它继承自 Object
```

3.3.3 强类型语言

Dart 是一门强类型的语言，这意味着变量的类型在编译时就会被检查，确保类型安全。然而，Dart 也提供了灵活的类型推导功能。

类型推导：虽然 Dart 是强类型的，但它允许开发者在声明变量时不指定类型，编译器会自动推导出类型。这使得代码更加简洁，但依然保持类型安全。举例如下。

```
Dart
var name='Dart';  //编译器推导出 name 是 String 类型
var age=30;       //编译器推导出 age 是 int 类型
```

显式声明类型：如果需要明确指定类型，Dart 也支持显式声明变量类型。举例如下。

```
Dart
String name='Dart';
int age=30;
```

3.3.4 泛型

Dart 支持泛型（Generics），允许你编写更为灵活和类型安全的代码，特别是当你需要

在集合类中存储不同类型的对象时。

泛型的使用：比如，List〈int〉表示一个只包含 int 类型元素的列表。这使得集合类（如 List、Set、Map）的使用更加安全和高效，因为你可以在编译时捕获类型错误。举例如下。

```
Dart
List<int>numbers=[1,2,3];
print(numbers[0]);  // 输出:1
```

泛型方法：Dart 允许在函数、类和接口中使用泛型，提供更强的灵活性和类型安全。举例如下。

```
Dart
T findMax<T extends Comparable>(List<T>list){
  list.sort();
  return list.last;
}
```

3.3.5 全局函数

Dart 支持全局函数，且 main() 方法是每个 Dart 程序的入口。

main 方法：main() 是 Dart 程序的起始点。当程序执行时，main() 方法会首先被调用。可以在 main() 方法中调用其他函数或类进行程序逻辑的实现。

```
Dart
void main(){
  print('Hello,Dart!');
}
```

3.3.6 全局变量

在 Dart 中，变量可以在任何作用域中声明，并且这些变量可以是全局的。全局变量在程序中各处都可以访问到。

```
Dart
int globalVar=42;

void printGlobalVar(){
  print(globalVar);  // 输出:42
}
```

3.3.7 成员访问控制

Dart 没有 Java 中常见的 public、protected 和 private 成员访问限定符，使用的是一种简化的方式来控制成员的访问权限。

私有成员：在 Dart 中，如果一个标识符以下划线（_）开头，则该标识符是库内私有的，意味着只能在同一个库中访问，其他库无法访问它。没有类似 Java 的访问控制关键字，私有性仅依赖于命名规则。举例如下。

```Dart
class Person {
  String name;
  int _age;  // 私有成员

  Person(this.name,this._age);

  void printDetails(){
    print('Name:$name,Age:$_age');
  }
}
```

标识符规则：标识符可以以字母或下划线（_）开头，后续可以包含字母、数字或下划线（数字不能在开头）。这使得 Dart 的命名约定非常灵活。举例如下。

```Dart
var _privateVariable=100;        // 私有变量
var publicVariable=200;          // 公有变量
```

3.3.8 空安全

Dart 语言从版本 2.12 开始支持空安全（Null Safety）。空安全机制通过严格的类型检查，防止了空指针异常等错误。如果变量的类型不允许为 null，则尝试赋 null 会导致编译错误。需要显式标明哪些变量可以为 null，在类型后加上? 来表示可空类型。举例如下。

```Dart
void main(){
  String? name;                                    // name 允许为 null
  name='Dart';
  print(name);                                     // 输出:Dart
  name=null;                                       // 允许为空

  String greeting=name ?? 'Hello,World!';          // 使用?? 操作符提供默认值
  print(greeting);                                 // 输出:Hello,World!
}
```

这些重要概念是学习 Dart 语言时必须理解的基础。通过掌握这些概念，开发者可以更好地利用 Dart 的强大特性进行高效、类型安全的开发。Dart 通过面向对象、类型推导、泛型、空安全等特性，为现代应用开发提供了灵活和强大的支持。

3.4 内置类型

Dart 提供了多种内置类型，用于表示常见的数据结构。这些类型包括数字、字符串、布尔值、列表、集合、映射等。

3.4.1 数字

在 Dart 中，数字类型主要用于表示整数和浮点数。Dart 提供了三种数字类型：int、double 和 num。

（1）int

int 类型用于表示整数，即不带小数点的数字。Dart 中的 int 类型是 64 位的，但其取值范围在 Dart VM 和 Web 平台上可能有所不同。举例如下。

```
Dart
var x=1;  // 整数
var hex=0xDEADBEEF;  // 十六进制表示的整数
```

（2）double

double 类型用于表示浮点数，即带小数点的数字。Dart 中的 double 类型是 64 位的双精度浮点数，符合 IEEE 754 标准。举例如下。

```
Dart
var y=1.1;  // 浮点数
var exponents=1.42e5;  // 科学计数法表示的浮点数
```

（3）num

num 是 int 和 double 的父类，可以表示整数或浮点数。如果你不确定一个变量需要存储的是整数还是小数，可以使用 num 类型。举例如下。

```
Dart
num x=1;  // x 可以是整数
x+=2.5;  // x 也可以是浮点数
```

3.4.2 字符串

Dart 中的字符串是 UTF-16 编码的字符序列，用于表示文本数据。Dart 提供了丰富的字符串操作功能，包括定义、插值、拼接、转换等。

（1）字符串定义

在 Dart 中，可以使用单引号或双引号来定义字符串。两者在功能上没有区别，可以根据需要选择使用。举例如下。

```
Dart
var s1='使用单引号创建字符串字面量。';
var s2="双引号也可以用于创建字符串字面量。";
var s3='使用单引号创建字符串时可以使用斜杠来转义那些与单引号冲突的字符串:\'。';
var s4="而在双引号中则不需要使用转义与单引号冲突的字符串: '";
```

（2）定义多行字符串

如果需要定义多行字符串，可以使用三个单引号或三个双引号。

```
Dart
var s1='''
```

```
你可以像这样
创建多行字符串。
''';

var s2="""这也是一个
多行字符串。""";
```

(3)“raw”字符串

“raw”字符串是一种不会被转义处理的字符串，通常用于正则表达式或路径等场景。举例如下。

```Dart
var s=r'在 raw 字符串中,转义字符串 \n 会直接输出"\n"而不是转义为换行。';
```

(4)字符串插值

字符串插值允许在字符串中嵌入表达式，使用${表达式}的形式。如果表达式是一个标识符，可以省略{}。举例如下。

```Dart
var s='字符串插值';

'Dart 有$s,使用起来非常方便。'  // 'Dart 有字符串插值,使用起来非常方便。'
'使用${s.substring(3,5)}表达式也非常方便'  // '使用插值表达式也非常方便。'
```

(5)判断相等

==运算符负责判断两个对象是否等同，比如，如果两个字符串包含一样的字符序列，则表示它们是等同的。举例如下。

```Dart
var s='字符串插值';

'Dart 有$s,使用起来非常方便。'=='Dart 有字符串插值,使用起来非常方便。';  // True
```

(6)拼接

字符串可以通过直接连接或使用+运算符进行拼接。举例如下。

```Dart
var s1='可以拼接'
'字符串'
"即便它们不在同一行。";

s1=='可以拼接字符串即便它们不在同一行。' // True

var s2='使用加号+运算符'+'也可以达到相同的效果。';

s2=='使用加号+运算符也可以达到相同的效果。' // True
```

(7) 字符串与数字相互转换

Dart 提供了便捷的方法来实现字符串与数字之间的相互转换。

字符串转数字：

```
Dart
// String->int
var one=int.parse('1');

// String->double
var onePointOne=double.parse('1.1');
```

数字转字符串：

```
Dart
// int->String
String oneAsString=1.toString();

// double->String
String piAsString=3.14159.toStringAsFixed(2);  // 保留两位小数
```

3.4.3 布尔类型

在 Dart 中，布尔类型用于表示逻辑值，即真或假。Dart 使用 bool 关键字来定义布尔类型，它只有两个可能的值：true 和 false。这两个值都是编译时常量，意味着它们在编译时就已经确定，不会在运行时改变。

(1) 布尔类型的定义

布尔类型的变量只能存储 true 或 false，不能存储其他类型的值（如整数或字符串）。举例如下。

```
Dart
bool isRaining=true;
bool isSunny=false;
```

(2) 布尔类型的用途

布尔类型通常用于条件判断和逻辑运算，例如 if 语句、while 循环等。举例如下。

```
Dart
void main(){
  bool isRaining=true;

  if (isRaining){
    print('记得带伞!');
  } else {
    print('天气晴朗,无需带伞。');
  }
}
```

(3) 布尔类型的逻辑运算

Dart 支持常见的逻辑运算符，如 && （逻辑与）、|| （逻辑或） 和! （逻辑非）。举例如下。

```
Dart
void main(){
  bool isRaining=true;
  bool isCold=false;

  if (isRaining && isCold){
    print('天气又冷又下雨,记得穿厚点并带伞!');
  } else if (isRaining || isCold){
    print('天气不太好,注意保暖或带伞。');
  } else {
    print('天气不错,出门享受吧!');
  }
}
```

(4) 布尔类型的注意事项

Dart 是强类型语言，因此布尔类型的变量只能存储 true 或 false，不能像某些语言（如 JavaScript）那样将其他类型的值隐式转换为布尔值。

在条件判断中，必须显式使用布尔值，不能直接使用非布尔类型的值。

错误示例：

```
Dart
int count=0;
if (count) { // 错误:Dart 不允许将整数直接用作布尔值
  print('Count is non-zero.');
}
```

正确示例：

```
Dart
int count=0;
if (count !=0) { // 正确:显式比较
  print('Count is non-zero.');
}
```

3.4.4 数组

在 Dart 中，数组由数组（List）对象表示。List 是一个有序的集合，可以存储多个相同或不同类型的元素。Dart 的 List 提供了丰富的操作功能，包括创建、扩展、条件插入和循环生成等。

(1) 创建 List

可以使用方括号[]来创建一个 List，并用逗号分隔元素。举例如下。

```
Dart
var list=[
```

```
  'Car',
  'Boat',
  'Plane',
];
print(list);  // 输出:[Car,Boat,Plane]
```

（2）扩展操作符

Dart 在 2.3 版本中引入了扩展操作符（...），用于将一个 List 中的所有元素插入到另一个 List 中。如果源 List 可能为 null，可以使用 ...? 来避免空值错误。举例如下。

```
Dart
var list=[1,2,3];
var list2=[0,...list];  //[0,1,2,3]

//list_null 为空
var list3=[0,...? list_null];  //[0]
```

（3）集合中的 if 和 for 操作

Dart 允许在 List 中使用 if 和 for 操作，以便根据条件动态生成元素或遍历现有集合。

使用 if：可以根据条件决定是否插入某个元素。举例如下。

```
Dart
bool promoActive=true;
var nav=['Home','Furniture','Plants',if(promoActive)'Outlet'];
print(nav);  // 输出:[Home,Furniture,Plants,Outlet]
```

使用 for：可以遍历一个集合，并将处理后的元素插入到另一个集合中。举例如下。

```
Dart
var listOfInts=[1,2,3];
var listOfStrings=['# 0',for(var i in listOfInts)'#$i'];
print(listOfStrings);  // 输出:[#0,#1,#2,#3]
```

3.4.5 Set

在 Dart 中，Set 是一个无序的集合，其中的元素是唯一的（不允许重复）。Set 通常用于存储一组不重复的值，并提供高效的查找、添加和删除操作。

（1）创建

可以使用花括号{}来创建一个 Set，并用逗号分隔元素。需要注意的是，空 Set 必须显式指定类型，否则会被识别为 Map。举例如下。

```
Dart
var halogens={'fluorine','chlorine','bromine','iodine','astatine'};
print(halogens);  // 输出:{fluorine,chlorine,bromine,iodine,astatine}

// 创建空 Set 的两种方式
var names=<String>{};  // 使用类型推导
Set<String>names={};  // 显式指定类型
```

(2) 常见操作

Set 提供了多种操作，包括添加元素、添加多个元素、获取长度等。

添加元素：使用 add 方法可以向 Set 中添加单个元素。举例如下。

```
Dart
var elements=<String>{};
elements.add('fluorine');
print(elements);  //输出:{fluorine}
```

添加多个元素：使用 addAll 方法可以将另一个集合中的所有元素添加到当前 Set 中。举例如下。

```
Dart
var halogens={'fluorine','chlorine','bromine','iodine','astatine'};
elements.addAll(halogens);
print(elements);  //输出:{fluorine,chlorine,bromine,iodine,astatine}
```

获取长度：使用 length 属性可以获取 Set 中元素的数量。举例如下。

```
Dart
print(elements.length==5);  //输出:True
```

(3) 扩展操作符与集合操作

Set 支持扩展操作符（... 和 ...?）以及集合中的 if 和 for 操作，类似于 List。

扩展操作符：使用扩展操作符可以将一个 Set 中的元素插入到另一个 Set 中。举例如下。

```
Dart
var set1={1,2,3};
var set2={0,...set1};  //{0,1,2,3}
print(set2);
```

集合中的 if 和 for 操作：可以根据条件动态生成元素或遍历现有集合。举例如下。

```
Dart
bool isActive=true;
var set3={'Home','Furniture',if (isActive)'Outlet'};
print(set3);  //输出:{Home,Furniture,Outlet}

var numbers={1,2,3};
var squaredNumbers={for (var n in numbers)n*n};
print(squaredNumbers);  //输出:{1,4,9}
```

3.4.6 Map

在 Dart 中，Map 是一种键值对（key-value pair）的集合，类似于其他语言中的字典或映射。Map 中的键（key）是唯一的，而值（value）可以重复。Map 提供了高效的数据查找和存储功能。

（1）创建

可以使用 Map 字面量或 Map 构造器来创建 Map。

使用 Map 字面量创建：Map 字面量使用花括号{}，并用逗号分隔键值对。举例如下。

```
Dart
var gifts={
  'first':'partridge',
  'second':'turtledoves',
  'fifth':'golden rings'
};
print(gifts);  // 输出:{first:partridge,second:turtledoves,fifth:golden rings}

var nobleGases={
  2:'helium',
  10:'neon',
  18:'argon',
};
print(nobleGases);  // 输出:{2:helium,10:neon,18:argon}
```

使用 Map 构造器创建：可以使用 Map 构造器创建 Map，并通过[]操作符添加键值对。举例如下。

```
Dart
var gifts=Map<String,String>();
gifts['first']='partridge';
gifts['second']='turtledoves';
gifts['fifth']='golden rings';
print(gifts);  // 输出:{first:partridge,second:turtledoves,fifth:golden rings}

var nobleGases=Map<int,String>();
nobleGases[2]='helium';
nobleGases[10]='neon';
nobleGases[18]='argon';
print(nobleGases);  // 输出:{2:helium,10:neon,18:argon}
```

（2）常见操作

Map 提供了多种操作，包括添加、读取、获取长度等。

添加键值对：使用[]操作符可以向 Map 中添加键值对。举例如下。

```
Dart
var gifts={'first':'partridge'};
gifts['fourth']='calling birds';
print(gifts);  // 输出:{first:partridge,fourth:calling birds}
```

读取值：使用[]操作符可以通过键读取对应的值。举例如下。

```
Dart
print(gifts['first']=='partridge');  // 输出:True
```

获取长度：使用 length 属性可以获取 Map 中键值对的数量。举例如下。

```
Dart
print(gifts.length==2);  // 输出:True
```

(3) 扩展操作符与集合操作

Map 支持扩展操作符（... 和 ...?）以及集合中的 if 和 for 操作，类似于 List 和 Set。

扩展操作符：使用扩展操作符可以将一个 Map 中的键值对插入到另一个 Map 中。举例如下。

```
Dart
var map1={'a':1,'b':2};
var map2={'c':3,...map1};
print(map2);     // 输出:{c:3,a:1,b:2}
```

集合中的 if 和 for 操作：可以根据条件动态生成键值对或遍历现有集合。举例如下。

```
Dart
bool isActive=true;
var map3={'Home':1,'Furniture':2,if(isActive)'Outlet':3};
print(map3);  // 输出:{Home:1,Furniture:2,Outlet:3}

var numbers=[1,2,3];
var squaredMap={for(var n in numbers)n:n*n};
print(squaredMap);  // 输出:{1:1,2:4,3:9}
```

3.5 变量和常量

Dart 是一种强类型、静态类型的语言，这意味着每个变量的类型在编译时就已经确定，并且不能随意更改。Dart 提供了多种定义变量的方式，包括显式类型声明、类型推导以及动态类型。此外，Dart 还支持常量的定义，包括 final 和 const。

3.5.1 变量定义

(1) 标准方式

在 Dart 中，可以使用显式类型声明来定义变量。这种方式明确指定了变量的类型，代码可读性高。举例如下。

```
Dart
String name='Bob';
int age=25;
double height=1.75;
```

(2) 可引用多种类型的变量

如果变量需要存储多种类型的值，可以使用 Object 或 dynamic 类型。

使用 Object：Object 是 Dart 中所有类的父类，因此可以存储任意类型的值，但在使用时需要显式类型转换。举例如下。

```
Dart
Object name='Bob';
name=123;  // 可以存储整数
name=true;  // 可以存储布尔值
```

使用 dynamic：dynamic 表示动态类型，编译器不会对变量进行类型检查，可以在运行时存储任意类型的值。举例如下。

```
Dart
dynamic name='Bob';
name=123;  // 可以存储整数
name=true;  // 可以存储布尔值
```

（3）类型推导：var

Dart 支持类型推导，使用 var 关键字定义变量时，变量的类型会根据初始值自动推导。举例如下。

```
Dart
var name='Bob';  // 推导为 String 类型
var age=25;  // 推导为 int 类型
var height=1.75;  // 推导为 double 类型
```

注意：使用 var 定义的变量，其类型在初始化后已经确定，不能随意更改；例如，以下代码会报错。

```
Dart
var name='Bob';
name=123;  // 错误:不能将 int 赋值给 String 类型的变量
```

（4）var、dynamic、Object 三者的区别

var：在编译时进行类型推导，变量的类型由初始值决定；一旦类型确定，不能更改。举例如下。

```
Dart
var a='hello';  // 等价于 String a='hello'
a=123;  // 错误:不能将 int 赋值给 String 类型的变量
a='123';  // 正确
```

dynamic：告诉编译器不要进行类型检查，变量的类型可以动态改变；在运行时，使用变量时会检查其类型。举例如下。

```
Dart
dynamic x='hello';
x.padLeft(5);  // 正确:String 类型有 padLeft 方法
x=123;  // 正确:可以更改为 int 类型
x.padLeft(5);  // 错误:int 类型没有 padLeft 方法
```

Object：变量的类型为 Object，可以存储任意类型的值；只能使用 Object 类中定义的方法。举例如下。

```
Dart
Object w='hello';
w.padLeft(5);  // 错误:Object 类型没有 padLeft 方法
```

3.5.2 变量初始化

(1) 定义时初始化

变量可以在定义时直接初始化。举例如下。

```
Dart
int lineCount=0;
```

(2) 使用前初始化

变量可以在使用前初始化，Dart 的语义分析会在变量被使用前检查它是否已经被赋值。举例如下。

```
Dart
int lineCount;

if (weLikeToCount){
  lineCount=countLines();
} else {
  lineCount=0;
}

print(lineCount);
```

注意：对于顶级变量和实例变量，Dart 的语义分析通常无法判断它们是否已经被初始化，因此需要使用 late 修饰符。

(3) 显式声明延迟初始化变量

使用 late 修饰符可以显式声明延迟初始化变量。举例如下。

```
Dart
late String description;

void main(){
  description='Feijoada!';
  print(description);
}
```

注意：如果变量使用 late 修饰，即使在声明时指定了初始化方法，该方法也会延迟到实际使用时才被调用。这里会影响函数的执行时机，要特别注意。举例如下。

```
Dart
// 1. readThermometer()不会马上被调用
// 2. 如果 temperature 后续没有被使用,则 readThermometer()永远不会调用
```

```
// 3. 如果 temperature 后续被使用,在使用前会调用 readThermometer()
late String temperature=readThermometer();

void main(){
  print(temperature);  // 在使用时调用 readThermometer()
}
```

3.5.3 常量

（1）final：不能修改的变量

final 用于定义运行时常量，其值在运行时确定，且只能被赋值一次。举例如下。

```
Dart
final name='Bob';  // 省略 var,类型推导
final String nickname='Bobby';

name='Alice';  // 错误:final 变量只能被赋值一次
```

（2）const：编译期常量

const 用于定义编译时常量，其值在编译时确定。举例如下。

```
Dart
const bar=1000000;  // 省略 var,类型推导
const double atm=1.01325 * bar;  // 这里的 bar 必须为 const
```

（3）两者的区别

final：本质为变量，运行时初始化时确定其值；不能修改变量的值，但可以修改变量指向的对象的内部成员。

const：本质为常量，编译时确定值；不能修改常量的引用，也不能修改其指向的对象的内部成员。

3.6 函数（基本语法）

函数是 Dart 程序的基本结构之一，用于封装可重用的代码逻辑。Dart 提供了多种定义函数的方式，包括标准函数、箭头函数、命名参数、位置参数以及 Lambda 表达式。

本节介绍 Dart 语言中函数的基本使用方法，在后面的函数式编程一节，会介绍函数的高级用法。

3.6.1 函数的两种形式

（1）标准形式

标准形式的函数使用{}包裹函数体，适合包含多行代码的逻辑。举例如下。

```
Dart
bool isNoble(int atomicNumber){
  return _nobleGases[atomicNumber] !=null;
}
```

（2）箭头函数（=>表达式）

箭头函数是一种简写形式，适合单行表达式的函数。使用=>符号连接参数和表达式。举例如下。

```
Dart
bool isNoble(int atomicNumber)=>_nobleGases[atomicNumber]!=null;
```

注意：=>后面只能是表达式，不能是语句。例如，不能将 if 语句放在其中，但可以使用条件表达式。

3.6.2 参数

函数的参数分为必要参数和可选参数。必要参数必须传递，而可选参数可以是命名参数或位置参数。

（1）必要参数

必要参数必须放在参数列表的最前面，调用函数时必须传递。举例如下。

```
Dart
bool isNoble(int atomicNumber){
  return _nobleGases[atomicNumber]!=null;
}
```

（2）命名参数

命名参数使用{}包裹，调用时通过参数名传递值。如果没有默认值，命名参数必须是可空类型。举例如下。

```
Dart
void enableFlags({bool? bold,bool? hidden}){...}

// 调用时传值
enableFlags(bold:true,hidden:false);
```

指定默认值举例如下。

```
Dart
void enableFlags({bool bold=false,bool hidden=false}){...}

// 调用时修改默认值
enableFlags(bold:true);   // hidden 维持默认值不变
```

required 关键字，强制调用者必须给该参数传值。举例如下。

```
Dart
void enableFlags({required bool bold,bool hidden=false}){...}

enableFlags(bold:true);   // Bold:true,Hidden:false
enableFlags();   // 错误:必须传递 bold 参数
```

(3) 位置参数

位置参数使用[]包裹，调用时按顺序传递值。举例如下。

```
Dart
String say(String from,String msg,[String? device]){
  var result='$from says $msg';
  if(device! =null){
    result='$result with a $device';
  }
  return result;
}

say('Bob','Howdy');  // 'Bob says Howdy'
say('Bob','Howdy','smoke signal');  // 'Bob says Howdy with a smoke signal'
```

位置参数也可以指定默认值。举例如下。

```
Dart
String say(String from,String msg,[String device='carrier pigeon']){
  var result='$from says $msg with a $device';
  return result;
}

say('Bob','Howdy');  // 'Bob says Howdy with a carrier pigeon'
```

3.6.3 Lambda 表达式

Lambda 表达式（匿名函数）是函数式编程的重要组成部分，适合作为回调函数或简化代码。

现代主流编程语言基本都支持 Lambda 表达式，基本形式如下。

```
Dart
([参数 1,参数 2,参数 3,......]){
  函数体;
};
```

其中参数的类型是可以省略的。举例如下。

```
Dart
const list=['apples','bananas','oranges'];

// forEach 遍历一个 List,并针对每一个元素调用后面的匿名方法
list.forEach((item){
  print('$item:${item.length}');
});

// 展开看起来更清晰
list.forEach(
```

```
  (item){
    print('$item:${item.length}');
  }
);
```

Lambda 表达式也可以使用=>语法。举例如下。

```
Dart
list.forEach((item)=>print('$item:${item.length}'));

// 展开
list.forEach(
  (item)=>print('$item:${item.length}')
);
```

3.6.4 返回值

所有函数都有返回值。如果函数没有显式的 return 语句，默认返回 null。

```
Dart
foo(){}  // return null;
void foo1(){}  // return null;
```

3.7 运算符

Dart 提供了丰富的运算符，用于执行各种操作，包括算术运算、逻辑运算、类型判断、赋值和条件表达式等。掌握运算符的使用是编写高效 Dart 代码的关键。

3.7.1 运算符的优先级及关联性

运算符的优先级决定了表达式中运算符的执行顺序，而关联性决定了相同优先级的运算符的执行顺序（从左到右或从右到左）。表 3-1 是 Dart 中运算符按照优先级排序的结果。

表 3-1 运算符优先级

描述	操作	结合律
一元后缀	expr++,expr--,(),[],?[],.,?.,!	无
一元前缀	-expr,! expr,~expr,++expr,--expr,await expr	无
乘除运算	*,/,%,~/	左结合
加减运算	+,-	左结合
位移运算	<<,>>,>>>	左结合
按位与	&	左结合
按位异或	^	左结合
按位或	|	左结合
关系与类型测试	>=,>,<=,<,as,is,is!	无

续表

描述	操作	结合律
相等性判断	==,!=	无
逻辑与	&&	左结合
逻辑或	||	左结合
空值判断	??	左结合
条件运算符	expr1? expr2 :expr3	右结合
级联操作	..,?..	右结合
赋值运算	=,*=,/=,+=,-=,&=,^=等	右结合

注意：运算符优先级表是学术探讨的内容，实际编程中不建议依赖记忆优先级。在不确定优先级的场景中，一律使用括号来明确运算顺序。

3.7.2 类型判断运算符

Dart 提供了表 3-2 类型判断运算符中列出的三种类型判断方式，用于检查对象的类型或进行类型转换。

表 3-2 类型判断运算符

操作	含义
as	类型转换(也用作指定库前缀)
is	如果对象是指定类型则返回 true
is!	如果对象是指定类型则返回 false

(1) 强制类型转换 as

使用 as 可以将对象强制转换为指定类型。举例如下。

```
Dart
(employee as Person).firstName='Bob';
```

(2) 类型检查 is 和 is!

is 用于检查对象是否是指定类型。

is! 用于检查对象不是指定类型。举例如下。

```
Dart
if(employee is Person){
  // 经过类型检查,不需要再强制转换
  employee.firstName='Bob';
}
```

3.7.3 赋值运算符

赋值运算符用于为变量赋值。Dart 提供了基本的赋值运算符 = 和空感知赋值运算符 ??=。

(1) 基本赋值运算符

```
Dart
int a=10;
```

(2) 空感知赋值运算符??=

如果变量的值为 null，则将其赋值为指定值；否则保持原值不变。举例如下。

```
Dart
int? b;
b ??=20;  // b 为 null,赋值 20
print(b);  // 输出:20

b ??=30;  // b 不为 null,保持原值
print(b);  // 输出:20
```

3.7.4 条件表达式

条件表达式用于根据条件选择不同的值或执行不同的操作。

(1) 三元运算符?:

```
Dart
条件? 表达式 1:表达式 2
```

如果条件为 true，执行表达式 1 并返回结果；否则执行表达式 2 并返回结果。

```
Dart
var visibility=isPublic ? 'public':'private';  //
```

(2) 空合并运算符??

```
Dart
表达式 1 ?? 表达式 2
```

如果表达式 1 为非 null，则返回其值；否则执行表达式 2 并返回其值。

```
Dart
String playerName(String? name)=>name ?? 'Guest';  // name 非空则返回 name 的值,否则返回'Guest'
```

3.8 流程控制

流程控制是编程中的核心概念，用于控制代码的执行顺序。Dart 提供了多种流程控制语句，包括条件语句、循环语句、跳转语句以及断言。

3.8.1 条件语句

(1) **if 和 else**

if 和 else 语句用于根据条件执行不同的代码块。Dart 的 if 语句中的条件必须是布尔值，

不能是其他类型（如C语言中的0和1）。举例如下。

```
Dart
if (isRaining()){
  you.bringRainCoat();
} else if (isSnowing()){
  you.wearJacket();
} else {
  car.putTopDown();
}
```

（2）switch语句

switch语句的主要作用就是简化多条件分支的逻辑，尤其是在有大量分支的情况下，使用if-else会显得非常繁琐和难以维护。switch语句通过将值与多个case子句进行比较，能够更清晰、更高效地处理多分支逻辑。

① switch与if-else对比　当有多个条件分支时，if-else语句会显得冗长且难以阅读。

```
Dart
var command='OPEN';

if (command=='CLOSED'){
  executeClosed();
} else if (command=='PENDING'){
  executePending();
} else if (command=='APPROVED'){
  executeApproved();
} else if (command=='DENIED'){
  executeDenied();
} else if (command=='OPEN'){
  executeOpen();
} else {
  executeUnknown();
}
```

问题：代码重复性高，每个条件都需要写if和else if；随着分支增多，代码可读性变差，维护成本增加。

switch语句通过将值与多个case子句进行比较，能够更清晰地表达多分支逻辑。

```
Dart
var command='OPEN';

switch (command){
  case 'CLOSED':
    executeClosed();
    break;
  case 'PENDING':
```

```
    executePending();
    break;
  case 'APPROVED':
    executeApproved();
    break;
  case 'DENIED':
    executeDenied();
    break;
  case 'OPEN':
    executeOpen();
    break;
  default:
    executeUnknown();
}
```

优点：代码结构清晰，逻辑一目了然；减少重复代码，易于维护和扩展。

说明：command的值会依次与每个case子句进行比较；如果匹配到某个case，则执行对应的代码块，直到遇到break语句；如果没有匹配到任何case，则执行default子句。

② 使用限制条件　Dart的switch语句有一些使用限制和特性，需要特别注意。

a. 每个case子句实际上是使用==操作符来比较整数、字符串或编译时常量。

b. 比较的两个对象必须是同一类型，不能是子类并且不能重写==操作符。

③ 支持空的case语句　如果多个case子句需要执行相同的代码块，可以使用空的case语句来实现"贯穿"行为。举例如下。

```
Dart
var command='CLOSED';

switch (command){
  case 'CLOSED':  // 空的 case,继续执行下一个 case
  case 'NOW_CLOSED':
    executeNowClosed();  // 当 command 为'CLOSED'或'NOW_CLOSED'时,都会执行
    break;
}
```

④ case的局部作用域　每个case子句都可以有局部变量，且这些变量仅在该case语句内可见。举例如下。

```
Dart
var command='OPEN';

switch (command){
  case 'OPEN':
    var message='Opening...';  // 局部变量
    print(message);
    break;
```

```
  case 'CLOSED':
    var message='Closing...';  // 与上一个 case 的 message 不冲突
    print(message);
    break;
}
```

3.8.2 循环语句

(1) for 循环

for 循环用于重复执行代码块，支持传统的 for 循环和 for-in 循环。

① 传统 for 循环　举例如下。

```
Dart
var message=StringBuffer('Dart is fun');
for (var i=0; i<5; i++){
  message.write('!');
}
print(message);  // 输出:Dart is fun!!!!!
```

② for-in 循环　用于遍历集合中的元素，举例如下。

```
Dart
var list=[1,2,3];
for (final n in list){
  print(n);  // 输出:1 2 3
}
```

(2) while 和 do-while

while 和 do-while 循环用于在条件为真时重复执行代码块。while 循环先判断条件再执行，而 do-while 循环先执行一次再判断条件。

① while 循环　举例如下。

```
Dart
while (! isDone()){
  doSomething();
}
```

② do-while 循环　举例如下。

```
Dart
do {
  printLine();
} while (!atEndOfPage());
```

3.8.3 跳转语句

break 和 continue 语句用于控制循环的执行，它们都属于跳转语句。

（1）**break**

break 用于立即终止循环。举例如下。

```
Dart
while (true){
  if (shutDownRequested())break;  // 如果条件成立，立即终止循环
  processIncomingRequests();
}
```

（2）**continue**

continue 用于跳过当前循环的剩余部分，直接进入下一次循环。举例如下。

```
Dart
for (int i=0; i<candidates.length; i++){
  var candidate=candidates[i];
  if (candidate.yearsExperience<5){
    continue;  // 如果执行到这里，循环体中后续代码不再执行，直接进入下一次循环
  }
  candidate.interview();
}
```

3.8.4 断言

assert 语句用于在调试模式下检查条件是否为真。如果条件为 false，程序会抛出 AssertionError 异常。举例如下。

```
Dart
assert(text !=null);  // 确保变量不为 null
assert(number<100);  // 确保值小于 100
assert(urlString.startsWith('https'));  // 确保 URL 以 https 开头
```

添加错误信息：

```
Dart
assert(urlString.startsWith('https'),
    'URL ($urlString)should start with "https".');
```

注意：断言仅在调试模式下生效，在生产环境中会被忽略。

3.9 异常处理

Dart 的异常处理机制与其他语言（如 Java）有所不同。Dart 方法不必声明会抛出哪些异常，也不强制捕获异常。Dart 允许将任何非 null 对象作为异常抛出，并提供了 Exception 和 Error 两种类型的异常及其子类。

3.9.1 抛出异常

在 Dart 中，可以使用 throw 关键字抛出异常。异常可以是任何非 null 对象，但通常使

用 Exception 或 Error 的子类。举例如下。

```
Dart
throw FormatException('Expected at least 1 section');
```

开发建议：在自己的项目中，继承 Exception 和 Error 定义自己的异常类型；不要抛出其他类型的异常；异常中最好携带能说明情况的提示信息。

3.9.2 捕获异常

Dart 使用 try、on 和 catch 关键字来捕获和处理异常。

(1) 捕获指定类型的异常

使用 on 关键字可以捕获指定类型的异常，使用 catch 可以获取被抛出的异常对象本身。举例如下。

```
Dart
try {
  breedMoreLlamas();
} on OutOfLlamasException {// 处理指定类型异常
  buyMoreLlamas();
} on Exception catch (e){// e 为获取的异常对象
  print('Unknown exception:$e');
} catch (e){  // 捕获前面未处理的异常类型
  print('Something really unknown:$e');
}
```

(2) 获取异常调用栈

在实际开发中，如果能获取到发生异常时的函数调用栈情况，可以帮助我们快速定位问题发生的地方。可以通过 catch 的第二个参数获取异常调用栈。举例如下。

```
Dart
try {
  // 可能抛出异常的代码
} catch (e,s){
  print('Exception details:\n $e');
  print('Stack trace:\n $s');
}
```

(3) 捕获异常后再次抛出

有时候我们只是想看一下异常中的信息，并不想在当前代码的位置处理这个异常，这时可以在捕获异常后再次抛出。使用 rethrow 可以在捕获异常后再次抛出，以便外层代码继续处理。举例如下。

```
Dart
try {
  dynamic foo=true;
  print(foo++);  // 运行时错误
} catch (e){
```

```
  print('misbehave()partially handled ${e.runtimeType}.');
  rethrow;  // 再次抛出异常
}
```

3.9.3 finally

finally 块用于确保某些代码无论是否发生异常都会执行。举例如下。

```
Dart
try {
  breedMoreLlamas();
} catch (e){
  print('Error:$e');  // 先执行异常处理
} finally {
  cleanLlamaStalls();  // 然后执行 finally,确保不论是否发生异常,都执行了必要的清理操作
}
```

没有 catch 的情况：异常不会被捕获，会继续抛出，但是 finally 块的代码会在异常抛出外部前执行。举例如下。

```
Dart
try {
  breedMoreLlamas();
} finally {
  cleanLlamaStalls();  // 先执行 finally,然后抛出异常
}
```

3.9.4 自定义异常

Dart 允许通过继承 Exception 或 Error 定义自己的异常类型。举例如下。

```
Dart
class MyException implements Exception {
  final String message;
  MyException(this.message);

  @override
  String toString()=>'MyException:$message';
}

void main(){
  try {
    throw MyException('This is a custom exception');
  } catch (e){
    print(e);  // 输出:MyException:This is a custom exception
  }
}
```

3.10 面向对象编程

面向对象编程（Object-Oriented Programming，OOP）是一种编程范式，它以对象为核心，将数据和操作数据的方法封装在一起，通过类来定义对象的模板。面向对象编程的核心思想包括以下几个方面。

① 封装：将数据和行为封装在类中，隐藏内部实现细节，只暴露必要的接口。

② 继承：通过继承实现代码复用，子类可以继承父类的属性和方法，并可以重写或扩展。

③ 多态：同一操作作用于不同的对象，可以产生不同的行为，通常通过继承和接口实现。

④ 抽象：通过抽象类和接口定义通用的行为，让具体的子类去实现。

Dart 是一种面向对象的语言，支持类、继承、多态等核心特性。在 Dart 中，面向对象编程不仅支持传统的单继承体系，还通过 Mixin、扩展方法等特性，提供了更强大的代码组织和复用能力。本节将详细介绍 Dart 中的类、对象、继承、Mixin、泛型等面向对象的核心概念和用法。

3.10.1 类和对象

在 Dart 中，类是对象的蓝图，用于定义对象的属性和行为，通过 `class` 关键字创建；对象是类的实例，通过构造函数生成，每个对象都拥有类中定义的属性和方法。换句话说类是抽象的模板，而对象是具体的实体，程序通过操作对象来实现功能。

3.10.1.1 创建一个类

在 Dart 中，使用 `class` 关键字定义类。类可以包含属性（字段）和方法。举例如下。

```
Dart
class Point {
  final double x;
  final double y;
}
```

3.10.1.2 构造函数

构造函数用于构造类的实例。Dart 中的构造函数不会被继承，且默认会调用父类的无参数构造方法。

（1）默认构造函数

如果没有声明构造函数，Dart 会自动生成一个无参数的默认构造函数。举例如下。

```
Dart
class Point {
  double x=0;
  double y=0;
}
```

（2）常规构造函数

常规构造函数的名称与类名相同，用于初始化实例变量。举例如下。

```
Dart
class Point {
  double x;
  double y;

  Point(double x,double y){
    this.x=x;  // 使用 this 关键字引用当前实例
    this.y=y;
  }
}

var p=Point(1.0,2.0);  // Dart 中 new 关键字可省略
```

（3）初始化参数

初始化参数是常规构造函数的语法糖，用于简化实例变量的初始化。举例如下。

```
Dart
class Point {
  final double x;
  final double y;

  Point(this.x,this.y);  // 这里等价于前面的常规构造函数
}
```

（4）初始化列表

初始化列表是 Dart 构造函数中用于在构造函数体执行之前初始化实例变量的语法，使用冒号:分隔构造函数签名和初始化表达式，多个表达式用逗号分隔。

初始化列表是 Dart 中一种独特且必要的语法，用于处理一些构造函数体无法替代的场景。常见的需要使用初始化列表的场景如下。

① final 变量的初始化：只能在初始化列表中为 final 变量赋值。

② 父类构造函数的调用：必须在初始化列表中调用父类构造函数。

③ 执行顺序：初始化列表的代码会在构造函数体执行之前运行，确保某些值在对象构造时就已经准备好。

```
Dart
class Point {
  final double x;
  final double y;
  final double distanceFromOrigin;

  Point(double x,double y)
      :x=x,  // 初始化 final 变量 x
       y=y,  // 初始化 final 变量 y
        distanceFromOrigin=sqrt(x*x+y*y);  // 计算并初始化 distanceFromOrigin
}
```

在这个例子中，x、y 和 distanceFromOrigin 都在初始化列表中被赋值，确保它们在构

造函数体执行之前就已经初始化完成。

（5）命名构造函数

命名构造函数用于表达更明确的构造对象的方法，通常用于构造一些具有特殊意义的对象。

```
Dart
class Point {
  final double x;
  final double y;

  Point(this.x,this.y);

  Point.origin()  // 构造原点
      :x=0,
       y=0;
}

var p=Point.origin();
```

（6）重定向构造函数

某些情况下，构造函数需要通过传入特定参数去调用其他构造函数，最终实现真正的构造对象过程。重定向构造函数就是通过调用其他构造函数来实现对象的构造的方法。

此时该构造函数没有函数体，在函数签名后使用（:）指定需要重定向到的其他构造函数（使用 this 而非类名）。

```
Dart
class Point {
  double x,y;

  Point(this.x,this.y);

  Point.alongXAxis(double x):this(x,0);
}

var p=Point.alongXAxis(5);
```

（7）常量构造函数

如果一个构造函数生成的对象是不可变的，那么可以在生成这些对象时就将其定义为编译时常量 const，这样可以减少对象创建的时间和内存损耗。

但是普通构造函数构造的对象无法直接声明为编译时常量，如果想要创建一个编译时常量对象，就需要在创建时调用其常量构造函数，方法如下。

通过在类的构造函数前加上 const 关键字并确保所有实例变量均为 final 即可定义常量构造函数。举例如下。

```
Dart
class ImmutablePoint {
```

```
  final double x,y;

  const ImmutablePoint(this.x,this.y);
}

var a=const ImmutablePoint(1,1);  // 创建常量对象
var b=ImmutablePoint(1,1);  // 创建非常量对象
```

(8) 工厂构造函数

工厂构造函数（Factory Constructor）是 Dart 中一种特殊的构造函数，使用 factory 关键字定义。它的主要特点是不一定会创建新对象，而是可以从缓存中返回现有对象，或者根据条件返回不同的子类实例。工厂构造函数通常用于实现单例模式、对象池、延迟初始化等场景。与普通构造函数不同，工厂构造函数不会自动创建实例，而是需要显式返回一个对象。例如，可以通过工厂构造函数从缓存中获取对象，或者根据输入参数返回不同的子类实例。举例如下。

```dart
class Logger {
  final String name;
  static final Map<String,Logger>_cache=<String,Logger>{};

  factory Logger(String name){
    // 从缓存中返回一个对象,而不是创建新对象
    return _cache.putIfAbsent(name,()=>Logger._internal(name));
  }

  Logger._internal(this.name);
}
```

3.10.2 继承

继承是面向对象编程的核心概念之一，允许子类继承父类的属性和方法。在 Dart 中，使用 extends 关键字实现继承。例如：

```dart
class Animal {
  void speak(){
    print('Animal speaks');
  }
}

class Dog extends Animal {
  @override
  void speak(){
    print('Dog barks');
  }
```

```
}

void main(){
  var dog=Dog();
  dog.speak();  // 输出:Dog barks
}
```

在这个例子中，Dog 类继承了 Animal 类，并重写了 speak 方法。通过继承，子类可以复用父类的代码，并根据需要扩展或修改父类的行为。

(1) 调用父类非默认构造函数

如果父类没有默认构造函数，子类必须显式调用父类的某个构造函数。例如：

```Dart
class Person {
  String? firstName;

  Person.fromJson(Map data){
    print('in Person');
  }
}

class Employee extends Person {
  Employee.fromJson(Map data):super.fromJson(data){
    print('in Employee');
  }
}
```

在这个例子中，Employee 类通过 super.fromJson(data)调用了父类的非默认构造函数。

(2) 重写父类的方法

在子类中可以使用@override 关键字重写父类的方法，以提供不同的实现。例如：

```Dart
class Person {
  void show(){
    print('I am Person');
  }
}

class Employee extends Person {
  @override
  void show(){
    print('I am Employee');
  }
}
```

(3) 子类中访问父类成员

子类可以通过 super 关键字访问父类的成员。例如：

```
Dart
class Television {
  void turnOn(){
    print('TV is on');
  }
}

class SmartTelevision extends Television {
  void turnOn(){
    super.turnOn();
    print('Smart features enabled');
  }
}
```

在这个例子中，SmartTelevision 类通过 super.turnOn()调用了父类的 turnOn 方法。

3.10.3 对象中的方法

对象中的方法是定义在类中的函数，用于描述对象的行为或操作对象的数据。这些方法可以直接访问对象的属性和其他方法，并通过 this 关键字引用当前实例。对象中的方法包括普通方法、Getter/Setter 方法，以及通过 operator 关键字重载的运算符方法。它们封装了与对象相关的逻辑，使得对象能够执行特定的任务或提供特定的功能。例如，一个 Point 类可以定义 distanceTo 方法来计算两点之间的距离。

(1) 运算符方法

运算符方法是 Dart 中通过 operator 关键字定义的特殊实例方法，用于描述类的运算符行为。通过重载运算符（如+、-、==等），可以让自定义类的对象支持类似内置类型的操作。运算符方法不仅使代码更简洁直观，还能增强类的表达能力，但需要注意重载==时必须同时重写 hashCode 方法以保证一致性。

例如，可以为 Vector 类重载+运算符，使得两个 Vector 对象可以直接相加。

```
Dart
class Vector {
  final int x,y;

  Vector(this.x,this.y);

  Vector operator+(Vector v)=>Vector(x+v.x,y+v.y);
}

void main(){
  // 创建两个 Vector 对象
  var v1=Vector(2,3);
  var v2=Vector(4,5);

  // 使用重载的+运算符将两个 Vector 对象相加
  var v3=v1+v2;
```

```
    // 输出结果
    print('v1:(${v1.x},${v1.y})');  // 输出:v1:(2,3)
    print('v2:(${v2.x},${v2.y})');  // 输出:v2:(4,5)
    print('v3:(${v3.x},${v3.y})');  // 输出:v3:(6,8)
}
```

Dart 允许使用表 3-3 中列出的运算符进行重载：

表 3-3　支持重载的运算符

比较运算符	算术运算符	位运算符	其他
<	+	|	>>>
>	/	^	[]
<=	~/	&	[]=
>=	*	<<	~
-	%	>>	==

(2) Getter 和 Setter

Getter 和 Setter 是用于访问和修改对象属性的方法。每个实例对象的属性都有一个隐式的 Getter 方法，如果属性是非 final 的，还会有一个 Setter 方法。我们通常通过 Getter 和 Setter 来访问和修改实例成员。

定义 Getter 和 Setter 的两种情况如下。

① 对读写操作进行二次处理，例如在写入数据前进行转换。

② 定义不存在的成员变量。

以下是一个 Rectangle 类的示例，展示了如何定义 Getter 和 Setter：

```
Dart
class Rectangle {
  double left,top,width,height;

  Rectangle(this.left,this.top,this.width,this.height);

  // 定义两个计算属性:right 和 bottom
  double get right=>left+width;
  set right(double value)=>left=value-width;
  double get bottom=>top+height;
  set bottom(double value)=>top=value-height;
}

void main(){
  var rect=Rectangle(3,4,20,15);
  rect.right=12;
  rect.bottom=40;
}
```

在这个例子中，right 和 bottom 是计算属性，它们的值是通过其他属性计算得出的。

(3) 级联运算符

级联运算符（..）允许在同一个对象上连续调用多个方法或访问多个属性。它本质上是一种语法糖，可以使代码更加简洁。

以下是一个使用级联运算符的示例：

```
Dart
var paint=Paint()
  ..color=Colors.black
  ..strokeCap=StrokeCap.round
  ..strokeWidth=5.0;
```

这段代码等价于：

```
Dart
var paint=Paint();
paint.color=Colors.black;
paint.strokeCap=StrokeCap.round;
paint.strokeWidth=5.0;
```

通过级联运算符，可以将多个语句连接成一个表达式，使代码更加紧凑和易读。

3.10.4 抽象类

在 Dart 中，抽象类是一种特殊的类，它不能被直接实例化，而是作为其他类的基类使用。抽象类通过 abstract 关键字来标识，它的主要作用是定义一组规范或接口，要求子类必须实现这些规范。

(1) 抽象类的特点

① 不能被实例化：抽象类不能直接创建对象。例如，以下代码会报错。

```
Dart
abstract class Doer {
  void doSomething();
}

void main(){
  var doer=Doer();   // 错误:无法实例化抽象类
}
```

② 可以定义抽象方法：抽象类中可以声明没有方法体的抽象方法。这些方法必须在子类中被实现。例如：

```
Dart
abstract class Doer {
  void doSomething();   // 抽象方法,没有方法体
}
```

③ 可以定义工厂构造函数：虽然抽象类不能被直接实例化，但可以通过工厂构造函数来返回子类的实例。例如：

```
Dart
abstract class Doer {
```

```
  void doSomething();

  factory Doer.create()=>EffectiveDoer();  // 工厂构造函数
}
```

④ 可以包含具体方法：抽象类不仅可以定义抽象方法，还可以包含已经实现的具体方法。子类可以直接继承这些方法，也可以选择重写它们。例如：

```
Dart
abstract class Doer {
  void doSomething();  // 抽象方法

  void log(String message){
    print('Log:$message');  // 具体方法
  }
}
```

（2）抽象类的使用场景

抽象类通常用于以下场景。

① 定义接口规范：抽象类可以定义一组方法，要求子类必须实现这些方法。这种场景特别适合在多个类需要共享相同接口但实现不同的情况下使用。

② 代码复用：抽象类可以包含一些通用的实现，子类可以直接继承这些实现，减少重复代码。

③ 多态性：抽象类可以帮助实现多态性，即用父类的引用指向子类的对象。这种场景适合在需要统一处理多种子类对象时使用。

（3）示例

以下是一个完整的示例，展示了抽象类的定义和使用。

```
Dart
abstract class Doer {
  void doSomething();  // 抽象方法

  void log(String message){
    print('Log:$message');  // 具体方法
  }

  factory Doer.create()=>EffectiveDoer();  // 工厂构造函数
}

class EffectiveDoer extends Doer {
  @override
  void doSomething(){
    print('Doing something effectively!');  // 实现抽象方法
  }
}
```

```
void main(){
  var doer=Doer.create();  // 通过工厂构造函数创建子类实例
  doer.doSomething();  // 输出:Doing something effectively!
  doer.log('Task completed');  // 输出:Log:Task completed
}
```

在这个例子中，Doer 是一个抽象类，定义了一个抽象方法 doSomething 和一个具体方法 log；EffectiveDoer 是 Doer 的子类，实现了 doSomething 方法；通过工厂构造函数 Doer.create()，我们可以创建 EffectiveDoer 的实例。

3.10.5 接口

在 Dart 中，接口的概念与其他语言（如 Java 或 C#）有所不同。Dart 并没有提供专门的 interface 关键字，而是采用了隐式接口的机制。这意味着每一个类都隐式地定义了一个同名的接口，这个接口包含了类的所有实例成员（包括属性和方法），但不包含构造函数。

(1) 隐式接口的特点

① 每个类都是一个接口：当你定义一个类时，Dart 会自动生成一个同名的接口，这个接口包含了类的所有公共成员。

② 不包含构造函数：接口中只包含实例成员（属性和方法），不包含构造函数。

③ 支持多接口实现：一个类可以通过 implements 关键字实现多个接口。

(2) 隐式接口的使用

以下是一个简单的示例，展示了 Dart 中隐式接口的使用。

```
Dart
class Person {
  final String _name;  // 私有属性,外部不可见

  Person(this._name);  // 构造函数

  String greet(String who)=>'Hello,$who. I am $_name.';  // 公共方法
}
```

Person 类隐式定义了一个 Person 接口，这个接口包含了 greet 方法，但不包含构造函数和私有属性_name。

通过 implements 关键字，一个类可以实现一个或多个接口，并必须实现接口中定义的所有成员。以下是实现 Person 接口的示例。

```
Dart
class Impostor implements Person {
  @override
  String get _name=>'';  // 实现接口中的私有属性(通过 Getter)

  @override
  String greet(String who)=>'Hi $who. Do you know who I am?';  // 实现接口中的方法
}
```

```
void main(){
  var impostor=Impostor();
  print(impostor.greet('Alice'));  // 输出:Hi Alice. Do you know who I am?
}
```

在这个例子中，Impostor 类实现了 Person 接口；由于_name 是私有属性，外部无法直接访问，因此通过 Getter 实现；greet 方法被重写，提供了新的实现。

(3) 多接口实现

Dart 支持一个类实现多个接口，只需在 implements 后列出多个接口即可。

以下是一个实现多个接口的示例。

```
Dart
class Animal {
  void makeSound()=>print('Some sound');
}

class Flyable {
  void fly()=>print('Flying');
}

class Bird implements Animal,Flyable {
  @override
  void makeSound()=>print('Chirp chirp');

  @override
  void fly()=>print('Bird is flying');
}

void main(){
  var bird=Bird();
  bird.makeSound();  // 输出:Chirp chirp
  bird.fly();        // 输出:Bird is flying
}
```

在这个例子中，Bird 类同时实现了 Animal 和 Flyable 接口，且必须实现这两个接口中定义的所有方法（makeSound 和 fly）。

(4) 接口与抽象类的区别

虽然接口和抽象类都可以用于定义规范，但它们有一些关键区别：

① 接口：只定义规范，不包含实现；一个类可以实现多个接口；接口中不能包含构造函数。

② 抽象类：可以包含抽象方法和具体方法；一个类只能继承一个抽象类；抽象类可以包含构造函数。

(5) 接口的使用场景

接口在以下场景中非常有用。

① 定义行为规范：当多个类需要共享相同的行为但实现不同时，可以使用接口来定义规范。

② 实现多态性：通过接口，可以用父接口的引用指向子类的对象，实现多态性。

③ 解耦代码：接口可以帮助解耦代码，使得类的实现与使用分离，提高代码的灵活性和可维护性。

3.10.6 类扩展

在 Dart 中，类扩展（Extension Methods）是一种强大的特性，允许我们为已有的类添加新的方法，而无需修改原始类的代码或继承该类。这种特性特别适用于无法直接修改的库或框架中的类。通过类扩展，我们可以为这些类添加自定义的功能，使代码更加简洁和直观。

(1) 定义类扩展

类扩展通过 extension 关键字来定义。我们可以为某个类添加新的方法，这些方法可以直接在该类的实例上调用。

以下是一个为 String 类添加 parseInt 方法的示例。

```
Dart
// string_apis.dart
extension NumberParsing on String {
  int parseInt(){
    return int.parse(this);  // 将字符串解析为整数
  }

  double parseDouble(){
    return double.parse(this);  // 将字符串解析为浮点数
  }
}
```

在这个例子中，NumberParsing 是扩展的名称，on String 表示这个扩展是针对 String 类的，parseInt 和 parseDouble 是新添加的方法。

(2) 使用类扩展

要使用类扩展，首先需要导入包含扩展的文件，然后就可以像调用普通方法一样调用扩展方法。

以下是如何使用 NumberParsing 扩展的示例。

```
Dart
import 'string_apis.dart';

void main(){
  print('42'.padLeft(5));  // 使用 String 的原有方法
  print('42'.parseInt());  // 使用扩展方法 parseInt
  print('3.14'.parseDouble());  // 使用扩展方法 parseDouble
}
```

输出结果：

```
Plain Text
   42
42
3.14
```

注意事项：扩展方法只能在静态类型上调用，不能在 dynamic 类型上使用。因为扩展方法是基于接收器的静态类型进行解析的；如果尝试在 dynamic 类型上调用扩展方法，会导致运行时异常。

```
Dart
dynamic d='2';
print(d.parseInt());  // 运行时异常:NoSuchMethodError
```

（3）扩展方法冲突处理

当多个扩展为同一个类添加了同名方法时，可能会发生冲突。Dart 提供了几种方式来解决这种冲突。

① 扩展名不同，扩展方法相同　如果两个扩展为同一个类添加了同名方法，但扩展的名称不同，可以通过扩展名来明确调用哪个方法。

```
Dart
// string_apis.dart
extension NumberParsing on String {
  int parseInt(){
    return int.parse(this);
  }
}

// string_apis_2.dart
extension NumberParsing2 on String {
  int parseInt(){
    return int.parse(this)+1;  // 假设这里有不同的实现
  }
}
```

使用时需要带上扩展名：

```
Dart
import 'string_apis.dart';
import 'string_apis_2.dart';

void main(){
  print(NumberParsing('42').parseInt());  // 输出:42
  print(NumberParsing2('42').parseInt());  // 输出:43
}
```

② 隐藏一个扩展　如果不想使用某个扩展，可以在导入时使用 hide 关键字隐藏它。

```
Dart
import 'string_apis.dart';
import 'string_apis_2.dart' hide NumberParsing2;

void main(){
```

```
  print('42'.parseInt()); // 使用 string_apis.dart 中的扩展方法
}
```

③ 扩展名相同，扩展方法相同　如果两个扩展的名称相同且方法也相同，可以为导入的库起别名来区分。

```
Dart
// string_apis.dart
extension NumberParsing on String {
  int parseInt(){
    return int.parse(this);
  }
}

// string_apis_3.dart
extension NumberParsing on String {
  int parseInt(){
    return int.parse(this)+2; // 假设这里有不同的实现
  }
}
```

使用时为库起别名：

```
Dart
import 'string_apis.dart';
import 'string_apis_3.dart' as rad;

void main(){
  print(NumberParsing('42').parseInt()); // 输出:42
  print(rad.NumberParsing('42').parseInt()); // 输出:44
}
```

3.10.7 Mixin

Mixin 是 Dart 中一种独特的特性，用于在多个类层次结构中重用代码。与 Java 等语言不同，Dart 通过 Mixin 提供了一种灵活的方式来解决单继承体系中的代码复用问题。

(1) 为什么要有 Mixin

在面向对象编程中，我们通常通过继承来抽象实体，将共同的部分放到基类中，形成一个树状结构。在图 3-1 展示的继承体系中，可以将所有动物公有的属性和行为放在动物类中，例如年龄、重量等属性或者进食、睡觉等行为。

然而，现实世界的行为往往是多维度的，单一的继承树难以清晰地描述复杂的关系。

例如，假设我们有以下几种动物：蝙蝠、鸽子、鸭子、飞鱼。

这些动物中，有些会飞，有些会走，有些既会飞又会走，如图 3-2 所示。如果仅通过继承来抽象这些行为，会导致代码重复或设计复杂。

多重继承是一个解决问题的方式。而在 Java 这样的单继承语言中，通常通过接口来解决这个问题。例如：

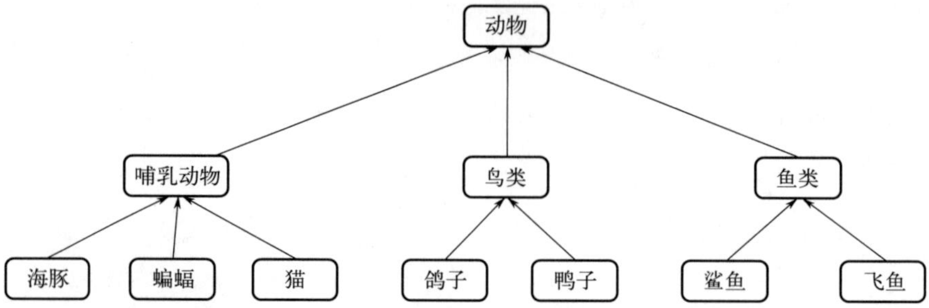

图 3-1　动物的继承关系

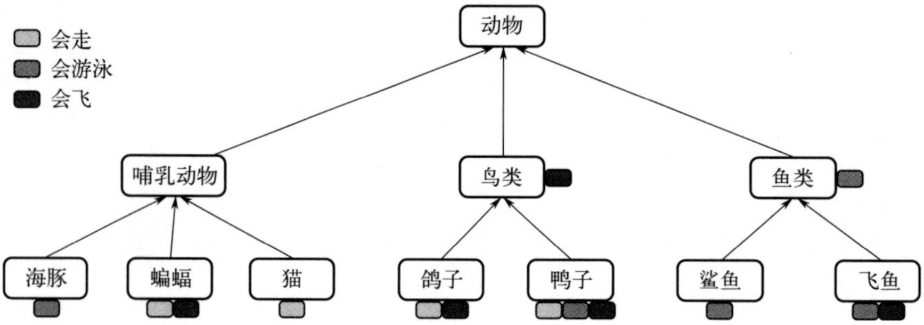

图 3-2　动物行为的关系

```
Java
interface Flyer {
    default void flying(){
        // 默认实现
    }
}
```

所有实现 Flyer 接口的类都会自动获得 flying 方法的默认实现。图 3-3 展示了这种方案的关系。

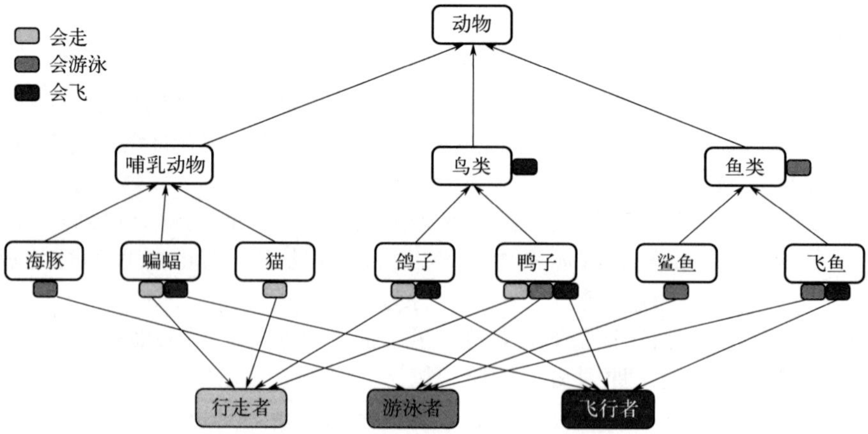

图 3-3　通过接口实现多继承

Dart 本身并没有提供 interface 关键字，而是引入了 Mixin 来解决这个问题。

（2）Mixin 是什么

Mixin 是一种在多个类层次结构中重用代码的方式。可以将其理解为一个“插件”，将某些功能插入到目标类中。Mixin 允许我们在不修改类继承关系的情况下，为类添加新的行为。

（3）如何使用 Mixin

① 定义 Mixin　Mixin 是一个继承自 Object（不继承其他类）且未声明构造函数的类。使用 mixin 关键字来定义 Mixin。

```
Dart
mixin Flyer {
  void flying(){
    print('Flying');
  }
}

mixin Walker {
  void walk(){
    print('I can walk');
  }
}
```

可以通过 on 关键字限制 Mixin 的使用范围。例如，以下 Mixin 只能用于 Duck 类。

```
Dart
mixin Flyer on Duck {
  void flying(){
    print('I can fly');
  }
}

mixin Walker on Duck {
  void walk(){
    print('I can walk');
  }
}
```

② 在类中使用 Mixin　使用 with 关键字将 Mixin 插入到类中。

```
Dart
class Duck extends Bird with Flyer,Walker {
  // Duck 类的其他功能
}

void main(){
  var duck=Duck();
  duck.flying();  // 输出:I can fly
  duck.walk();    // 输出:I can walk
}
```

在这个例子中，Duck 类通过 with 关键字混入了 Flyer 和 Walker，从而获得了 flying 和 walk 方法。

（4）Mixin 的底层原理

当使用 Mixin 时，Dart 编译器会将其转换为一个线性化的继承链。例如：

```
Dart
class Duck extends Bird with Flyer,Walker {}
```

实际上会被编译为以下形式。

```
Dart
class BirdFlyer extends Bird {
  // 包含 Flyer 的内容
}

class BirdFlyerWalker extends BirdFlyer {
  // 包含 Walker 的内容
}

class Duck extends BirdFlyerWalker {
  // Duck 类的其他功能
}
```

图 3-4 展示了 Mixin 如何通过线性的继承实现多继承的效果。这种线性化的继承链确保了 Mixin 的行为可以被正确继承和组合。因此，以下判断都为 true：

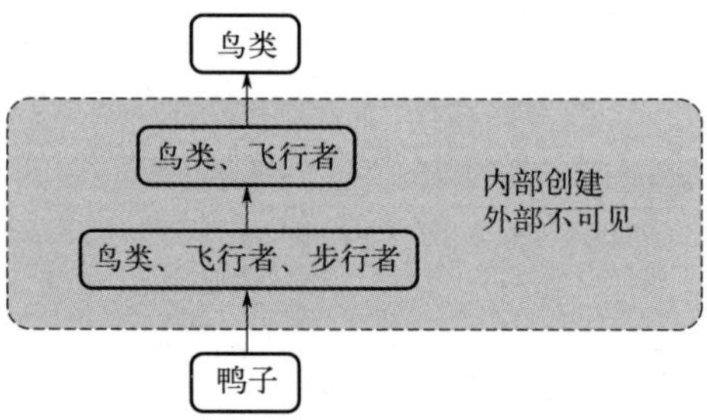

图 3-4　Mixin 内部实现

```
Dart
Duck duck=Duck();
print(duck is Bird);  // true
print(duck is Flyer);  // true
print(duck is Walker);  // true
```

（5）Mixin 的使用场景

Mixin 特别适合以下场景。

① 多维度行为组合：当类的行为需要从多个维度组合时，Mixin 可以避免复杂的继承关系。

② 代码复用：当多个类需要共享某些功能，但这些功能不适合放在基类中时，可以使用 Mixin。

③ 动态扩展：Mixin 允许在不修改类继承关系的情况下，动态地为类添加新功能。

3.10.8 静态变量和方法

静态变量和方法是与类本身关联的成员，而不是与类的实例关联。它们通过 static 关键字声明，通常用于表示与类相关的全局状态或工具方法。

（1）静态变量

静态变量是类级别的变量，它们在类的所有实例之间共享。静态变量在其首次被使用时才会被初始化。

以下是一个静态变量的示例。

```
Dart
class Queue {
  static const initialCapacity=16;  // 静态常量
  // ...
}

void main(){
  print(Queue.initialCapacity);  // 输出:16
}
```

在这个例子中，initialCapacity 是一个静态常量，表示队列的初始容量；静态变量通过类名直接访问，而不是通过实例访问。

（2）静态方法

静态方法是类级别的方法，它们与类本身关联，而不是与类的实例关联。因此，静态方法不能访问 this，也不能操作实例成员。静态方法通常用于工具函数或与类相关的操作。

以下是一个静态方法的示例。

```
Dart
import 'dart:math';

class Point {
  double x,y;
  Point(this.x,this.y);

  // 静态方法:计算两点之间的距离
  static double distanceBetween(Point a,Point b){
    var dx=a.x-b.x;
    var dy=a.y-b.y;
    return sqrt(dx * dx+dy * dy);
  }
}

void main(){
  var pointA=Point(0,0);
  var pointB=Point(3,4);

  print(Point.distanceBetween(pointA,pointB));  // 输出:5.0
}
```

在这个例子中，distanceBetween 是一个静态方法，用于计算两个 Point 对象之间的距离；静态方法通过类名直接调用，而不是通过实例调用。

静态方法的特点如下。

① 不能访问实例成员：静态方法只能访问静态变量和其他静态方法。

② 可以作为编译时常量：静态方法可以在编译时求值，因此可以作为常量构造函数的参数。

③ 工具函数的理想选择：静态方法通常用于实现与类相关的工具函数，例如数学计算、格式化等。

(3) 静态变量和方法的使用场景

静态变量和方法在以下场景中非常有用。

① 全局状态管理：静态变量可以用于存储与类相关的全局状态，例如配置、常量等。

② 工具函数：静态方法可以用于实现与类相关的工具函数，例如数学计算、字符串处理等。

③ 单例模式：静态变量和方法可以用于实现单例模式，确保类只有一个实例。

3.10.9 枚举

枚举是一种特殊的类，用于表示一组固定的常量值。Dart 中的枚举类型通过 enum 关键字定义，所有的枚举都隐式继承自 Enum 类。枚举类是封闭的，不能被继承、实现、混入或显式实例化。

(1) 声明枚举

枚举通过 enum 关键字定义，枚举值之间用逗号分隔。以下是一个简单的枚举示例。

```
Dart
enum Color { red,green,blue }
```

在这个例子中，Color 是一个枚举类型，包含三个枚举值：red、green 和 blue；所有的枚举值都是 Color 类型的常量实例。

注意：枚举类是封闭的，不能被继承、实现、混入或显式实例化；枚举值是通过枚举类型直接访问的，例如 Color. red。

(2) 增强的枚举类型

从 Dart SDK 2. 17 版本开始，枚举支持定义字段、方法和常量构造函数。这种增强的枚举类型可以更好地封装数据和逻辑。

以下是一个增强枚举的示例。

```
Dart
enum Vehicle implements Comparable<Vehicle>{
  car(tires:4,passengers:5,carbonPerKilometer:400),
  bus(tires:6,passengers:50,carbonPerKilometer:800),
  bicycle(tires:2,passengers:1,carbonPerKilometer:0);

  const Vehicle({
    required this.tires,
    required this.passengers,
    required this.carbonPerKilometer,
```

```
  });

  final int tires;
  final int passengers;
  final int carbonPerKilometer;

  int get carbonFootprint=>(carbonPerKilometer/passengers).round();

  @override
  int compareTo(Vehicle other)=>carbonFootprint-other.carbonFootprint;
}
```

在这个例子中，Vehicle 是一个增强的枚举类型，包含三个枚举值：car、bus 和 bicycle；每个枚举值都有三个字段：tires、passengers 和 carbonPerKilometer；枚举类还定义了一个计算属性 carbonFootprint 和一个 compareTo 方法。

增强枚举的限制如下。

① 枚举值的字段必须是 final。

② 枚举的构造函数必须是 const。

③ 工厂构造函数只能返回已知的枚举实例。

④ 枚举类不能继承其他类。

⑤ 不能重载 index、hashCode 和==操作符。

⑥ 不能声明 values 字段，因为枚举类已经有一个静态的 values getter。

⑦ 枚举定义时必须至少声明一个枚举值。

（3）使用枚举

枚举值可以像静态变量一样访问，并且可以通过 values 方法获取所有枚举值的列表。

以下是一些枚举的常见用法。

访问枚举值：

```
Dart
final favoriteColor=Color.blue;
if (favoriteColor==Color.blue){
  print('Your favorite color is blue!');
}
```

获取枚举值列表：

```
Dart
List<Color> colors=Color.values;
print(colors[2]==Color.blue);  // 输出:true
```

在 switch 语句中使用枚举：

```
Dart
var aColor=Color.blue;

switch (aColor){
```

```
  case Color.red:
    print('Red as roses!');
    break;
  case Color.green:
    print('Green as grass!');
    break;
  default:
    print(aColor);  // 输出:Color.blue
}
```

获取枚举值的名称：

```
Dart
print(Color.blue.name);  // 输出:blue
```

3.10.10 泛型

泛型允许我们在定义类、方法或函数时不指定具体的类型，而是使用一个类型参数来代替。在实际使用时，再指定具体的类型。泛型的主要目的是提高代码的复用性和类型安全性。

（1）为什么使用泛型

在某些情况下，相同的逻辑可能适用于多种类型。例如，我们可能需要处理一个字符串列表或一个整数列表，而对列表的遍历、筛选等操作是完全相同的。如果使用 Object 或 dynamic 类型来定义列表，那么列表中可以同时包含多种类型，这会导致类型不安全。

泛型的出现正是为了解决这个问题。它允许我们在定义时不指定具体类型，而是在使用时指定类型，从而保证类型安全。

以下是一个示例。

```
Dart
var names=<String>[];
names.addAll(['Seth','Kathy','Lars']);
names.add(42);  // 错误:非字符串类型的成员会被编译器检查出来
```

在这个例子中，names 是一个只能包含 String 类型的列表；尝试添加一个整数 42 会导致编译错误，因为类型不匹配。

（2）泛型的使用

泛型最常见的应用场景是集合操作。Dart 中的 List、Set 和 Map 都支持泛型。

① 使用集合字面量　可以通过在集合字面量前添加类型参数来定义泛型集合，定义参数化的 List 只需在中括号前添加<type>；定义参数化的 Map 只需要在大括号前添加<keyType,valueType>：

```
Dart
var names=<String>['Seth','Kathy','Lars'];  // 字符串列表
var uniqueNames=<String>{'Seth','Kathy','Lars'};  // 字符串集合
var pages=<String,String>{
  'index.html':'Homepage',
```

```
  'robots.txt':'Hints for web robots',
  'humans.txt':'We are people,not machines'
}; // 字符串到字符串的映射
```

② 使用类型参数化的构造函数　在调用构造函数时，也可以使用泛型，只需在类名后用尖括号（<...>）将一个或多个类型包裹即可。

```
Dart
var nameSet=Set<String>.from(names); // 从列表创建一个字符串集合
```

(3) Dart 没有类型擦除

与 Java 不同，Dart 不会在运行时擦除类型信息。这意味着你可以在运行时检查泛型类型。

```
Dart
var names=<String>[];
names.addAll(['Seth','Kathy','Lars']);
print(names is List<String>); // 输出:true
```

(4) 创建泛型类

可以通过在类名后使用尖括号（<...>）来定义泛型类。以下是一个泛型缓存类的示例。

```
Dart
abstract class Cache<T>{
  T getByKey(String key);
  void setByKey(String key,T value);
}
```

在这个例子中，Cache 是一个泛型类，T 是类型参数；getByKey 和 setByKey 方法都使用了类型参数 T。

有时我们需要限制泛型参数的类型范围，确保类型参数是指定类型的子类。这时可以使用 extends 关键字。

```
Dart
class SomeBaseClass {}

class Foo<T extends SomeBaseClass>{
  @override
  String toString()=>"Instance of 'Foo<$T>'";
}

class Extender extends SomeBaseClass {}

void main(){
  var someBaseClassFoo=Foo<SomeBaseClass>(); // SomeBaseClass 自身也可以作为泛型参数
  var extenderFoo=Foo<Extender>(); // SomeBaseClass 的子类
  print(someBaseClassFoo); // 输出:Instance of 'Foo<SomeBaseClass>'
  print(extenderFoo); // 输出:Instance of 'Foo<Extender>'
}
```

在这个例子中，Foo 类的类型参数 T 必须是 SomeBaseClass 或其子类。

(5) 泛型方法

泛型方法允许在方法中使用类型参数。以下是一个泛型方法的示例。

```
Dart
T first<T>(List<T>ts){
  T tmp=ts[0];
  return tmp;
}

void main(){
  var numbers=[1,2,3];
  print(first(numbers));  // 输出:1
}
```

在这个例子中，first 方法是一个泛型方法，T 是类型参数；方法可以处理任意类型的列表。

3.11 函数式编程

函数式编程是一种编程范式，与面向对象编程和过程式编程并列。它强调将计算过程抽象为函数的组合，并将函数视为“一等公民”，即函数可以作为参数传递、作为返回值返回，甚至可以在运行时动态创建。Dart 虽然不是纯粹的函数式编程语言，但它支持许多函数式编程的特性。

3.11.1 什么是函数式编程

函数式编程的核心思想是将计算过程抽象为函数的组合。与面向对象编程不同，函数式编程更关注逻辑过程本身，而不是数据和行为的关系。以下是函数式编程的一些关键概念。

① 纯函数：函数的输出只依赖于输入，没有副作用。

② 高阶函数：函数可以作为参数传递或作为返回值返回。

③ 不可变数据：数据一旦创建就不能被修改，任何操作都会生成新的数据。

④ 函数组合：将多个函数组合成一个新的函数。

3.11.2 Dart 语言中的函数式特性

Dart 支持许多函数式编程的特性，包括 Lambda 表达式、函数作为一等公民、闭包等。

(1) Lambda 表达式

Lambda 表达式（也称为匿名函数）是函数式编程的基石。它允许我们定义一个没有名字的函数，并将其作为值传递。

```
Dart
var printLength=(String item)=>print('$item:${item.length}');
printLength('Dart');  // 输出:Dart:4
```

在这个例子中，(String item)=> print('$ item: $ {item. length}')是一个 Lambda 表达式；它被赋值给变量 printLength，并可以像普通函数一样调用。

(2) 函数作为一等公民

在 Dart 中，函数是“一等公民”，这意味着函数可以像其他数据类型（如整数、字符串等）一样被赋值、传递、返回和存储。以下是函数作为一等公民的四种常见情况。

① 函数赋值给变量　函数可以被赋值给变量，这意味着我们可以将函数作为一个值来存储和传递。

```
Dart
void Function()action=(){
  print('hello world');
};

// 调用函数
action();  // 输出:hello world
```

说明：action 是一个变量，类型为 void Function()，表示一个没有参数且没有返回值的函数；我们将一个匿名函数赋值给 action，然后通过 action()调用它。

② 函数作为参数　函数可以作为参数传递给其他函数。这种特性使得我们可以将行为（函数）动态地注入其他函数中。

```
Dart
void forEach(void Function(String)action){
  var names=['jack','bob','tom'];
  for (var name in names){
    action(name);
  }
}

// 使用 Lambda 表达式作为参数
forEach((name)=>print('the name is $name'));

// 使用命名函数作为参数
void printName(String name){
  print('the name is $name');
}
forEach(printName);
```

说明：forEach 函数接收一个 void Function(String)类型的参数 action；我们可以传递一个 Lambda 表达式或命名函数作为参数。

③ 函数作为返回值　函数可以作为另一个函数的返回值。这种特性使得我们可以动态地生成函数。

```
Dart
int Function(int)makeAdder(int addBy){
  return (int i)=>addBy+i;
}

var add5=makeAdder(5);
print(add5(11));  // 输出:16
```

说明：makeAdder 函数返回一个 int Function(int)类型的函数；返回的函数捕获了 addBy 参数的值；我们可以通过 makeAdder(5)生成一个将输入值加 5 的函数。

④ 函数作为泛型类型　函数可以作为泛型类型的一部分，这意味着我们可以将函数存储在集合中或作为泛型类的类型参数。

```
Dart
void main(){
  // 定义一个存储函数的列表
  List<void Function(int)> functionList=[];

  // 添加函数到列表中
  functionList.add((x)=>print(x));
  functionList.add((x)=>print('function2:$x'));
  functionList.add((x){
    var value=x * 10;
    print('function3:$value');
  });

  // 遍历列表并调用函数
  for (var f in functionList){
    f(10);
  }
}
```

说明：functionList 是一个存储 void Function(int)类型函数的列表；我们可以将不同的函数添加到列表中，并通过遍历列表来调用这些函数。

(3) 闭包

闭包是一个函数和其周围状态的组合。闭包允许函数访问其定义时的作用域中的变量，即使函数在其定义的作用域之外被调用。

```
Dart
Function makeCounter(){
  var count=0;
  return ()=>++count;
}

var counter=makeCounter();
print(counter());  // 输出:1
print(counter());  // 输出:2
```

在这个例子中，makeCounter 返回一个闭包，该闭包捕获了 count 这个外部变量；每次调用 counter 时，count 的值都会增加。

3.11.3 可迭代集合

Dart 中的 List 和 Set 是可迭代集合，它们支持许多函数式编程的操作。

(1) 访问元素

```
Dart
const iterable=['Salad','Popcorn','Toast'];
```

```
// 遍历
for (final element in iterable){
  print(element);
}

// 使用 forEach
iterable.forEach((item)=>print(item));

// 获取第一个和最后一个元素
print('First:${iterable.first}');
print('Last:${iterable.last}');
```

（2）条件查找

查找单个元素：

```
Dart
// 第一个符合条件的元素
String element=iterable.firstWhere((element)=>element.length>5);

var foundItem4=items.firstWhere(
  (item)=>item.length>10,
  orElse:()=>'None!',   // 找不到时默认返回值,如果不提供,则默认抛出异常
);

// 最后一个符合条件的元素
iterable.lastWhere((element)=>element.length>5);

// 唯一符合条件的元素
// 如果符合条件的元素超过一个:抛异常
// 如果没有符合条件的元素:调用 orElse,如果没提供,默认抛异常
iterable.singleWhere((element)=>element.length>5);
```

查找多个元素：

```
Dart
const items=['Bob','Salad','Popcorn','Toast'];

items.where((item)=>item.length>=5);   // return ('Salad','Popcorn','Toast')
// 找不到不会抛异常,返回空的 Iterable
```

用符合条件的元素分割：

```
Dart
const numbers=[1,3,-2,0,4,5];

// 提取不为 0 的元素,直到碰到 0 停止
```

```
numbers.takeWhile((number)=>number !=0);  // (1,3,-2)
// 跳过不为 0 的元素,直到碰到 0 开始提取,包含 0
numbers.skipWhile((number)=>number !=0);  // (0,4,5)
```

(3) 条件检查

```
Dart
// 检查是否所有元素都符合条件
bool allMatch=iterable.every((item)=>item.length>=5);

// 检查是否至少有一个元素符合条件
bool anyMatch=iterable.any((item)=>item.length>=5);
```

(4) 映射

映射操作将一个集合转换为另一个集合。它是函数式编程中的重要概念。图 3-5 展示了通过一个方法“f”，将一个集合转换为另一个集合。

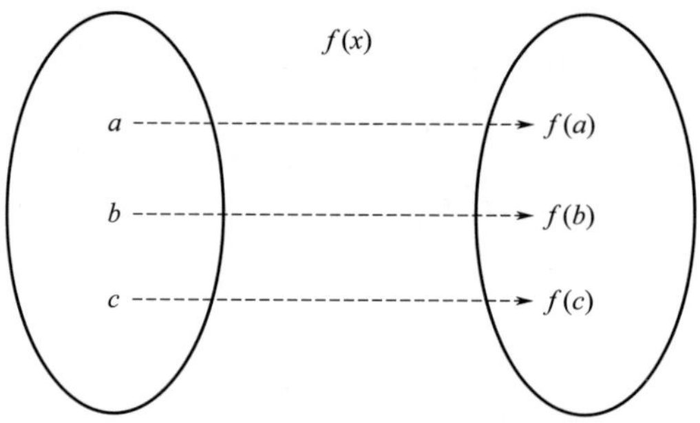

图 3-5　映射

在 Dart 中可以通过调用集合的 map 方法实现映射，该方法将返回一个新的集合。

```
Dart
const numbers=[1,3,-2,0,4,5];

// 将每个元素乘以 2
var doubled=numbers.map((number)=>number * 2);
print(doubled);  // 输出:(2,6,-4,0,8,10)

// 将数字转换为字符串
var strings=numbers.map((number)=>'a$number');
print(strings);  // 输出:('a1','a3','a-2','a0','a4','a5')
```

3.12 空安全

空安全是 Dart 2.12 引入的一项重要特性，旨在通过静态类型检查来消除空指针异常(Null Pointer Exception)。空安全的核心思想是将可能为空的变量和运行时不应该为空的变量明确区分开来，从而在编译期捕获潜在的空指针错误。

3.12.1 为什么要设计空安全

空指针异常是编程中最常见的错误之一，尤其是在客户端应用中。传统的解决方案是在代码中手动添加大量的空值检查逻辑，这不仅增加了代码的复杂性，还容易遗漏某些检查。

空安全的引入解决了以下问题。

① 减少空指针异常：通过静态类型检查，确保变量在运行时不会意外为空。

② 简化代码：减少手动判空的代码量，使代码更加简洁。

③ 提高开发效率：在编译期捕获潜在的空指针错误，减少运行时调试的时间。

3.12.2 空安全的逻辑

在没有空安全的语言中，null 被视为所有类型的子类，如图 3-6 所示。这意味着任何类型的变量都可以被赋值为 null。然而，null 上不能调用任何方法或访问任何属性，这导致了空指针异常。

如图 3-7 所示，空安全的解决思路是将 null 从类型体系中分离出来，明确区分可空类型和非空类型。

非空类型：变量不能为 null。

可空类型：变量可以为 null，但需要显式处理。

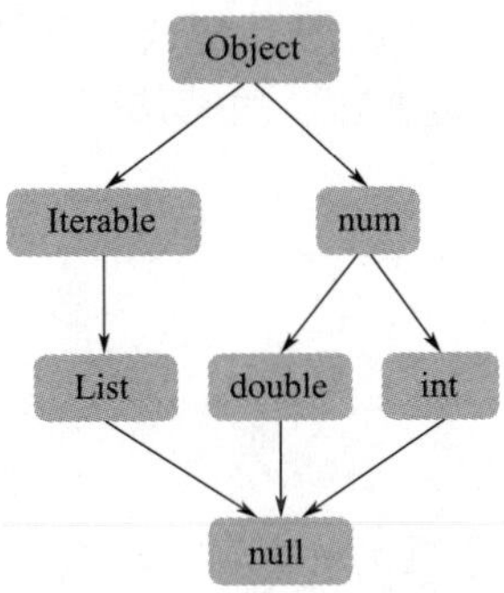

图 3-6 无空安全体系

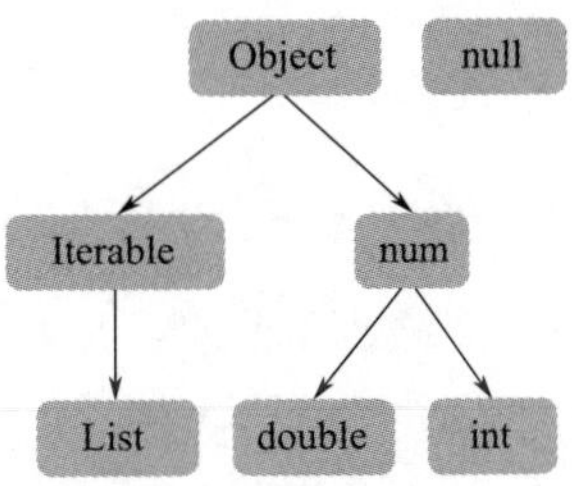

图 3-7 空安全体系

3.12.3 非空类型体系中的限制

为了确保非空类型的安全性，Dart 引入了一些语法限制。

(1) 函数必须显式返回非空值

在没有空安全的情况下，函数如果没有显式返回值，默认会返回 null。

```
Dart
// Without null safety:
String missingReturn(){
  // No return.
}
```

空安全要求函数必须显式返回一个非空值。

```
Dart
// 开启空安全
String alwaysReturns(int n){
```

```
  if (n==0){
    return 'zero';
  } else if (n<0){
    throw ArgumentError('Negative values not allowed.');
  } else {
    return n.toString();
  }
}
```

(2) 更严格的变量初始化

当你在声明变量时，如果没有传递一个显式的初始化内容，Dart 默认会将变量初始化为 null，这明显不符合空安全的要求。因此 Dart 的空安全严格要求了变量的初始化过程。

① 顶层变量和静态字段：必须在声明时初始化。由于它们能在程序里的任何位置被访问到，编译器无法保证它们在被使用前已被赋值。唯一保险的选项是要求其本身包含初始化表达式，以确保产生匹配的类型的值。

② 实例字段：必须在构造函数体执行前被赋值。

③ 局部变量：必须在使用前被赋值。

④ 可选参数：必须具有默认值。如果一个可选位置参数或可选命名参数没有传递内容，Dart 会自动使用默认值进行填充。在未指定默认值的情况下，默认的默认值为 null，这不符合空安全的要求，因此在非空体系中可选参数必须提供非空的默认值。

变量的初始化举例如下。

```
Dart
// 顶层变量
int topLevel=0;

class SomeClass {
  // 静态字段
  static int staticField=0;

  // 实例字段
  int atDeclaration=0;
  int initializingFormal;
  int initializationList;

  SomeClass(this.initializingFormal):initializationList=0;
}

// 局部变量
int tracingFibonacci(int n){
  int result;
  if (n<2){
    result=n;
  } else {
    result=tracingFibonacci(n-2)+tracingFibonacci(n-1);
  }
  return result;
}
```

(3) 懒加载

前面介绍过，成员变量必须在构造函数体之前被初始化，但有些情况下我们确实需要在更晚的时机初始化成员变量，例如下面代码其实没有问题，但是编译会报错。

```
Dart
class Coffee {
  String _temperature;  // 没有初始化,编译报错

  void heat(){ _temperature='hot'; }
  void chill(){ _temperature='iced'; }

  String serve()=>_temperature+' coffee';
}

main(){
  var coffee=Coffee();
  coffee.heat();
  coffee.serve();
}
```

这时可以使用 late 修饰符延迟变量的初始化。

```
Dart
class Coffee {
  late String _temperature;

  void heat(){ _temperature='hot'; }
  void chill(){ _temperature='iced'; }

  String serve()=>_temperature+' coffee';
}
```

这样做的好处有两点。

① _temperature 仍然不能在任何地方被赋值为 null。

② 编译器会在每个使用 _temperature 的地方插入一个运行时的检查，以确保它已经被赋值。如果并未赋值，就会抛出一个异常。

注意：late 字段会导致每次使用变量时，都进行运行时检查，因此可能会增加运行成本。

(4) 延迟初始化

late 修饰符还可以用于延迟初始化，直到变量第一次被访问时才执行初始化。

```
Dart
class Weather {
  late int _temperature=_readThermometer();
}
```

上面例子中_readThermometer () 方法不会被马上调用，直到_temperature 变量第一

次被使用时才会执行该方法，并给_temperature 赋值。

延迟初始化可以起到两个作用。

① 当初始化表达式比较消耗性能，并且有可能不需要时，这会变得非常有用。

② 使用了 late 后，可以 访问到 this、调用方法以及访问实例的字段（正常初始化不行）。

(5) 抽象字段

开启空安全后，抽象类中定义的字段会有一些问题。举例如下。

```
Dart
abstract class Cup {
  Beverage contents;   // 没有初始化,不符合空安全要求
}
```

一个解决方案是变成 getter、setter 形式，这种形式下因为只定义了方法，并没有定义实体字段所以没有空安全的问题。举例如下。

```
Dart
abstract class Cup {
  Beverage get contents;
  set contents(Beverage);
}
```

但是这样的写法不够简洁清晰，所以 Dart 为其增加了一个语法糖，使用 abstract 关键字声明。

```
Dart
abstract class Cup {
  abstract Beverage contents;
}
```

解释：contents 是一个抽象字段，类型为 Beverage；编译器会将 abstract Beverage contents;转换为以下代码。

```
Dart
Beverage get contents;
set contents(Beverage value);
```

子类必须实现抽象字段对应的 getter 和 setter。以下是抽象字段的实现示例。

```
Dart
abstract class Cup {
  abstract Beverage contents;
}

class CoffeeCup extends Cup {
  Beverage _contents;

  CoffeeCup(this._contents);
```

```
  @override
  Beverage get contents=>_contents;

  @override
  set contents(Beverage value){
    _contents=value;
  }
}

void main(){
  var cup=CoffeeCup(Beverage('Coffee'));
  print(cup.contents.name);  // 输出:Coffee
}
```

3.12.4 可空类型

假设一个变量需要存储字符串，但在运行期有可能是 Null，这时就需要用到可空的类型体系。Dart 使用类型? 表示可空类型。例如，String? 表示一个可以为 null 的字符串。举例如下。

```
Dart
String? notAString=null;
notAString='abc';
```

图 3-8 中的 String? 表示的是该变量是 String 和 Null 的组合。

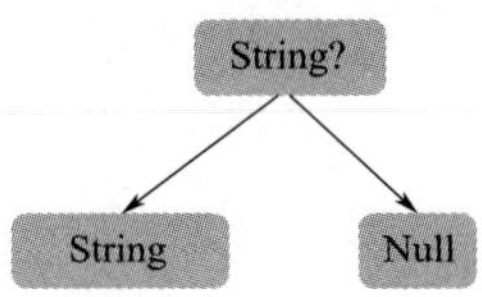

图 3-8 可空类型

以下是可空类型体系的常见操作。

(1) ?. 运算符

?. 是避空成员访问运算符（Null-aware Access Operator）。它的作用是：如果左侧的对象为 null，则跳过右侧的操作，并直接返回 null；如果左侧的对象不为 null，则正常访问其成员。举例如下。

```
Dart
String? notAString=null;
print(notAString?.length);  // 输出:null

// Null-aware cascade:
receiver?..method();

// Null-aware index operator:
receiver?[index];
```

```
// 函数调用没有避空运算符
// 下面是一种替代方案
function? .call(arg1,arg2);
```

(2) ?.. 运算符

?.. 是避空级联运算符（Null-aware Cascade Operator）。它的作用是：如果左侧的对象为 null，则跳过整个级联操作；如果左侧的对象不为 null，则正常执行级联操作。举例如下。

```
Dart
class Receiver {
  void method1()=>print('Method 1 called');
  void method2()=>print('Method 2 called');
}

Receiver? receiver=null;
receiver? ..method1()..method2();  // 无输出,receiver 为 null
```

(3) ?[]运算符

?[]是避空索引运算符（Null-aware Index Operator）。它的作用是：如果左侧的对象为 null，则跳过索引操作，并直接返回 null；如果左侧的对象不为 null，则正常访问其索引。举例如下。

```
Dart
List<int>? list=null;
print(list? [0]);  // 输出:null
```

(4) ?.call()

Dart 中没有专门的避空函数调用运算符（如?.()），但可以通过?.call()来实现类似的功能。举例如下。

```
Dart
void Function(int,int)? add=null;
add? .call(1,2);  // 无输出,add 为 null
```

解释：add 是一个可空类型的函数变量，当前值为 null；使用?.call()调用函数时，由于 add 为 null，操作被跳过，函数不会被调用；如果没有使用?.call()，而是直接使用()，则会抛出空指针异常。

(5) 智能类型检查

Dart 的类型检查器非常智能，可以在判断非空的上下文中自动将变量转换为非空类型。举例如下。

```
Dart
String makeCommand(String executable,[List<String>? arguments]){
  var result=executable;
  if (arguments==null)
```

```
    return result;

  // 代码运行到这里 arguments 不可能为 null,所以会自动变为非空类型
  return result+' '+arguments.join(' ');
}
```

(6) 空值断言操作符

如果你明确知道一个表达式不会为空，但 Dart 的智能类型检查无法判断，你可以在表达式后添加!来断言表达式不为空（为空时将抛出异常）。例如：

Dart
```dart
int x=nullableButNotNullInt!;
```

(7) 可空字段的检查

下面这段代码看起来很正常，但是无法通过空安全检查。举例如下。

Dart
```dart
class Coffee {
  String? _temperature;

  void heat(){ _temperature='hot'; }
  void chill(){ _temperature='iced'; }

  void checkTemp(){
    if (_temperature !=null){
      print('Ready to serve '+_temperature+'!');   // 这里智能类型提升失效
    }
  }

  String serve()=>_temperature! +' coffee';
}
```

因为空安全检查要严格保证，在非空场景下不能出现 null，但是第 8 行的_temperature 本质上是对 getter 方法的调用。编译器不能判断，是否有子类重写了 getter 方法，如果重写 getter 方法第一次调用返回非空值，第二次调用返回 null，则第 9 行就会出现空指针异常。

解决方法有两种：

① 在使用_temperature 字段时加上!。

Dart
```dart
void checkTemp(){
    if (_temperature !=null){
      print('Ready to serve '+_temperature! +'!');
    }
  }
```

② 先将字段拷贝为一个局部变量，然后再使用它。

```
Dart
void checkTemp(){
  var temperature=_temperature;
  if (temperature != null){
    print('Ready to serve '+temperature+'!');
  }
}
```

3.13 异步和流

在现代应用程序开发中，异步编程是一个非常重要的概念。无论是从网络获取数据、读写文件，还是与数据库交互，这些操作通常都需要一定的时间才能完成。如果程序在这些操作上阻塞等待，用户体验会变得非常糟糕。因此，异步编程的核心思想是：让程序在等待耗时操作完成的同时，继续执行其他任务。

3.13.1 异步与并发的区别

在深入探讨异步编程之前，我们需要明确一个常见的误区：异步和并发是两个不同的概念。

异步：指的是在单线程模型中，通过非阻塞的方式处理耗时任务。程序不会停下来等待任务完成，而是继续执行其他代码，待任务完成后再通过回调或通知处理结果。

并发：指的是同时执行多个任务，通常涉及多线程或多进程。并发更关注的是任务的并行执行。

在 Dart 中，异步编程主要通过 `Future` 和 `Stream` 来实现。接下来，我们将详细探讨这些概念。

3.13.2 Future

`Future` 是 Dart 中用于表示异步操作的对象。它代表一个可能会在未来完成的计算，并返回一个结果。`Future` 的核心思想是：它不会阻塞当前线程，而是允许程序继续执行其他任务，直到异步操作完成。

(1) Future 的状态

`Future` 有两个主要状态。

① 未完成状态：当异步操作尚未完成时，`Future` 处于未完成状态。

② 完成状态：当异步操作完成后，`Future` 进入完成状态。完成状态又分为两种。

成功完成：`Future` 携带一个值。

失败完成：`Future` 携带一个错误。

示例：Future 的未完成和完成状态。

```
Dart
Future<void> fetchUserOrder(){
  return Future.delayed(
    const Duration(seconds:2),
    ()=>print('Large Latte'),
  );
```

```
}

void main(){
  fetchUserOrder();
  print('Fetching user order...');
}

// 输出:Fetching user order...
// 2s 后输出:Large Latte
```

在这个例子中，fetchUserOrder()是一个异步函数，它会在2s后返回用户的订单信息。在等待的过程中，程序不会阻塞，而是继续执行其他代码。

（2）创建 Future

① Future()　通过Future()构造函数可以创建一个异步任务。它接收一个函数作为参数，该函数可以返回一个值或另一个Future。

```
Dart
var future=Future((){
  // 这里可以执行耗时任务
  return "future value";
});
```

传入的函数其返回值是FutureOr<T>类型，这是一个复合类型，表示返回值可以是T类型，也可以是一个Future<T>类型。

如果返回的是T，则该Future进入完成状态，值为该返回值。

如果返回的是Future<T>，会等到返回的Future<T>完成后我们创建的Future才完成。

② Future.delayed()　Future.delayed()用于创建一个延迟执行的异步任务。它接收两个参数：延迟时间和一个回调函数。

```
Dart
return Future.delayed(
  Duration(seconds:2),
  ()=>'Large Latte',
);
```

（3）使用 Future

① Future.then()　then()方法用于注册一个回调函数，当Future完成时，该回调函数会被调用。举例如下。

```
Dart
var future=Future((){
  // 进行耗时的计算
  return "future value";
});

void main(){
```

```
  future.then((value){
    print("onValue:$value");
  });
}

输出:onValue:future value
```

② then 的链式调用　Future 的方法（比如 then）的返回值是一个新的 Future，then 方法传入的回调函数的返回值，就是 then 方法本身返回的 Future 中的 value。这样做的目的是实现链式调用。举例如下。

```
Dart
void load(){
  print('1-开始');

  var future=Future((){
    return '网络数据';
  });

  future.then((value){
    print('处理业务:$value');
    return '数据 2';  // 这里的返回值将作为当前 then 方法返回 Future 的 value
  }).then((newValue){
    print('处理业务 2:$newValue');  // newValue=='数据 2'
  });

  print('2-结束');
}

void main(){
  load();
  print('3-load()函数返回');
}

输出:
1-开始
2-结束
3-load()函数返回
处理业务:网络数据
处理业务 2:数据 2
```

③ 处理异常　如果 future 运行中抛出了异常可以通过 then 的 onError 参数捕获。举例如下。

```
Dart
future.then((value){
    print("onValue:$value");
```

```
},onError:(error){
    print("onError $error");
});
```

但是 then 的数据处理回调函数中发生的异常，在同级的 onError 中是无法捕获的。这时可以链式调用 catchError()方法。举例如下。

```
Dart
void load(){
  print('1-开始');

  var future=Future((){
    return '网络数据';
  });

  future.then((value){
    print('处理业务 1:$value');
    throw Exception('处理数据中异常');
    return '处理数据后的结果';
  },onError:(e){
    print('onError:$e');
  }).catchError((e){
    print('catchError:$e');
    return '修复异常后的数据';
  }).then((newValue){
    print('处理业务 2:$newValue');   // 这里处理的数据是 catchError 的回调返回的
  });

  print('2-结束');
}

void main(){
  load();
  print('3-load()函数返回');
}

输出:
1-开始
2-结束
3-load()函数返回
处理业务 1:网络数据
catchError:Exception:处理数据中异常
处理业务 2:修复异常后的数据
```

④ 选择性处理异常　catchError()的 test 参数可以传入一个测试函数，只有通过该函数测试的异常，才会被 catchError()的回调处理。举例如下。

```Dart
  future.then((value){
    print('处理业务:$value');
  }).catchError(
    (e){
      print('捕获异常:$e');
    },
    test:(error){  // 这里筛选哪些异常处理,哪些异常放过
      return error is Exception;
    }
  );
```

⑤ Future.whenComplete()　whenComplete()类似于 finally，无论 Future 成功还是失败，它都会执行。whenComplete()不会捕获异常，只是保证一定执行某些动作。举例如下。

```Dart
future.whenComplete((){
  print("资源回收");
});
```

⑥ Future.timeout()　timeout()用于为 Future 设置超时时间。如果超时，会抛出 TimeoutException。举例如下。

```Dart
future.timeout(Duration(seconds:5));
```

3.13.3 async和await

虽然 Future 提供了一种处理异步操作的方式，但当异步操作嵌套过多时，代码会变得难以维护。为了解决这个问题，Dart 引入了 async 和 await 语法糖，让异步代码看起来像同步代码一样直观。

(1) await 处理 Future

await 用于等待 Future 完成，并获取其结果。使用 await 后，代码的执行顺序会更加清晰。举例如下。

```Dart
Future<String>load(){
  return Future<String>.delayed(
    Duration(seconds:1),
    ()=>'我是数据'
  );
}

void main()async{
  print('start');
```

```
  var value=await load();
  print('处理数据:$value');

  print('end');
}

// start
// 处理数据:我是数据
// end
```

注意：await 并不是让函数停止，等待 future 的完成。函数在执行到 await 的地方就会返回，返回值是一个 Future。可以理解为，await 操作符会把 await 之后的代码统一转移到 then 的回调里面。直到 await 等待的操作完成后，函数后面的部分才会在回调中继续运行。

(2) 声明异步函数

异步函数是函数体由 async 关键字标记的函数。将关键字 async 添加到函数，代表着它会返回一个 Future 对象。举例如下。

```
Dart
String lookUpVersion()=>'1.0.0';
Future<String> lookUpVersion() async=>'1.0.0';
```

如果一个异步函数声明的返回值类型不是 Future，Dart 会自动将其包装成 Future。举例如下。

```
Dart
Future<String> loadData(){
  return Future.value('我是数据');
}

String load() async {
  return await loadData();
}
// load()真实的返回类型是 Future<String>
```

(3) 异常处理

在 async 函数中，可以使用 try-catch 来捕获异常。举例如下。

```
Dart
void main() async {
  try {
    var value=await fetchUserOrder();
    print(value);
  }catch(e){
    print('Caught error:$e');
  }
}
```

3.13.4 Dart 异步实现原理

为了更好地理解 Dart 的异步机制，我们需要了解其底层实现。

图 3-9 展示了异步的基本工作流程。Dart 的异步编程基于事件循环（Event Loop）。事件循环负责从事件队列中取出任务并执行。Dart 中有两种队列。

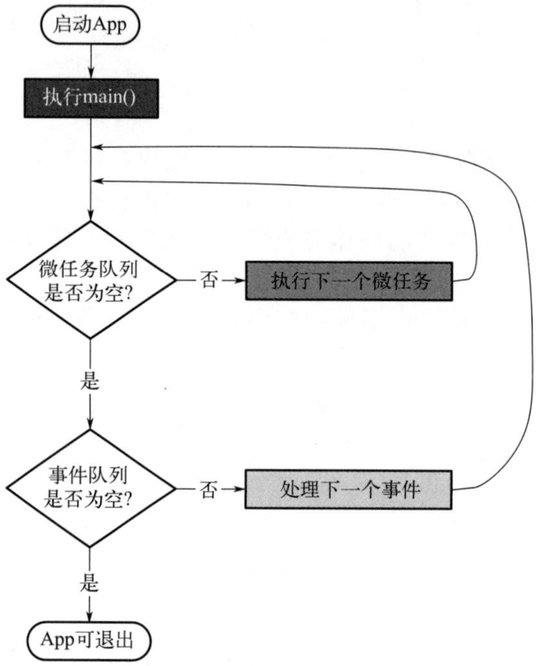

图 3-9 Dart 异步原理

① 事件队列：用于处理外部事件，如 I/O、定时器等。

② 微任务队列：用于处理内部事件，优先级高于 Event Queue。

main()函数执行完成后，就会开启任务循环：每次优先从 microtask 队列读取任务并执行；如果 microtask 队列为空，则从 event 队列读取任务并执行；如果两个队列都为空，则退出程序。

Future 和 Stream 的任务都会被放入事件队列中，等待事件循环执行。

当调用 future. then 时，实际上发生了两件事：①注册回调；②将任务添加到事件循环队列中。

如果 Future 还未完成，then 方法会将 Future 的任务（即异步操作）添加到事件循环的事件队列中。

事件循环会从事件队列中取出任务并执行，当任务完成后，会通知 Future 更新状态，并调用之前注册的回调函数。

3.13.5 Stream

Stream 是 Dart 中用于处理一系列异步事件的对象。与 Future 不同，Stream 可以发射多个值，而不是单一的结果。Stream 非常适合处理连续的数据流，例如从网络接口实时获取数据。

如图 3-10 所示，Stream 本质上就是将多个不同来源或者同一来源的事件整合到一个管道中进行统一的通知分发。

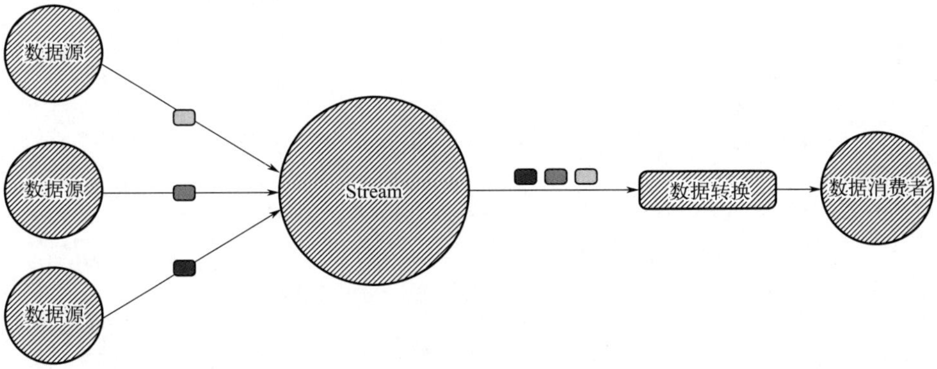

图 3-10 Stream 工作流程

3.13.5.1 创建 Stream

(1) 周期性发送数据

Stream.periodic()是 Dart 中用于创建一个周期性发射数据的流的方法。它会按照指定的时间间隔，不断地向流中发射数据，直到流被取消或关闭。Stream.periodic()非常适合用于实现定时任务、轮询操作或生成连续的数据流。举例如下。

```
Dart
void main()async {
  // 按照指定间隔,向 Stream 发送自然数,从 0 开始(0,1,2,3,4,...)
  Stream<int>stream=Stream<int>.periodic(
    Duration(seconds:1),  // 每隔 1s 向 Stream 发送一次数据
    (int count)=>count * 2     // 进入 Stream 前对数据进行处理
  );

  // await for 循环从流中读取,监听流的一种方法,后续会详细介绍
  await for(var i in stream){
    print(i);
  }
}

输出:
0
2
4
6
8
10
...
```

(2) Future 合并为 Stream

Stream.fromFutures()用于将多个 Future 合并为一个流。举例如下。

```
Dart
void main()async {
```

```
  print("开始");

  Future<String> future1=Future.value('耗时任务 1');
  Future<String> future2=Future.value('耗时任务 2');

  // 从 Future 创建 Stream
  Stream<String> stream=Stream<String>.fromFutures([future1,future2]);

  await for(var data in stream){
    print(data);
  }
  print("结束");
}

// 输出:
开始
耗时任务 1
耗时任务 2
结束
```

(3) 从可迭代集合创建流

Stream.fromIterable()用于从可迭代集合创建流。举例如下。

```Dart
Stream<int> stream=Stream.fromIterable([1,2,3]);
```

3.13.5.2 流的监听

在 Dart 中，流的监听（即响应流中发射出来的数据）主要通过以下几种方式实现。

(1) listen()

listen()是流的核心监听方法，用于注册回调函数来处理流中发射的数据。它是流监听的最底层方法，其他方法（如 await for 和 forEach）本质上都是基于 listen()的语法糖。举例如下。

```Dart
stream.listen(
  (value)=>print(value),
  onError:(error)=>print(error),
  onDone:()=>print('Stream closed'),
);
```

参数说明如下。

onData：处理流中数据的回调函数，每次流发射数据时都会调用。

onError：处理流中错误的回调函数，当流发射错误时调用。

onDone：流关闭时的回调函数，当流完成时调用。

cancelOnError：如果为 true，当发生错误时会自动取消监听。

(2) await for

使用 await for 循环从流中读取数据是专门定制的 listen()的语法糖，它用一种更为直观的方式遍历流中的数据，类似遍历可迭代集合中的数据一样。举例如下。

```
Dart
void main()async {
  Stream<int>stream=Stream<int>.fromIterable([0,1,2,3]);

  await for (var value in stream){
    print(value);
  }

  print('完成');
}

输出:
0
1
2
3
完成
```

(3) forEach

forEach 是和 await for 类似的语法糖。和 await for 不同的是，await for 会等到遍历结束才执行后面的语句，而 forEach 只是注册了处理每个元素的回调，然后马上执行后面的语句。所以下面例子中“完成”会先输出，而使用 await for 则会在流结束后输出“完成”。举例如下。

```
Dart
void main()async {
  Stream<int>stream=Stream<int>.fromIterable([0,1,2,3]);

  // 通过 forEach 遍历流中的每一个数据
  stream.forEach((item){
    print(item);
  });

  print('完成');
}

// 输出:
完成
0
1
2
3
```

3.13.5.3 流的精细控制

为了更好地控制流的行为，Dart 提供了 StreamController 和 StreamSubscription 两个关

键类。下面将详细介绍如何通过它们对流进行精细控制。

(1) 通过 StreamController 控制流的状态

StreamController 是流的控制器，它允许我们手动添加数据到流中，并控制流的生命周期。通过 StreamController，我们还可以监听流的状态变化，例如流的监听、暂停、恢复和取消。

① 创建 StreamController　以下是一个示例，展示了如何使用 StreamController 并监听其状态。

```
Dart
import 'dart:async';

void main()async {
  // 创建一个 StreamController,并设置状态回调
  StreamController<int>sc=StreamController(
    onListen:()=>print("onListen"),      // 当流被监听时回调
    onPause:()=>print("onPause"),        // 当流暂停时回调
    onResume:()=>print("onResume"),      // 当暂停的流恢复时回调
    onCancel:()=>print("onCancel"),      // 当监听器被取消时回调
  );

  // 通过 listen 注册处理数据的方法
  sc.stream.listen((item){
    print(item);
  },onDone:(){
    print('没有更多数据了');
  });

  // 向流中添加数据
  sc.add(1);
  sc.add(2);
  sc.add(3);
  sc.add(4);

  print('完成');
}

输出:
onListen
完成
1
2
3
4
```

代码解析如下。

a. StreamController 创建了一个流控制器 sc，并设置了四个回调函数。

onListen：当流被监听时触发。

onPause：当流暂停时触发。

onResume：当暂停的流恢复时触发。

onCancel：当监听器被取消时触发。

b. 通过 sc. stream. listen 注册了一个监听器，用于处理流中的数据。

c. 使用 sc. add 方法向流中添加数据。

d. 输出结果显示，流被监听后，数据被依次处理，但流并未关闭，仍然等待新数据的输入。

② 关闭流　如果希望手动关闭流，可以调用 StreamController 的 close 方法。关闭后，流将不再接收新数据，并触发 onCancel 回调。举例如下。

```
Dart
import 'dart:async';

void main()async {
  StreamController<int>sc=StreamController(
    onListen:()=>print("onListen"),
    onPause:()=>print("onPause"),
    onResume:()=>print("onResume"),
    onCancel:()=>print("onCancel"),
  );

  sc.stream.listen((item){
    print(item);
  },onDone:(){
    print('没有更多数据了');
  });

  sc.add(1);
  sc.add(2);
  sc.add(3);
  sc.add(4);

  sc.close();  // 关闭流

  print('完成');
}

输出:
onListen
完成
1
2
3
4
onCancel
没有更多数据了
```

代码解析如下。

a. 调用 sc.close()后，流被关闭，不再接收新数据。

b. 输出 onCancel 表示监听器被取消，同时触发 onDone 回调，表示流已结束。

(2) 通过 StreamSubscription 控制流的监听

StreamSubscription 是流的订阅对象，它允许我们对流的监听行为进行更精细的控制，例如暂停、恢复和取消监听。

① 暂停监听　通过 StreamSubscription.pause()方法可以暂停监听。暂停后，流中的数据不会继续被处理，但流仍然保持打开状态。举例如下。

```
Dart
import 'dart:async';

void main()async {
  StreamController<int>sc=StreamController(
    onListen:()=>print("onListen"),
    onPause:()=>print("onPause"),
    onResume:()=>print("onResume"),
    onCancel:()=>print("onCancel"),
  );

  // 通过 listen 注册处理数据的方法
  late StreamSubscription<int>subscription;
  subscription=sc.stream.listen((item){
    print(item);

    // 处理第三条数据后暂停监听
    if (item==3){
      subscription.pause();
    }
  },onDone:(){
    print('没有更多数据了');
  });

  sc.add(1);
  sc.add(2);
  sc.add(3);
  sc.add(4);

  print('完成');
}

输出:
onListen
完成
1
2
3
onPause
```

代码解析如下。

a. 当处理到第三条数据时，调用 subscription. pause()暂停监听。

b. 输出 onPause 表示流已暂停，后续数据（如 4）不会被处理。

② 恢复监听　通过 StreamSubscription. resume()方法可以恢复被暂停的监听。举例如下。

```
Dart
import 'dart:async';

void main()async {
  StreamController<int>sc=StreamController(
    onListen:()=>print("onListen"),
    onPause:()=>print("onPause"),
    onResume:()=>print("onResume"),
    onCancel:()=>print("onCancel"),
  );

  late StreamSubscription<int>subscription;
  subscription=sc.stream.listen((item){
    print(item);

    // 处理第三条数据后暂停监听,并立即恢复
    if (item==3){
      subscription.pause();
      subscription.resume();
    }
  },onDone:(){
    print('没有更多数据了');
  });

  sc.add(1);
  sc.add(2);
  sc.add(3);
  sc.add(4);

  print('完成');
}

输出:
onListen
完成
1
2
3
onPause
4
onResume
```

代码解析如下。

a. 在处理第三条数据时，先暂停监听，然后立即恢复。

b. 输出 onPause 和 onResume 表示流的状态变化，后续数据（如 4）被正常处理。

③ 取消监听　通过 StreamSubscription.cancel()方法可以取消监听。取消后，流中的数据不会继续被处理，但流仍然保持打开状态。

```
Dart
import 'dart:async';

void main()async {
  StreamController<int>sc=StreamController(
    onListen:()=>print("onListen"),
    onPause:()=>print("onPause"),
    onResume:()=>print("onResume"),
    onCancel:()=>print("onCancel"),
  );

  late StreamSubscription<int>subscription;
  subscription=sc.stream.listen((item){
    print(item);

    // 处理第二条数据后取消监听
    if (item==2){
      subscription.cancel();
    }
  },onDone:(){
    print('没有更多数据了');
  });

  sc.add(1);
  sc.add(2);
  sc.add(3);
  sc.add(4);

  print('完成');
}

输出:
onListen
完成
1
2
onCancel
```

代码解析如下。

a. 在处理第二条数据时，调用 subscription.cancel()取消监听。

b. 输出 onCancel 表示监听器被取消，后续数据（如 3 和 4）不会被处理。

3.13.5.4 广播流

在前面的章节中，我们介绍了普通流（Single-Subscription Stream），它只能被一个监听器监听。然而，在实际开发中，我们经常会遇到需要多个监听器同时监听同一条流的需求。这时，广播流（Broadcast Stream）就派上了用场。

广播流允许多个监听器同时监听同一条流，每个监听器都会接收到流中发射的数据。本节将详细介绍如何创建和使用广播流，并对比普通流与广播流的差异。

（1）普通流转换为广播流

普通流只能被一个监听器监听，如果尝试多次监听，会抛出异常。通过 asBroadcastStream()方法，我们可以将普通流转换为广播流，从而支持多个监听器。举例如下。

```
Dart
import 'dart:async';

void main(){
  // 创建一个普通流
  Stream<int>stream=Stream<int>.fromIterable([1,2,3]);

  // 将普通流转换为广播流
  Stream<int>broadcastStream=stream.asBroadcastStream();

  // 第一个监听器
  broadcastStream.listen((data){
    print('监听器 1:$data');
  });

  // 第二个监听器
  broadcastStream.listen((data){
    print('监听器 2:$data');
  });
}

输出:
监听器 1:1
监听器 2:1
监听器 1:2
监听器 2:2
监听器 1:3
监听器 2:3
```

（2）广播流控制器

除了将普通流转换为广播流，我们还可以直接创建一个广播流控制器（StreamController.broadcast）。广播流控制器允许我们手动控制流的发射和监听。举例如下。

```
Dart
import 'dart:async';
```

```
void main(){
  // 创建一个广播流控制器
  StreamController<int>sc=StreamController.broadcast(
    onListen:()=>print("onListen"),  // 当流被监听时回调
    onCancel:()=>print("onCancel"),  // 当监听器被取消时回调
  );

  // 第一个监听器
  sc.stream.listen((data){
    print('监听器 1:$data');
  });

  // 第二个监听器
  sc.stream.listen((data){
    print('监听器 2:$data');
  });

  // 向流中添加数据
  sc.add(1);
  sc.add(2);
  sc.add(3);

  // 关闭流
  sc.close();
}
```

```
输出:
onListen
监听器 1:1
监听器 2:1
监听器 1:2
监听器 2:2
监听器 1:3
监听器 2:3
onCancel
```

代码解析如下。

① onListen 只打印一次，说明只有第一次被监听时会触发该回调。

② close 关闭流后，所有监听器都被取消，因此 onCancel 回调被触发。

(3) 普通流与广播流的差异

普通流和广播流在行为上有一些关键差异，理解这些差异对于正确使用流非常重要。

① 监听时机：普通流只有在被监听后才会开始发射数据；广播流不会等待监听器，只要有数据就会立即发射，监听器只能接收到注册监听之后发射的数据。

② 监听器数量：普通流只能有一个监听器，多次监听会抛出异常；广播流支持多个监听器同时监听。

以下是一个示例，展示普通流与广播流在监听时机上的差异。

```
Dart
import 'dart:async';

void main(){
  // 创建一个广播流控制器
  StreamController<int> sc = StreamController.broadcast(
    onListen: () => print("onListen"),  // 当流被监听时回调
    onCancel: () => print("onCancel"),  // 当监听器被取消时回调
  );

  // 在监听之前发射数据
  sc.add(0);

  // 第一个监听器
  sc.stream.listen((data){
    print('监听器 1:$data');
  });

  // 发射更多数据
  sc.add(1);
  sc.add(2);

  // 第二个监听器
  sc.stream.listen((data){
    print('监听器 2:$data');
  });

  // 发射更多数据
  sc.add(3);

  // 关闭流
  sc.close();
}

输出:
onListen
监听器 1:1
监听器 2:3
监听器 1:2
监听器 1:3
onCancel
```

代码解析如下。

① 在监听之前发射的数据 0 不会被任何监听器接收到。

② 第一个监听器注册后，接收到数据 1 和 2。

③ 第二个监听器注册后，只能接收到数据 3。

④ 流的监听是异步行为，不同监听器之间没有顺序关系，因此监听器 2 接收到数据 3

会先打印出来。

3.13.5.5 流的变换

在实际开发中，我们经常需要对流中的数据进行变换，以满足业务需求。例如，从服务端获取数据后，可能需要经过多次变换才能转换成 UI 模块所需的数据格式。Dart 提供了强大的流变换工具，其中最核心的是 StreamTransformer。

(1) StreamTransformer

StreamTransformer 是一个用于对流进行变换的工具。它可以将输入流中的数据经过处理后，输出到新的流中。通过 Stream.transform()方法，我们可以将 StreamTransformer 应用到流上，从而生成一个新的流。图 3-11 展示了其整个工作流程。

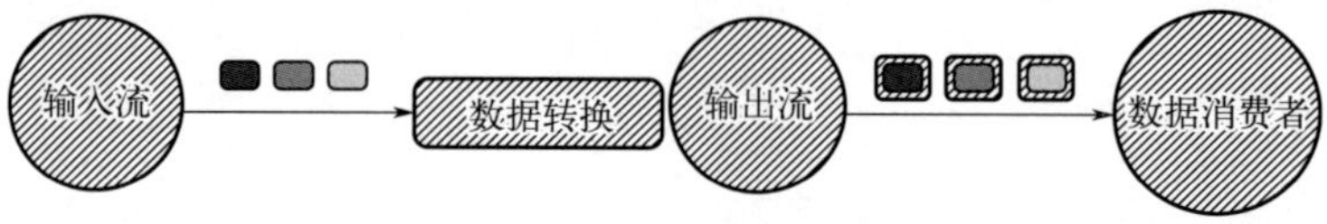

图 3-11 流变换

使用方法如下。

① 创建一个 StreamTransformer 对象，定义数据处理逻辑。

② 在原始流上调用 transform()方法，传入 StreamTransformer。

③ 监听输出流，获取变换后的数据。

以下是一个完整的示例。

```
Dart
import 'dart:async';

void main()async {
  Stream<int>stream=Stream.fromIterable([0,1,2,3]);

  // 创建一个 StreamTransformer 对象
  StreamTransformer<int,int>transformer=StreamTransformer.fromHandlers(
    handleData:(int data,EventSink<int>sink){
      // 处理输入流中的数据:将数据乘以 2
      var newData=data * 2;

      // 将处理后的数据添加到输出流
      sink.add(newData);
    },
    handleError:(error,stacktrace,EventSink<int>sink){
      // 处理输入流中的异常:将异常信息添加到输出流
      sink.addError('处理异常:$error');
    },
    handleDone:(EventSink<int>sink){
      // 输入流关闭时,关闭输出流
      sink.close();
    },
  );
```

```
  // 将 StreamTransformer 应用到原始流上,生成新的流
  Stream<int>newStream=stream.transform<int>(transformer);

  // 监听输出流,打印变换后的数据
  await for (int i in newStream){
    print(i);
  }

  print('完成');
}

输出:
0
2
4
6
完成
```

代码解析如下。

① 创建 StreamTransformer：使用 StreamTransformer.fromHandlers 创建一个 StreamTransformer 对象。

handleData：定义数据处理逻辑，将输入数据乘以 2。

handleError：定义异常处理逻辑，将异常信息添加到输出流。

handleDone：定义流关闭时的处理逻辑，关闭输出流。

② 应用变换：使用 stream.transform(transformer)将 StreamTransformer 应用到原始流上，生成新的流。

(2) 实际应用场景

StreamTransformer 在实际开发中有广泛的应用场景。

① 数据格式转换：将从服务端获取的 JSON 数据转换为 Dart 对象。

② 数据过滤：过滤掉不符合条件的数据。

③ 数据聚合：将多个数据聚合为一个结果。

④ 错误处理：统一处理流中的异常。

以下是一个数据过滤示例。

```
Dart
import 'dart:async';

void main()async {
  // 创建一个包含 10 个自然数的流
  Stream<int>stream=Stream<int>.fromIterable([1,2,3,4,5,6,7,8,9,10]);

  // 创建一个 StreamTransformer,过滤掉偶数
  StreamTransformer<int,int>transformer=StreamTransformer.fromHandlers(
    handleData:(int data,EventSink<int>sink){
      if (data % 2 !=0){// 只保留奇数
```

```
      sink.add(data);
    }
  },
);

// 应用变换
Stream<int>newStream=stream.transform<int>(transformer);

// 监听输出流
await for (int i in newStream){
  print(i);
}

print('完成');
}

输出:
1
3
5
7
9
完成
```

代码解析如下。

StreamTransformer 并不要求输入和输出一一对应，可以增加或减少输出流中对应的数据。

3.13.5.6 流的其他方法

在 Dart 中，Stream 提供了许多实用的方法，用于对流中的数据进行操作和处理。这些方法可以帮助我们更高效地处理异步数据流。这里将介绍一些常用的流方法，包括 take、takeWhile、skip、skipWhile、toList 和 length。

(1) take 方法

take 方法从输入流中获取前 n 个元素，然后返回新的流。举例如下。

```
Dart
import 'dart:async';

void main()async {
  // 创建一个包含 5 个自然数的流
  Stream<int>stream=Stream<int>.fromIterable([1,2,3,4,5]);

  // 获取前 3 个元素
  Stream<int>newStream=stream.take(3);

  // 监听输出流
  await for (int i in newStream){
```

```
    print(i);
  }

  print('完成');
}

输出:
1
2
3
完成
```

(2) takeWhile 方法

takeWhile 方法从输入流中获取符合条件的元素，直到碰到第一个不满足条件的元素为止。举例如下。

```
Dart
import 'dart:async';

void main()async {
  // 创建一个包含 5 个自然数的流
  Stream<int>stream=Stream<int>.fromIterable([2,4,6,1,8,10]);

  // 获取偶数
  Stream<int>newStream=stream.takeWhile((data){
    return data% 2==0;  // 保留偶数
  });

  // 监听输出流
  await for(int i in newStream){
    print(i);
  }

  print('完成');
}

输出:
2
4
6
完成
```

代码解析如下。

takeWhile 碰到第一个不符合条件的元素就会关闭新的流，因此当输入流中出现数据 1 后，输出流就关闭了，后续的数据即使符合条件也不会在输出流中出现。

(3) skip 方法

skip 方法过滤掉输入流中的前 n 个元素，返回剩余的元素。举例如下。

```
Dart
import 'dart:async';

void main()async {
  // 创建一个包含 5 个自然数的流
  Stream<int>stream=Stream<int>.fromIterable([1,2,3,4,5]);

  // 过滤掉前 3 个元素
  Stream<int>newStream=stream.skip(3);

  // 监听输出流
  await for (int i in newStream){
    print(i);
  }

  print('完成');
}

输出:
4
5
完成
```

(4) skipWhile 方法

skipWhile 方法过滤掉符合条件的元素，直到碰到第一个条件不满足的元素为止。举例如下。

```
Dart
import 'dart:async';

void main()async{
  // 创建一个包含 5 个自然数的流
  Stream<int>stream=Stream<int>.fromIterable([2,4,6,1,8,10]);

  // 过滤掉偶数,直到遇到奇数为止
  Stream<int>newStream=stream.skipWhile((data){
    return data % 2==0;  // 过滤掉偶数
  });

  // 监听输出流
  await for(int i in newStream){
    print(i);
  }

  print('完成');
}
```

```
输出:
1
8
10
完成
```

(5) toList 方法

toList 方法将流中的所有数据保存到一个 List 中。这是一个异步方法，需要等待流结束后才能返回数据。举例如下。

```
Dart
import 'dart:async';

void main()async{
  // 创建一个按指定间隔发射自然数的流,从 0 开始,最多发射 4 个数据
  Stream<int>stream=Stream<int>.periodic(
    Duration(seconds:1),   // 每隔 1 秒发射一个数据
    (i)=>i                 // 数据从 0 开始递增
  ).take(4);               // 只取前 4 个数据

  // 将流中的数据保存到 List 中
  var list=await stream.toList();
  print(list);

  print('完成');
}

输出:
[0,1,2,3]
完成
```

(6) length 属性

length 属性用于计算流中所有数据的数量。这是一个异步属性，需要等待流结束后才能返回结果。举例如下。

```
Dart
import 'dart:async';

void main()async {
  // 创建一个按指定间隔发射自然数的流,从 0 开始,最多发射 4 个数据
  Stream<int>stream=Stream<int>.periodic(
    Duration(seconds:1),   // 每隔 1s 发射一个数据
    (i)=>i                 // 数据从 0 开始递增
  ).take(4);               // 只取前 4 个数据

  // 计算流中数据的数量
  var count=await stream.length;
```

```
  print('stream count:$count');

  print('完成');
}

输出:
stream count:4
完成
```

3.14 并发

在现代编程中，利用 CPU 的多核性能进行并发运算是提升程序性能的重要手段。传统的并发编程通常依赖于线程，但线程之间共享内存和资源容易引发同步和互斥问题。Dart 采用了不同的并发模型，通过 isolate 来实现并发。每个 isolate 拥有独立的内存空间，彼此之间无法直接共享内存，从而避免了传统线程模型中的同步问题。

本节将详细介绍 Dart 中的并发编程，包括 isolate 的概念、主 isolate 和后台 isolate 的使用，以及如何通过消息传递机制实现 isolate 之间的通信。

3.14.1 isolate 基本概念

在 Dart 中，isolate 是一种并发编程的机制，用于实现多任务并行执行。isolate 可以理解为一种轻量级的线程，但与传统的线程不同，isolate 之间是完全隔离的，每个 isolate 拥有独立的内存空间，彼此之间无法直接共享内存。这种设计避免了传统多线程编程中常见的同步和互斥问题（如死锁、竞态条件等）。

（1）isolate 的核心特点

① 内存隔离：每个 isolate 有自己的堆内存，彼此之间无法直接访问对方的内存；数据传递需要通过消息机制（SendPort 和 ReceivePort）进行。

② 单线程模型：每个 isolate 是单线程的，内部代码按顺序执行；由于内存隔离，isolate 内部不需要考虑线程安全问题。

③ 消息传递：isolate 之间通过消息传递进行通信；消息传递是异步的，发送方不需要等待接收方处理完成。

④ 轻量级：isolate 的创建和销毁开销较小，适合处理短期的并发任务。

（2）isolate 的工作原理

isolate 的运行机制基于 Dart 的事件循环（Event Loop）。每个 isolate 都有自己的事件循环，负责处理异步任务和消息传递。

事件循环：isolate 内部的事件循环会不断地从事件队列中取出任务并执行；任务包括异步操作（如 Future、Stream）和消息处理。

消息传递：通过 SendPort 发送消息，ReceivePort 接收消息；消息传递是异步的，发送方和接收方不需要同步。

（3）isolate 的使用场景

isolate 主要用于以下场景。

① 耗时任务：将耗时任务（如计算、文件读写、网络请求）放到后台 isolate 中执行，避免阻塞主 isolate（通常是 UI 线程）。

② 多核 CPU 利用：通过创建多个 isolate，充分利用多核 CPU 的性能，提升程序的运

行效率。

③ 隔离任务：将不同的任务隔离到不同的 isolate 中执行，避免任务之间的相互干扰。

3.14.2 主 isolate

在 Dart 中，所有的代码默认运行在主 isolate 中。从图 3-12 可以看出，主 isolate 是程序的入口点，从 main()函数开始执行。同时主 isolate 也有自己的事件循环，负责处理用户交互、UI 更新等任务。

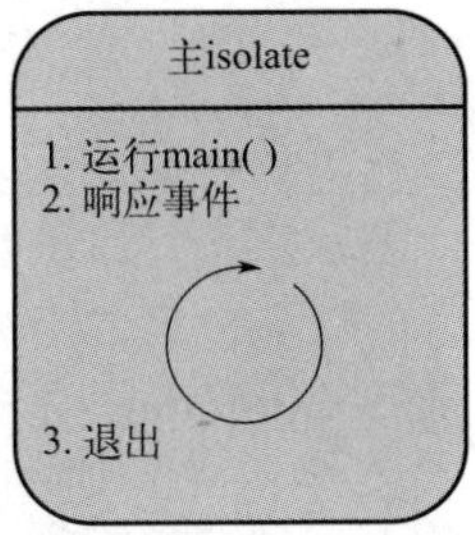

图 3-12 主 isolate

3.14.3 后台 isolate

为了充分利用多核 CPU 的性能，Dart 允许创建后台 isolate。后台 isolate 可以执行耗时任务（如计算、文件读写等），而不会阻塞主 isolate 的运行。后台 isolate 和主 isolate 之间的内存是隔离的，它们通过消息传递机制进行通信。

(1) 一次性任务

如果只需要执行一次耗时任务并返回结果，可以使用 compute()函数。compute()是 Flutter 提供的一个便捷方法，用于在后台 isolate 中执行任务并返回结果。图 3-13 展示了如何通过新建 isolate 实现后台任务。

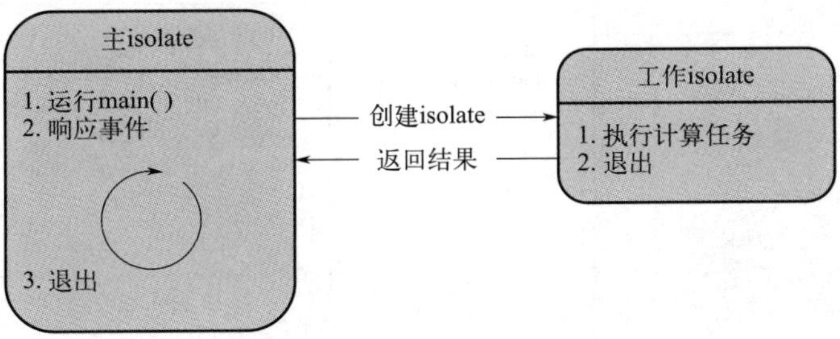

图 3-13 compute 执行过程

以下是代码示例。

```
Dart
import 'package:flutter/foundation.dart';

String work(String input){
  print('worker isolate:收到输入"$input"');
  // 模拟耗时操作
  var ret='耗时操作结果:$input';
  return ret;
}

void main()async {
  print('main isolate:启动后台 isolate');

  // 使用 compute 在后台 isolate 中执行任务
  String data=await compute(work,'参数 1');
```

```
  print('main isolate:后台 isolate 返回数据"$data"');
}

输出:
main isolate:启动后台 isolate
worker isolate:收到输入"参数 1"
main isolate:后台 isolate 返回数据"耗时操作结果:参数 1"
```

代码解析如下。

① compute()函数接收两个参数：第一个参数是一个函数，表示需要在后台 isolate 中执行的任务；第二个参数是传递给任务的输入数据。

② compute()会在后台 isolate 中执行任务，并返回结果。

③ 主 isolate 通过 await 等待后台 isolate 的任务完成，并获取结果。

(2) 执行多次通信任务

如果需要与后台 isolate 进行多次通信，可以使用 Isolate. spawn()创建 isolate，并通过 SendPort 和 ReceivePort 实现消息传递。图 3-14 展示了主 isolate 与后台 isolate 多次通信的整个流程。

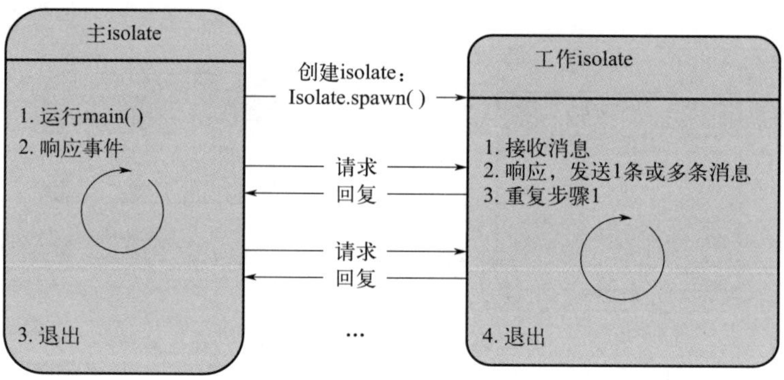

图 3-14　与后台任务多次通信

以下是一个示例。

```
Dart
import 'dart:isolate';

void work(SendPort sendPort){
  final receivePort=ReceivePort();  // 创建后台 isolate 的 ReceivePort
  print('后台 isolate:已启动,发送自己 ReceivePort 对应的 SendPort 到 main isolate');
  sendPort.send(receivePort.sendPort);  // 将自己的 SendPort 发送给主 isolate

  receivePort.listen((message){// 监听主 isolate 发送的消息
    print('后台 isolate:开始处理数据【$message】');
    // 模拟任务处理
    sendPort.send('处理完成$message');
  });
}
```

```
void main()async {
  print('main isolate:启动后台 isolate');

  var response=ReceivePort();  // 创建主 isolate 的 ReceivePort
  await Isolate.spawn(work,response.sendPort);  // 创建后台 isolate,并传递主 isolate 的
SendPort
  response.listen((data){// 监听后台 isolate 发送的消息
    if (data is SendPort){
      SendPort sendPort=data;
      print('main isolate:已收到后台 isolate 发来的 SendPort');

      // 向后台 isolate 发送需要处理的数据
      print('main isolate:发送【数据-1】');
      sendPort.send('数据-1');
      print('main isolate:发送【数据-2】');
      sendPort.send('数据-2');
      print('main isolate:发送【数据-3】');
      sendPort.send('数据-3');
      print('main isolate:发送【数据-4】');
      sendPort.send('数据-4');

      return;
    }

    print('main isolate:收到数据【$data】');
  });
}

输出:
main isolate:启动后台 isolate
后台 isolate:已启动,发送自己 ReceivePort 对应的 SendPort 到 main isolate
main isolate:已收到后台 isolate 发来的 SendPort
main isolate:发送【数据-1】
main isolate:发送【数据-2】
main isolate:发送【数据-3】
main isolate:发送【数据-4】
后台 isolate:开始处理数据【数据-1】
后台 isolate:开始处理数据【数据-2】
main isolate:收到数据【处理完成  数据-1】
后台 isolate:开始处理数据【数据-3】
main isolate:收到数据【处理完成  数据-2】
后台 isolate:开始处理数据【数据-4】
main isolate:收到数据【处理完成  数据-3】
main isolate:收到数据【处理完成  数据-4】
```

代码解析如下。

① 主 isolate：创建 ReceivePort 用于接收后台 isolate 的消息；使用 Isolate.spawn()创建后台

isolate，并传递主 isolate 的 SendPort；监听 ReceivePort，处理后台 isolate 发送的消息。

② 后台 isolate：创建自己的 ReceivePort，并将对应的 SendPort 发送给主 isolate；监听 ReceivePort，处理主 isolate 发送的消息，并将处理结果发送回主 isolate。

③ 消息传递：主 isolate 和后台 isolate 通过 SendPort 和 ReceivePort 进行双向通信；每次通信都需要通过 send()方法发送消息，并通过 listen()方法接收消息。

注意事项如下。

① 内存隔离：isolate 之间无法直接共享内存，所有数据传递都需要通过消息机制；传递的数据必须是可序列化的（如基本类型、List、Map 等）。

② 双向通信：如果需要双向通信，需要分别创建两对 SendPort 和 ReceivePort。

③ 性能开销：创建 isolate 和消息传递会带来一定的性能开销，因此应避免频繁创建 isolate 或传递大量数据。

3.15 库和可见性

在 Dart 中，库（Library）是代码组织和模块化的基本单元。通过库，可以将相关的代码组织在一起，并通过导入（import）机制实现代码的复用。本节将介绍如何使用库、解决库之间的命名冲突、导入库的一部分内容，以及如何实现一个完整的库。

3.15.1 使用库

在 Dart 中，库的使用非常灵活。可以通过 import 关键字导入 Dart 内置库、第三方库或自定义库。具体方法和示例如下。

（1）导入库

Dart 内置库：以 dart:开头，例如 dart:html、dart:async。

第三方库：以 package:开头，例如 package:flutter/material.dart。

```
Dart
// 导入 Dart 内置库
import 'dart:html';

// 导入第三方库
import 'package:test/test.dart';
```

（2）指定库前缀

如果导入的多个库中存在命名冲突（例如两个库都有 Element 类），可以通过指定库前缀来解决冲突。举例如下。

```
Dart
import 'package:lib1/lib1.dart';
import 'package:lib2/lib2.dart' as lib2;

// 使用 lib1 中的 Element
Element element1=Element();

// 使用 lib2 中的 Element
lib2.Element element2=lib2.Element();
```

(3) 导入库的一部分

有时我们只需要导入库中的部分内容，可以使用 show 和 hide 关键字。举例如下。

show：只导入指定的内容。

hide：导入除指定内容外的所有内容。

```Dart
// 只导入 foo
import 'package:lib1/lib1.dart' show foo;

// 导入除 foo 外的所有内容
import 'package:lib2/lib2.dart' hide foo;
```

3.15.2 实现库

每个 Dart 程序都是一个库。如果需要开发一个独立的库（例如供其他项目使用的库），通常需要遵循一定的结构和约定。

(1) 完整的库结构

图 3-15 展示了一个标准的 Dart 库的文件结构。

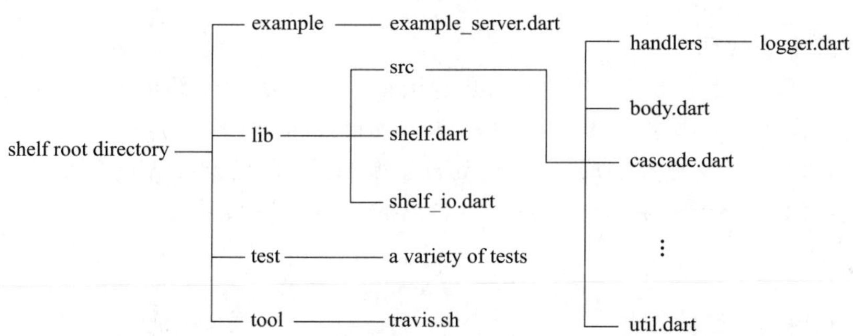

图 3-15　Dart 库结构

① 主库文件：通常位于 lib/<package-name>.dart，用于导出库的公开 API。

② 实现代码：位于 lib/src/目录下，包含库的具体实现。

以下是一个真实库的示例：shelf 库（用于创建 Web 服务器）。

```Plain Text
shelf/
  lib/
    shelf.dart            # 主库文件
    src/
      cascade.dart
      handler.dart
      hijack_exception.dart
      middleware.dart
      ...
```

shelf.dart 文件通过 export 关键字导出 src/目录下的具体实现：

```Dart
export 'src/cascade.dart' show Cascade;
export 'src/handler.dart' show Handler;
export 'src/hijack_exception.dart' show HijackException;
export 'src/middleware.dart' show Middleware,createMiddleware;
export 'src/middleware/add_chunked_encoding.dart' show addChunkedEncoding;
export 'src/middleware/logger.dart' show logRequests;
export 'src/middleware_extensions.dart' show MiddlewareExtensions;
export 'src/pipeline.dart' show Pipeline;
export 'src/request.dart' show Request;
export 'src/response.dart' show Response;
export 'src/server.dart' show Server;
export 'src/server_handler.dart' show ServerHandler;
```

通过这种方式，使用者只需导入 shelf.dart 即可使用库的所有功能：

```Dart
import 'package:shelf/shelf.dart';
```

(2) 隐藏库中的代码

在 Dart 中，以下划线（_）开头的成员是私有的，仅在库内部可见。通过这种方式，可以隐藏库的内部实现，只暴露必要的接口。具体解释及示例如下。

私有成员：以下划线开头的成员（如_privateMethod）只能在库内部访问。

公开成员：通过 export 和 show 关键字导出的成员可以被外部访问。

```Dart
// lib/src/private.dart
String _privateMethod(){
  return 'This is private';
}

String publicMethod(){
  return 'This is public';
}

// lib/mylib.dart
export 'src/private.dart' show publicMethod;
```

在上面的例子中，_privateMethod 是私有的，只能在库内部使用；而 publicMethod 是公开的，可以被外部访问。

3.16 高效 Dart 语言指南

在学习和使用 Dart 语言的过程中，遵循一些最佳实践可以帮助你编写出更一致、健壮和高效的代码。Dart 官方提供了一份详细的指南，称为《高效 Dart 语言指南》（Effective

Dart），涵盖了代码风格、设计模式、性能优化等方面的建议。

以下是《高效 Dart 语言指南》的核心内容概述，建议在熟悉 Dart 语言后，定期查阅这份指南，以不断提升代码质量。

3.16.1 代码风格

代码风格（Style）是编写可读性高、一致性强的代码的基础。Dart 提供了一套官方的代码风格指南，建议开发者遵循。

（1）命名规范

使用小驼峰命名法（lowerCamelCase）命名变量、函数、参数等。使用大驼峰命名法（UpperCamelCase）命名类、枚举、类型定义等。使用全大写加下划线（UPPER_CASE_WITH_UNDERSCORES）命名常量。举例如下。

```
Dart
// 变量和函数
int itemCount;
void calculateTotalPrice(){}

// 类和枚举
class ShoppingCart {}
enum OrderStatus {pending,completed}

// 常量
const double TAX_RATE=0.08;
```

（2）格式化

使用 dart format 工具自动格式化代码。每行代码不超过 80 个字符。使用 2 个空格缩进。

（3）注释

使用///编写文档注释。使用//编写单行注释。避免无意义的注释，注释应解释“为什么”而不是“是什么”。举例如下。

```
Dart
double calculateTotalPrice(double subtotal,bool isPremiumUser){
  // 高级用户享受 10% 的折扣,这是为了鼓励用户升级为高级会员
  if (isPremiumUser){
    return subtotal * 0.9;
  }

  // 对于普通用户,如果订单金额超过 1000 元,则提供 5% 的折扣,以促进大额订单
  if (subtotal>1000){
    return subtotal * 0.95;
  }

  // 默认情况下,不应用折扣,因为普通用户的小额订单不需要额外激励
  return subtotal;
}
```

3.16.2 设计模式

良好的设计模式（Design）可以提高代码的可维护性和扩展性。

（1）避免过度设计

优先使用简单的解决方案，避免过早优化。遵循 YAGNI 原则（You Aren't Gonna Need It）。

（2）单一职责原则

每个类或函数应只负责一项任务。避免创建“万能函数”。

（3）依赖注入

使用依赖注入（Dependency Injection）来解耦代码。避免在类内部直接创建依赖对象。举例如下。

```
Dart
class UserService {
  final UserRepository repository;

  UserService(this.repository);  // 依赖注入

  void saveUser(User user){
    repository.save(user);
  }
}
```

3.16.3 性能优化

编写高效的代码是提升应用性能的关键，这就需要性能优化（Performance）。

（1）避免不必要的对象创建

在循环中避免创建临时对象。使用 const 构造函数创建编译时常量。举例如下。

```
Dart
// 避免
for (int i=0;i<1000;i++){
  List<int>list=[1,2,3];  // 每次循环都创建新对象
}

// 推荐
const List<int>list=[1,2,3];  // 使用常量
for (int i=0; i<1000; i++){
  // 使用 list
}
```

（2）使用 final 和 const

使用 final 声明不可变的变量。使用 const 声明编译时常量。举例如下。

```
Dart
final int maxAttempts=3;  // 运行时不可变
const double pi=3.14;     // 编译时常量
```

（3）避免同步阻塞

使用异步编程（async/await）避免阻塞主线程。将耗时任务放到 isolate 中执行。举例如下。

```
Dart
Future<void> fetchData() async {
  var data = await http.get('https://example.com/data');
  print(data);
}
```

3.16.4 错误处理

良好的错误处理（Error Handling）可以提高代码的健壮性。

（1）使用异常处理

使用 try/catch 捕获异常。避免捕获所有异常（catch(e)），应明确捕获特定异常。举例如下。

```
Dart
try {
  var result = int.parse('abc');   // 可能抛出 FormatException
} on FormatException catch (e) {
  print('格式错误：$e');
}
```

（2）避免静默失败

不要忽略异常或错误。在捕获异常后，记录日志或通知用户。

3.16.5 测试

编写测试（Testing）是确保代码质量的重要手段。

（1）单元测试

使用 test 包编写单元测试。测试应覆盖核心逻辑和边界条件。举例如下。

```
Dart
import 'package:test/test.dart';

void main() {
  test('计算订单总价', () {
    expect(calculateTotalPrice(100), equals(108));   // 假设税率为 8%
  });
}
```

（2）集成测试

使用 flutter_test 包编写集成测试。测试应覆盖用户交互和业务流程。

第4章

Flutter开发基础

4.1 基础概念

在介绍 Flutter 的各种组件之前，我们先来了解 Flutter 开发中的一些基本概念。

4.1.1 Flutter 项目目录结构

首先按照 2.1 节介绍的方法创建一个自己的 Flutter 项目。本章后续介绍的各种组件都可以在这个项目中进行练习。项目创建完成后我们先来看一下项目的目录结构。

一个典型的 Flutter 项目目录结构如下。

```
Plain Text
my_flutter_app/
├── android/            # Android 平台相关代码和配置
├── ios/                # iOS 平台相关代码和配置
├── lib/                # Dart 代码目录,包含应用的逻辑和 UI
│   └── main.dart       # 应用的入口文件
├── test/               # 单元测试代码
├── web/                # Web 平台相关代码和配置
├── pubspec.yaml        # 项目的配置文件,声明依赖和资源
└── README.md           # 项目的说明文档
```

关键目录和文件说明如下。

（1）lib/

这是 Flutter 项目的核心目录，所有的 Dart 代码都放在这里。main.dart 是应用的入口文件，包含 main()函数。

（2）android/和 ios/

这些目录包含平台相关的代码和配置。通常情况下，开发者不需要直接修改这些目录中的内容，除非需要定制平台特定的功能。

（3）pubspec.yaml

这是 Flutter 项目的配置文件，用于声明依赖、资源文件和元数据。

```
YAML
name:my_flutter_app
description:A new Flutter project.

dependencies:
  flutter:
    sdk:flutter
  http:^0.13.3  #  添加第三方依赖

flutter:
  uses-material-design:true  #  启用 Material Design
  assets:
    -images/logo.png  #  添加资源文件
```

（4）test/

这个目录用于存放单元测试代码。可以通过 flutter test 命令运行测试。

(5) web/

这个目录包含 Web 平台相关的代码和配置。如果项目需要支持 Web 平台，可以在这里进行定制。

4.1.2 声明式 UI

(1) 什么是声明式 UI

声明式 UI 是一种构建用户界面的编程范式，开发者只需描述 UI 应该是什么样子，而不需要关心如何更新 UI。与传统的命令式 UI（如 Android 的 XML 布局）相比，声明式 UI 更加直观和高效。两者的区别总结如下。

命令式 UI：开发者需要手动操作 UI 元素，例如创建视图、设置属性、更新状态等。示例（Android 代码）如下。

```
Java
TextView textView=findViewById(R.id.textView);
textView.setText("Hello,World!");
textView.setVisibility(View.VISIBLE);
```

声明式 UI：开发者只需描述 UI 的最终状态，框架会自动处理 UI 的更新。示例（Flutter）如下。

```
Dart
class MyApp extends StatelessWidget {
@override
  Widget build(BuildContext context){
    return Text('Hello,World!');
  }
}
```

(2) Flutter 中的声明式 UI

在 Flutter 中，UI 是由组件（Widget）构成的。开发者通过组合不同的 Widget 来描述 UI 的结构和样式。当状态发生变化时，Flutter 会自动重新构建 UI。

4.1.3 万物皆 Widget

(1) 什么是 Widget

在 Flutter 中，Widget 是 UI 的基本构建单元。无论是按钮、文本、布局容器，还是整个页面，都是由 Widget 构成的。

Widget 的特点如下。

轻量级：Widget 是不可变的（immutable），创建和销毁的开销很小。

组合性：Widget 可以嵌套组合，形成复杂的 UI。

声明式：Widget 描述了 UI 的结构和样式。

(2) Widget 的分类

Flutter 中的 Widget 可以分为以下两大类。

① StatelessWidget：无状态组件，UI 不会随时间变化。举例如下。

```
Dart
class MyText extends StatelessWidget {
```

```
  @override
  Widget build(BuildContext context){
    return Text('Hello,Flutter!');
  }
}
```

② StatefulWidget：有状态组件，UI 可以随时间变化。举例如下。

```dart
class MyCounter extends StatefulWidget {
  @override
  _MyCounterState createState()=>_MyCounterState();
}

class _MyCounterState extends State<MyCounter>{
  int _count=0;

  void _increment(){
    setState((){
      _count++;
    });
  }

  @override
  Widget build(BuildContext context){
    return Column(
      children:[
        Text('Count:$_count'),
        ElevatedButton(
          onPressed:_increment,
          child:Text('Increment'),
        ),
      ],
    );
  }
}
```

(3) Widget 的嵌套与组合

Flutter 的 UI 是通过 Widget 的嵌套和组合构建的。例如，一个简单的页面可能包含以下 Widget。

MaterialApp：应用的根组件。

Scaffold：页面的骨架结构。

AppBar：顶部的应用栏。

Text：显示文本内容。

Elevated Button：交互按钮。

代码示例如下。

```
Dart
class MyApp extends StatelessWidget {
  @override
  Widget build(BuildContext context){
    return MaterialApp(
      home:Scaffold(
        appBar:AppBar(
          title:Text('My Flutter App'),
        ),
        body:Center(
          child:Column(
            mainAxisAlignment:MainAxisAlignment.center,
            children:[
              Text('Hello,Flutter!'),
              ElevatedButton(
                onPressed:(){
                  print('Button clicked!');
                },
                child:Text('Click Me'),
              ),
            ],
          ),
        ),
      ),
    );
  }
}
```

代码解析如下。

① MaterialApp 是应用的根组件，定义了应用的主题和路由。

② Scaffold 提供了页面的基本结构，包括 AppBar 和 Body。

③ Center 和 Column 用于布局，将内容居中并垂直排列。

④ Text 和 ElevatedButton 是具体的 UI 元素。

4. 1. 4 Flutter 项目的代码结构

（1）入口文件：main. dart

在 Flutter 项目中，lib/main. dart 是应用的入口文件。它包含 main()函数，这是 Flutter 程序的执行起点。

main()函数：main()是 Dart 程序的入口函数，Flutter 应用从这里启动；在 main()函数中，通常会调用 runApp()方法，将应用的根组件传递给 Flutter。举例如下。

```
Dart
import 'package:flutter/material.dart';

void main(){
  runApp(MyApp());
}
```

```
class MyApp extends StatelessWidget {
  @override
  Widget build(BuildContext context){
    return MaterialApp(
      title:'Flutter Demo',
      theme:ThemeData(
        primarySwatch:Colors.blue,
      ),
      home:MyHomePage(),
    );
  }
}

class MyHomePage extends StatelessWidget {
  @override
  Widget build(BuildContext context){
    return Scaffold(
      appBar:AppBar(
        title:Text('Flutter Demo Home Page'),
      ),
      body:Center(
        child:Text('Hello,Flutter!'),
      ),
    );
  }
}
```

代码解析如下。

① main()函数调用 runApp()，将 MyApp 组件作为应用的根组件。

② MyApp 是一个无状态组件（StatelessWidget），它定义了应用的主题和主页。

③ MyHomePage 是应用的主页，使用 Scaffold 构建页面的基本结构。

(2) 启动应用

当 Flutter 应用启动时，会执行 main()函数，并调用 runApp()方法。runApp()会将根组件挂载到屏幕上，并开始构建 UI。

runApp()：这是 Flutter 应用的启动方法，接收一个 Widget 作为参数。

```
Dart
void main(){
  runApp(MyApp());
}
```

根组件：根组件通常是 MaterialApp 或 CupertinoApp，用于配置应用的主题、路由和主页。

```
Dart
class MyApp extends StatelessWidget {
  @override
```

```
  Widget build(BuildContext context){
    return MaterialApp(
      title:'Flutter Demo',
      theme:ThemeData(
        primarySwatch:Colors.blue,
      ),
      home:MyHomePage(),
    );
  }
}
```

4.1.5 Material Design 简介

Material Design 是 Google 推出的一套设计语言，旨在为移动端和 Web 端提供一致的设计体验。Flutter 默认支持 Material Design，并提供了丰富的 Material 风格组件。

（1）Material Design 的核心原则

① 材质（Material）：UI 元素被视为“材质”，具有物理属性（如阴影、深度）；材质可以堆叠、移动和变形。

② 动效（Motion）：动效用于增强用户体验，提供视觉反馈和引导。例如，按钮点击时的涟漪效果。

③ 颜色（Color）：Material Design 提供了一套颜色系统，包括主色、辅助色和强调色；颜色可以用于区分不同的 UI 元素。

④ 排版（Typography）：Material Design 定义了标准的字体样式和排版规则。例如，标题、正文、按钮文本的字体大小和粗细。

⑤ 图标（Icons）：Material Design 提供了一套丰富的图标库；图标可以用于表示操作、状态或导航。

（2）Flutter 中的 Material Design

Flutter 提供了 MaterialApp 和 Scaffold 等组件，用于快速构建 Material Design 风格的 UI。举例如下。

```
Dart
import 'package:flutter/material.dart';

void main(){
  runApp(MyApp());
}

class MyApp extends StatelessWidget {
  @override
  Widget build(BuildContext context){
    return MaterialApp(
      title:'Flutter Demo',
      theme:ThemeData(
        primarySwatch:Colors.blue,   // 设置主色调
      ),
```

```
      home:Scaffold(
        appBar:AppBar(
          title:Text('Flutter Demo Home Page'),
        ),
        body:Center(
          child:Text('Hello,Flutter!'),
        ),
      ),
    );
  }
}
```

（3）常用 Material 组件

MaterialApp：应用的根组件，用于配置 Material Design 主题和路由。

Scaffold：页面的骨架结构，包含 AppBar、Body、FloatingActionButton 等。

AppBar：顶部的应用栏，通常包含标题和操作按钮。

Text：用于显示文本。

Button：各种按钮组件，如 ElevatedButton、TextButton 等。

Card：用于显示卡片式内容。

4.2 常用组件

组件是 Flutter 开发的核心功能。由于 UI 组件的使用涉及大量细节，大部分组件都有许多参数。本章将重点介绍开发中常用的参数和功能，其他参数的详细用法可以参考 Flutter API 文档。

官方 API 文档的使用方式如图 4-1 所示。

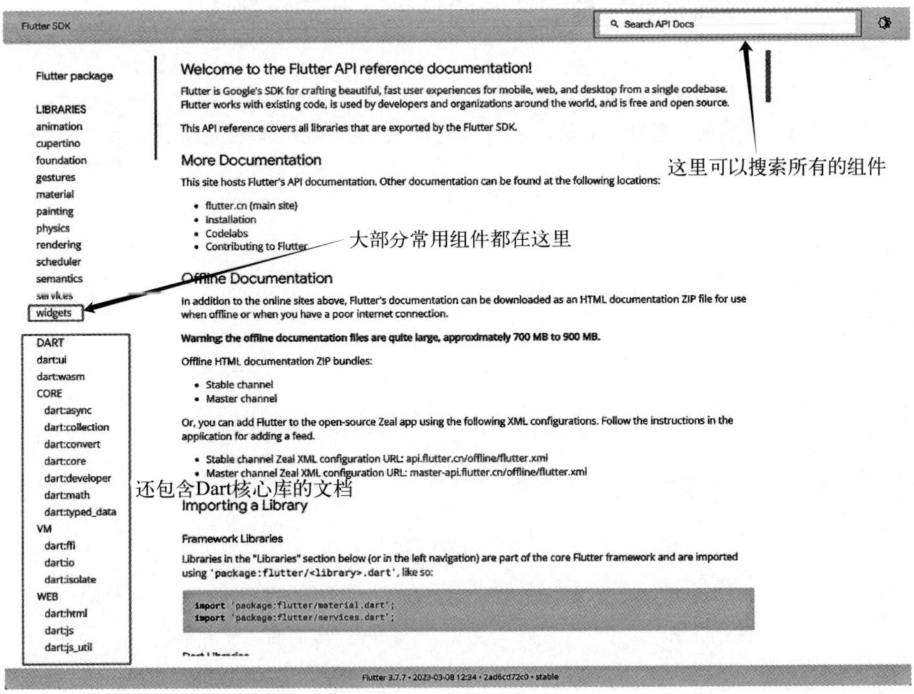

图 4-1 Flutter API 文档

4.2.1 基础组件

基础组件是 Flutter 开发中最常用的组件，用于展示文本、按钮、图片、图标等基础 UI 元素。本节将详细介绍这些组件的使用方法及常见参数。

4.2.1.1 文本

（1）Text

Text 组件用于显示文本内容。

常用参数如下。

textAlign：文本对齐方式（如 TextAlign.left、TextAlign.center）。

maxLines：最大行数。

overflow：文本溢出时的处理方式（如 TextOverflow.ellipsis 显示省略号）。

（2）多余文本的截断

文本组件在一行展示不下内容的时候会自动换行，但是 App 开发过程中经常会要求最多展示几行，多出的部分用省略号代替，这种功能使用 maxLines 和 overflow 两个属性配合实现。举例如下。

```
Dart
Text(
  "我是文本,我很长",
  maxLines:2,  // 最多显示 2 行
  overflow:TextOverflow.ellipsis,  // 超出部分显示省略号
);
```

效果如图 4-2 所示：

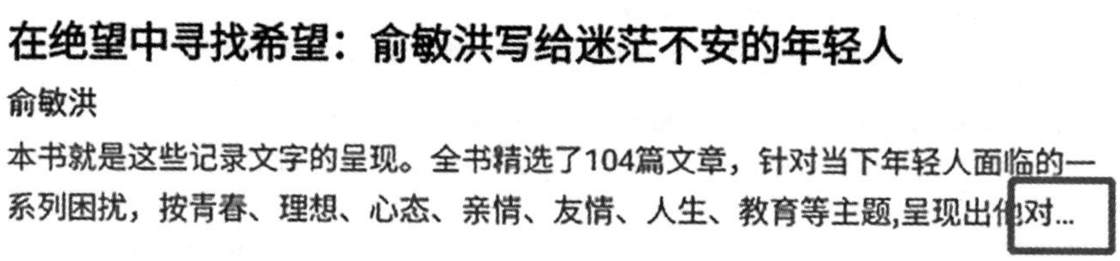

图 4-2　文本截断

（3）TextStyle

TextStyle 用于设置 Text 组件中的文本样式。

常用参数如下。

fontSize：字体大小。

fontFamily：字体名称。

color：文本颜色。

backgroundColor：文本背景颜色。

代码示例如下。

```
Dart
Text(
  "Hello,world!",
  style:TextStyle(
```

```
    fontSize:16.0,
    fontFamily:"Courier",
    color:Colors.blue,
    backgroundColor:Colors.lightBlue,
  ),
);
```

(4) 自定义字体

可以通过 TextStyle 的 fontFamily 参数使用自定义字体。不同系统平台上支持的字体不同。有时候为了保证 App 在不同平台上有着完全一致的展示效果，会在 App 内携带自己的字体文件。使用自己的字体需要以下步骤。

① 在 pubspec.yaml 中声明字体文件：

```
YAML
flutter:
  fonts:
    -family:yoyo
      fonts:
        -asset:assets/fonts/yoyo.ttf
```

② 使用自定义字体：

```
Dart
Text(
  'Hello,world!',
  style:TextStyle(
    fontFamily:'yoyo',  //使用自定义字体
    fontSize:50.0,
  ),
);
```

(5) TextSpan

TextSpan 用于在同一段文本中展示不同样式。图 4-3 是一个例子。

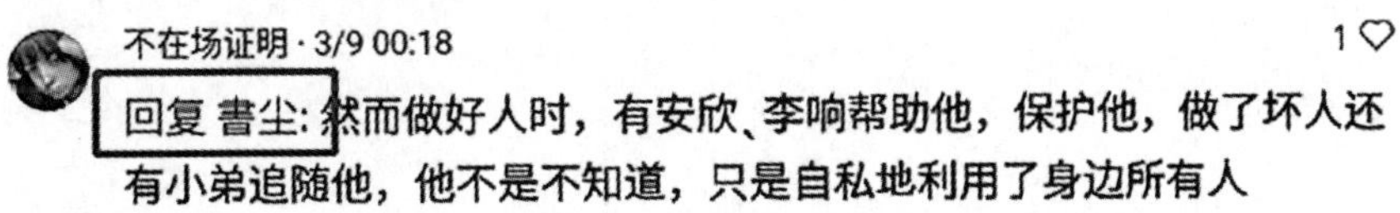

图 4-3　文本片段

TextSpan 的基本思想就是把一段文本分成多个片段，分别为每个片段指定样式，然后再把这些片段组合起来，组合起来的片段交给 Text 组件进行展示。我们来实现一下上面的效果。

```
Dart
const Text.rich(
  TextSpan(
    children:[
```

```
        TextSpan(
          text:"回复",
          style:TextStyle(color:Colors.grey,fontSize:16.0),
        ),
        TextSpan(
          text:"书尘:",
          style:TextStyle(color:Colors.grey,fontSize:16.0),
        ),
        TextSpan(
          text:'然而做好人时,有安欣李响帮助他,保护他...',
          style:TextStyle(color:Colors.black,fontSize:16.0),
        ),
      ],
    ),
  );
```

4.2.1.2 按钮

在 Flutter 中，按钮是用户交互的重要组成部分。按钮不仅封装了点击事件的响应逻辑，还提供了丰富的样式和点击效果。Flutter 提供了多种类型的按钮，每种按钮都有其特定的使用场景和视觉效果。下面我们将详细介绍几种常用的按钮组件。

图 4-4　IconButton 样式

(1) IconButton

IconButton 是一个可点击的图标按钮，通常用于工具栏或应用栏中。它没有可视的边界，但在按下时会显示背景色。效果如图 4-4 所示。

代码示例如下。

```
Dart
IconButton(
  icon:const Icon(Icons.volume_up),
  tooltip:'Increase volume by 10',   // 按下后显示的提示信息
  onPressed:(){
    // 这里处理点击事件
    print('音量增加');
  },
)
```

说明如下。

icon：设置按钮的图标。

tooltip：当用户长按按钮时显示的提示信息。

onPressed：点击按钮时触发的回调函数。

(2) TextButton

TextButton 是一个文本按钮，通常用于需要简单文本交互的场景。它没有可视的边界，但在按下时会显示背景色。图 4-5 是几种典型的 TextButton 的展示效果。

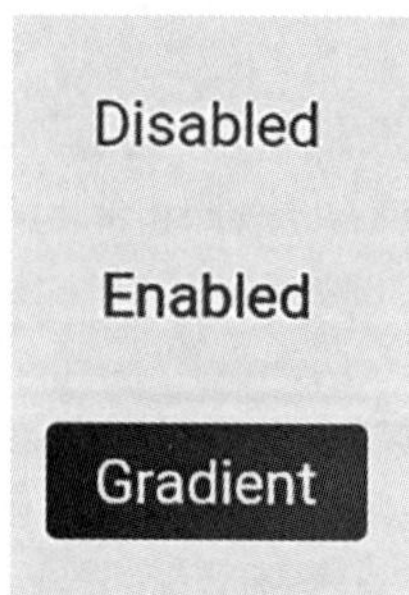

图 4-5　TextButton 样式

代码示例如下。

```
Dart
TextButton(
  style:TextButton.styleFrom(
    textStyle:const TextStyle(fontSize:20),
  ),
  onPressed:(){
    // 这里处理点击事件
    print('文本按钮被点击');
  },
  child:const Text('Enabled'),
)
```

说明如下。

style：通过 TextButton.styleFrom 设置按钮的样式，如字体大小、颜色等。

onPressed：点击按钮时触发的回调函数。

child：按钮的内容，通常是一个 Text 组件。

（3）OutlinedButton

OutlinedButton 是一个带有边框的按钮如图 4-6 所示。按钮按下时会显示阴影效果。它适用于需要突出显示但不需要强烈视觉效果的场景。

代码示例如下。

```
Dart
OutlinedButton(
  onPressed:(){
    // 这里处理点击事件
    debugPrint('Received click');
  },
  child:const Text('Click Me'),
)
```

说明如下。

onPressed：点击按钮时触发的回调函数。

child：按钮的内容，通常是一个 Text 组件。

（4）ElevatedButton

ElevatedButton 是一个带有悬浮效果的按钮，通常用于需要突出显示的场景。它带有阴影和背景色，禁用时会显示灰色背景。图 4-7 展示了按钮禁用和正常状态的效果。

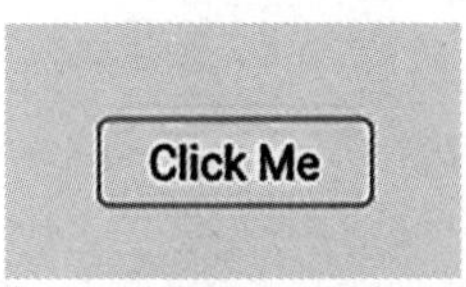

图 4-6　OutlinedButton 样式

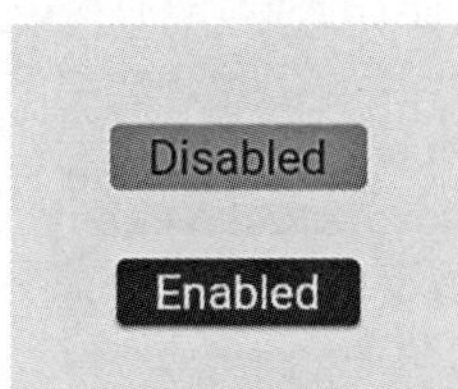

图 4-7　ElevatedButton 样式

代码示例如下。

```
Dart
ElevatedButton(
  style:ElevatedButton.styleFrom(
    primary:Colors.blue,  // 按钮背景色
    onPrimary:Colors.white,  // 按钮文字颜色
  ),
  onPressed:null,  // 回调为 null,按钮禁用状态
  child:const Text('Disabled'),
)

ElevatedButton(
  style:ElevatedButton.styleFrom(
    primary:Colors.blue,  // 按钮背景色
    onPrimary:Colors.white,  // 按钮文字颜色
  ),
  onPressed:(){
    // 按钮可点击
    print('ElevatedButton 被点击');
  },
  child:const Text('Enabled'),
)
```

说明如下。

① style：通过 ElevatedButton.styleFrom 设置按钮的样式，如背景色、文字颜色等。

② onPressed：点击按钮时触发的回调函数。如果为 null，按钮将处于禁用状态。

③ child：按钮的内容，通常是一个 Text 组件。

(5) 可点击组件

在 Flutter 中，大部分组件默认是不可点击的。如果我们需要在一个复杂的组件上添加点击事件，可以使用 GestureDetector 组件来封装需要点击的内容。举例如下。

```
Dart
GestureDetector(
  onTap:(){
    print('MyButton was tapped!');
  },
  child:Container(
    height:50.0,
    padding:const EdgeInsets.all(8.0),
    margin:const EdgeInsets.symmetric(horizontal:8.0),
    decoration:BoxDecoration(
      borderRadius:BorderRadius.circular(5.0),
      color:Colors.lightGreen[500],
    ),
    child:const Center(
```

```
      child:Text('Engage'),
    ),
  ),
)
```

说明如下。

① onTap：点击组件时触发的回调函数。

② child：需要添加点击事件的组件，这里是一个 Container，包含文本和背景色。

效果如图 4-8 所示，给一个 Container 增加点击响应，对组件的 UI 展示没有影响。

图 4-8　可点击组件

4.2.1.3　图片

在 Flutter 中，图片是用户界面中常见的元素之一。Flutter 提供了多种加载和展示图片的方式，包括从本地资源加载、从网络加载以及从文件或内存中加载。此外，Flutter 还支持图片的缓存、占位符、缩放和对齐等高级功能。下面我们将详细介绍这些内容。

(1) 从 assets 中加载图片

如果需要加载应用程序包中携带的图片资源，首先需要在 pubspec.yaml 文件中声明资源的位置。

① 声明资源位置：

```
YAML
flutter:
  assets:
    -assets/my_icon.png
    -assets/background.png
```

如果要包含一个目录下的所有资源，可以在目录名称的结尾加上/：

```
YAML
flutter:
  assets:
    -assets/images/
```

② 声明分辨率相关的图片资源：为了适配不同像素密度的设备，Flutter 支持为同一资源指定多个不同分辨率的文件。系统会根据设备的像素密度自动加载最合适的图片。

资源文件的目录结构如下：

```
Plain Text
.../my_icon.png       (mdpi baseline)
.../1.5x/my_icon.png  (hdpi)
```

```
.../2.0x/my_icon.png  (xhdpi)
.../3.0x/my_icon.png  (xxhdpi)
.../4.0x/my_icon.png  (xxxhdpi)
```

主资源默认对应于 1.0 倍的分辨率图片（如 my_icon.png）。

在设备像素比率为 1.8 的设备上，系统会加载 2.0x/my_icon.png。

如果主资源文件不存在，系统会按照从小到大的顺序选择图片。

③ 展示图片：使用 AssetImage 或 Image.asset 加载本地资源图片。

```
Dart
Image(
  image:AssetImage('assets/images/background.png'),  // AssetImage 是一个 ImageProvider
  width:300.0,
)

// 语法糖
Image.asset(
  'assets/images/background.png',
  width:300.0,
)
```

（2）从网络加载图片

Flutter 的 Image 组件支持直接从网络加载图片，包括静态图片和 GIF 动画。

① 加载网络图片：

```
Dart
Image.network('https://picsum.photos/250?image=9')

// 加载 GIF
Image.network('https://docs.flutter.dev/assets/images/dash/dash-fainting.gif')
```

② 使用占位符：网络图片加载时可能会有延迟，通常需要显示占位符。可以使用 FadeInImage 组件来实现这一功能。

从内存中加载占位符：

```
Dart
FadeInImage.memoryNetwork(
  placeholder:kTransparentImage,  // 透明占位符
  image:'https://picsum.photos/250?image=9',
)
```

从本地资源加载占位符：

```
Dart
FadeInImage.assetNetwork(
  placeholder:'assets/loading.gif',  // 本地占位符
  image:'https://picsum.photos/250?image=9',
)
```

③ 缓存图片：当我们的 App 有大量网络图片，而且其中有很多可能是重复的图片时，使用图片缓存就可以很好地提升用户体验，可以使用 cached_network_image 包来缓存网络图片。

安装依赖：

```yaml
YAML
dependencies:
  cached_network_image:^3.2.0
```

使用 CachedNetworkImage：

```dart
Dart
CachedNetworkImage(
  placeholder:(context,url)=>const CircularProgressIndicator(),
  imageUrl:'https://picsum.photos/250?image=9',
)
```

(3) 其他类型图片

Flutter 的 Image 组件支持多种来源的图片加载方式。

① Image.asset：从本地资源加载图片。

② Image.network：从网络加载图片。

③ Image.file：从文件加载图片。

④ Image.memory：从内存（Uint8List）加载图片。

如果这些方式无法满足需求，可以通过自定义 ImageProvider 来实现更复杂的图片加载逻辑。

(4) Image 组件的参数

Image 组件提供了丰富的参数来控制图片的展示细节。举例如下。

```dart
Dart
const Image({
  Key? key,
  required this.image,  // 图片资源
  this.frameBuilder,
  this.loadingBuilder,
  this.errorBuilder,
  this.semanticLabel,
  this.excludeFromSemantics=false,
  this.width,  // 图片宽度
  this.height,  // 图片高度
  this.color,  // 图片颜色叠加
  this.opacity,  // 图片透明度
  this.colorBlendMode,  // 颜色混合模式
  this.fit,  // 图片缩放方式
  this.alignment=Alignment.center,  // 图片对齐方式
  this.repeat=ImageRepeat.noRepeat,  // 图片重复方式
  this.centerSlice,
```

```
  this.matchTextDirection=false,
  this.gaplessPlayback=false,
  this.isAntiAlias=false,
  this.filterQuality=FilterQuality.low,
})
```

以下是一些常用参数。

① width 和 height：用于指定组件的宽高。如果图片尺寸与组件尺寸不一致，可以通过 fit 参数调整。

② fit 参数：fit 参数用于控制图片的缩放方式，其值为 BoxFit 枚举类型。常用值包括以下几种。

a. BoxFit.contain：保持图片比例，完整显示图片。

b. BoxFit.cover：保持图片比例，填满整个区域，可能会裁剪图片。

c. BoxFit.fill：拉伸图片以填满整个区域，不保持比例。

d. BoxFit.fitWidth：保持图片比例，宽度填满区域。

e. BoxFit.fitHeight：保持图片比例，高度填满区域。

表 4-1 是所有枚举值的介绍和示例。

表 4-1　图片 fit 参数

模式	示例	说明	保持比例	缩放	裁剪
contain	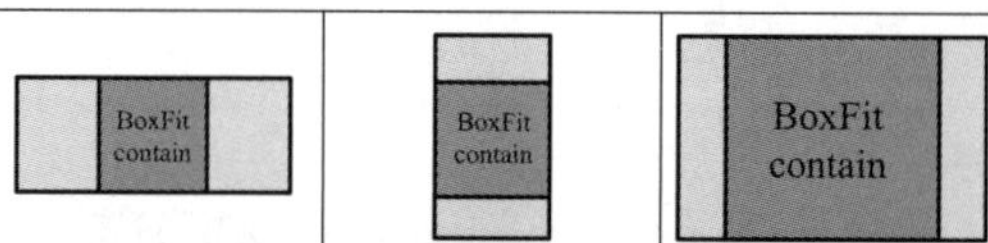	max(w,h)image=min(w,h)box	是	是	×
cover		min(w,h)image=max(w,h)box	是	是	是
fill	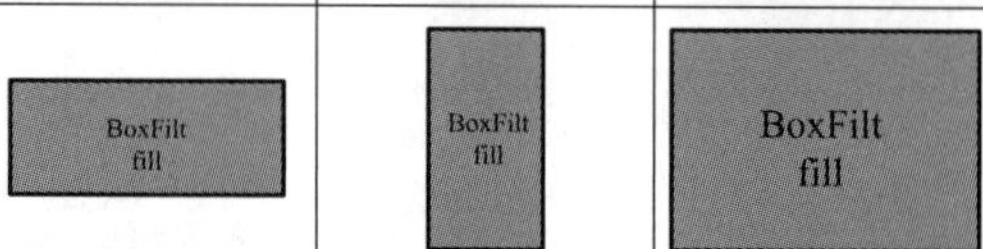	w image=w box, h image=h box	×	是	×
fitHeight	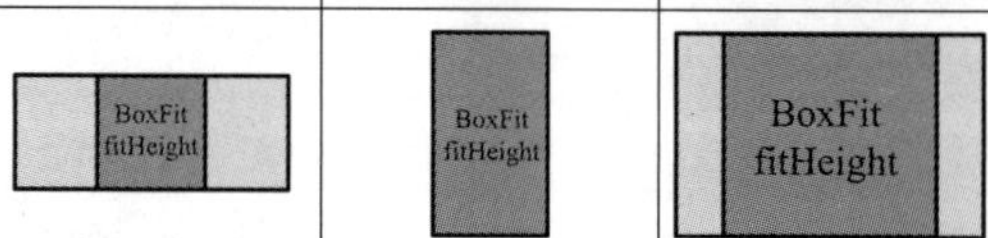	h image=h box	是	是	是
fitWidth	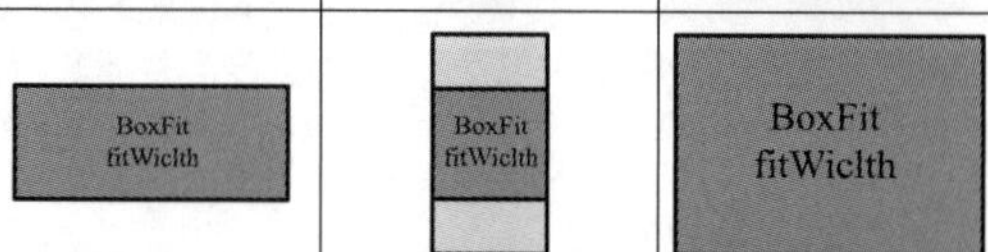	w image=w box	是	是	是
none	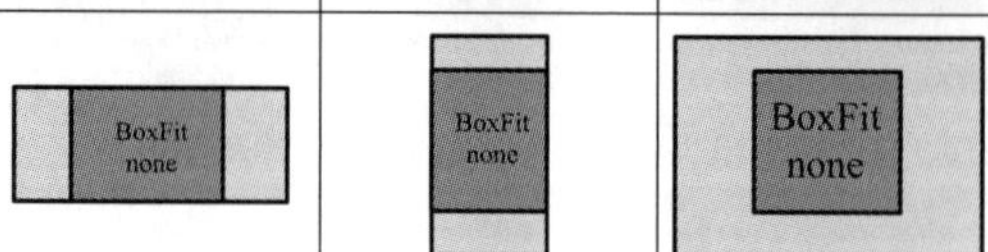	centered image in box	是	×	是
scaleDown	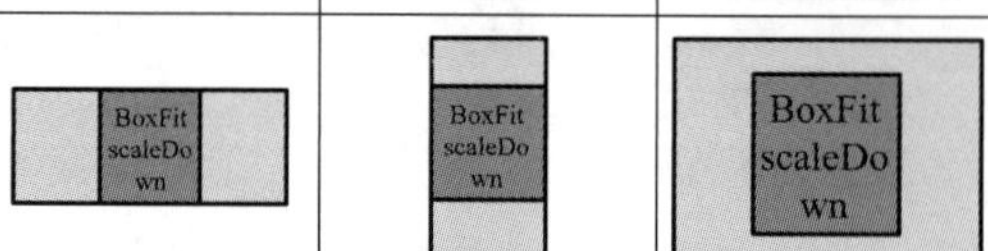	max(w,h)image<=min(w,h)box, centered image in box	是	是	×

示例：

```dart
Image.network(
  'https://picsum.photos/250?image=9',
  width:200,
  height:200,
  fit:BoxFit.cover,  // 图片填满区域,可能会裁剪
)
```

4.2.1.4 图标

在 Flutter 中，图标是用户界面中常见的元素之一。Flutter 不仅支持使用内置的 Material 图标库，还支持使用自定义的字体图标（iconfont）。通过将图标打包成字体文件，开发者可以像使用字体一样轻松地展示图标。

（1）使用 Material 图标

Flutter SDK 内置了丰富的 Material 图标库，开发者可以直接使用这些图标。Material 图标库涵盖了大多数常见的图标需求，如导航、操作、通知等。可以直接通过 Icon 组件使用 Material 图标库。举例如下。

```dart
Icon(
  Icons.audiotrack,  // 图标名称
  color:Colors.green,  // 图标颜色
  size:30.0,  // 图标大小
)
```

说明如下。

① Icons.audiotrack：Material 图标库中的图标名称。

② color：设置图标的颜色。

③ size：设置图标的大小。

（2）使用第三方字体图标

除了 Material 图标库，Flutter 还支持使用自定义的字体图标。字体图标的本质是将图标打包成一个字体文件，然后通过指定字符来显示图标。具体使用方法如下。

① 在 pubspec.yaml 中声明字体：首先需要在 pubspec.yaml 文件中声明字体文件的位置。

```yaml
flutter:
  fonts:
   -family:Iconfont  #  指定 fontFamily
     fonts:
      -asset:fonts/iconfont.ttf  #  图标字体文件路径
```

② 定义自己的 Icons 类：为了方便使用，可以定义一个类来管理自定义图标。

```dart
class Iconfont {
```

```
  // 每个图标定义一个静态变量
  static const icon1=IconData(
    0xe602,  // 图标的 Unicode 码点
    fontFamily:'Iconfont',  // 字体名称
    matchTextDirection:true,  // 支持文本方向
  );
  static const icon2=IconData(
    0xe60e,
    fontFamily:'Iconfont',
    matchTextDirection:true,
  );
  static const icon3=IconData(
    0xe620,
    fontFamily:'Iconfont',
    matchTextDirection:true,
  );
}
```

③ 使用自定义图标：定义好图标类后，可以直接使用自定义图标。

```
Dart
Icon(Iconfont.icon1,color:Colors.green)
```

④ 使用插件简化流程：手动定义图标类比较繁琐，有大量的重复性工作，可以通过 iconfont 插件自动生成图标类。

安装 iconfont 插件：

```
YAML
dependencies:
  iconfont:^1.0.0
```

使用插件生成图标类：

a. 将字体文件（如 iconfont.ttf）和对应的 CSS 文件（如 iconfont.css）放入项目中。

b. 运行以下命令生成 Dart 文件：

```
Bash
flutter pub run iconfont:generate
```

c. 生成的 Dart 文件会自动包含所有图标的定义，可以直接使用。

4.2.1.5 开关及选择组件

在 Flutter 中，开关、复选框、单选组件和滑块组件是常见的用户交互控件。这些组件不仅提供了丰富的交互功能，还遵循了 Flutter 的设计原则：组件只负责展示和交互，状态的维护和业务逻辑由外部管理。下面我们将详细介绍这些组件的使用方法。

（1）开关

开关（Switch）组件用于在两种状态之间切换，通常用于启用或禁用某些功能。图 4-9 展示了开关组件的默认样式。

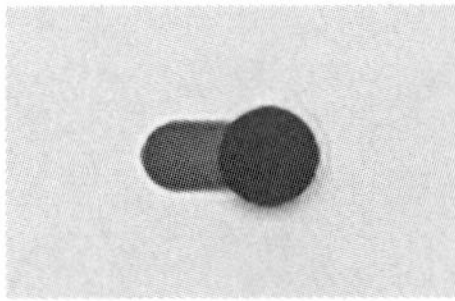

图 4-9　开关组件

代码示例如下。

```
Dart
class SwitchExample extends StatefulWidget {
  const SwitchExample({super.key});

  @override
  State<SwitchExample> createState() => _SwitchExampleState();
}

class _SwitchExampleState extends State<SwitchExample> {
  bool light = true;  // 开关状态

  @override
  Widget build(BuildContext context) {
    return Switch(
      value: light,  // 当前状态
      activeColor: Colors.red,  // 开启时的颜色
      onChanged: (bool value) {
        // 状态变化时的回调
        setState(() {
          light = value;  // 更新状态
        });
      },
    );
  }
}
```

说明如下。

① value：开关的当前状态。

② activeColor：开关开启时的颜色。

③ onChanged：当用户切换开关时触发的回调函数，用于更新状态。

注意：开关的状态由外部管理（如 light 变量），组件本身只负责展示和交互。

(2) 复选框

复选框（Checkbox）组件用于让用户选择一个或多个选项。图 4-10 是未选中和选中状态的示例。

图 4-10　复选框样式

代码示例如下。

```
Dart
class CheckboxExample extends StatefulWidget {
  const CheckboxExample({super.key});

  @override
  State<CheckboxExample> createState() => _CheckboxExampleState();
}

class _CheckboxExampleState extends State<CheckboxExample> {
  bool isChecked = false;  // 复选框状态

  @override
  Widget build(BuildContext context) {
    return Checkbox(
      value: isChecked,  // 当前状态
      checkColor: Colors.white,  // 选中时对勾的颜色
      fillColor: MaterialStateProperty.resolveWith((states) {
        if (states.contains(MaterialState.selected)) {
          return Colors.blue;  // 选中时的背景色
        }
        return Colors.grey;  // 未选中时的背景色
      }),
      onChanged: (bool? value) {
        // 状态变化时的回调
        setState(() {
          isChecked = value!;  // 更新状态
        });
      },
    );
  }
}
```

说明如下。

① value：复选框的当前状态。

② checkColor：选中时对勾的颜色。

③ fillColor：复选框的背景色，支持根据状态动态设置。

④ onChanged：当用户点击复选框时触发的回调函数，用于更新状态。

(3) 单选组件

单选（Radio）组件用于让用户从多个选项中选择一个。图 4-11 展示了单选组件选中和未选中状态。

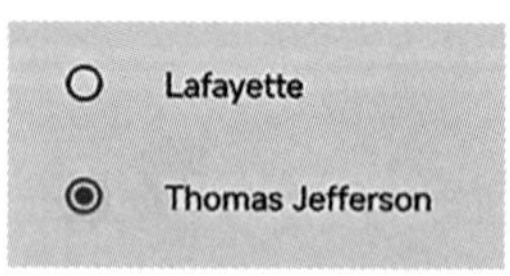

图 4-11　单选组件样式

代码示例如下。

```
Dart
enum SingingCharacter{lafayette,jefferson}

class RadioExample extends StatefulWidget{
  const RadioExample({super.key});

  @override
  State<RadioExample>createState()=>_RadioExampleState();
}

class _RadioExampleState extends State<RadioExample>{
  SingingCharacter? _character=SingingCharacter.lafayette;  //当前选中的值

  @override
  Widget build(BuildContext context){
    return Column(
      children:<Widget>[
        ListTile(
          title:const Text('Lafayette'),
          leading:Radio<SingingCharacter>(
            value:SingingCharacter.lafayette,  //选项值
            groupValue:_character,  //当前选中的值
            onChanged:(SingingCharacter? value){
              //状态变化时的回调
              setState((){
                _character=value;  //更新状态
              });
            },
          ),
        ),
        ListTile(
          title:const Text('Thomas Jefferson'),
          leading:Radio<SingingCharacter>(
            value:SingingCharacter.jefferson,  //选项值
            groupValue:_character,  //当前选中的值
            onChanged:(SingingCharacter? value){
              //状态变化时的回调
              setState((){
                _character=value;  //更新状态
              });
            },
          ),
        ),
      ],
    );
  }
}
```

说明如下。

① value：单选按钮的值。

② groupValue：当前选中的值。

③ onChanged：当用户选择单选按钮时触发的回调函数，用于更新状态。

(4) 滑块组件

滑块（Slider）组件用于让用户通过滑动选择一个范围内的值，例如音量、进度、亮度等。图 4-12 展示了滑块组件的默认样式。

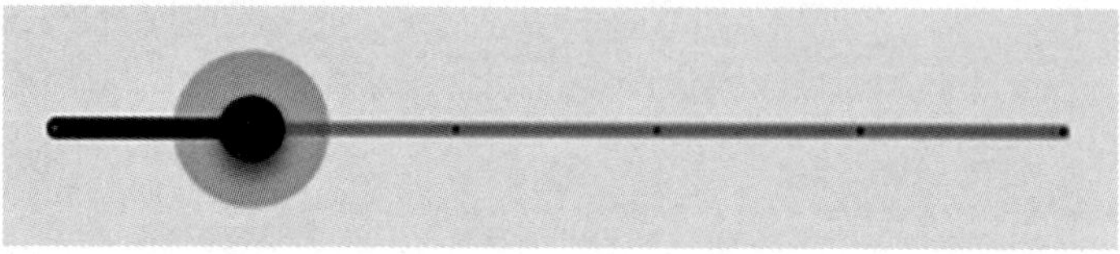

图 4-12　滑块组件

代码示例如下。

```
Dart
class SliderExample extends StatefulWidget {
  const SliderExample({super.key});

  @override
  State<SliderExample> createState() => _SliderExampleState();
}

class _SliderExampleState extends State<SliderExample> {
  double _currentSliderValue = 50;  // 当前滑块的值

  @override
  Widget build(BuildContext context) {
    return Slider(
      value: _currentSliderValue,  // 当前值
      max: 100,  // 最大值
      divisions: 5,  // 分段数
      label: _currentSliderValue.round().toString(),  // 滑动时的提示
      onChanged: (double value) {
        // 值变化时的回调
        setState(() {
          _currentSliderValue = value;  // 更新状态
        });
      },
    );
  }
}
```

说明如下。

① value：滑块的当前值。

② max：滑块的最大值。

③ divisions：将滑块分成若干段。

④ label：滑动时显示的提示文本。

⑤ onChanged：当用户滑动滑块时触发的回调函数，用于更新状态。

基础组件主要用于在页面上展示各种特定的元素，例如文本、图片、按钮、图标等。然而，细心的读者可能会注意到，我们尚未讨论如何控制这些元素的背景、大小、边框等样式属性。这正是装饰类组件的用武之地。通过装饰类组件，我们可以为这些基础组件添加丰富的视觉效果，从而打造更加精美和个性化的用户界面。接下来，我们将深入探讨装饰类组件的使用，以便更好地掌握 Flutter 的 UI 设计能力。

4.2.2 装饰组件

在 Flutter 中，装饰组件通常用于控制子组件的外观，比如添加填充、边框、背景、渐变等效果。通过这些装饰，您可以为界面增加层次感和丰富的视觉效果。

4.2.2.1 留白：Padding

Padding 组件用于在子组件和父组件之间添加空白区域。常用于确保控件之间有适当的间隔，避免界面拥挤。举例如下。

```
Dart
const Card(
  child:Padding(
    padding:EdgeInsets.all(16.0),   // 所有方向的间距为 16.0
    child:Text('Hello World!'),
  ),
)
```

运行效果如图 4-13 所示。

图 4-13 Padding 效果

EdgeInsets 用来指定不同的填充方式。常见的方式有以下几种。

only({left，top，right，bottom})：可以单独指定上下左右的填充。

all(double value)：四个方向填充相同数值。

4.2.2.2 限制子控件范围：SizedBox

SizedBox 本身是一个透明的容器，它的作用主要有两个：①限制子控件的大小；②作为间隔（例如，在不同控件之间留出固定的空隙）。举例如下。

```
Dart
Row(
  children:[
```

```
    SizedBox(
      width:100,
      height:100,
      child:Image.asset('assets/images/cat1.png'),
    ),
    SizedBox(// 间隔 20
      width:20,
      height:20,
    ),
    SizedBox(
      width:200,
      height:200,
      child:Image.asset('assets/images/cat1.png'),
    ),
  ],
)
```

代码效果如图 4-14 所示。

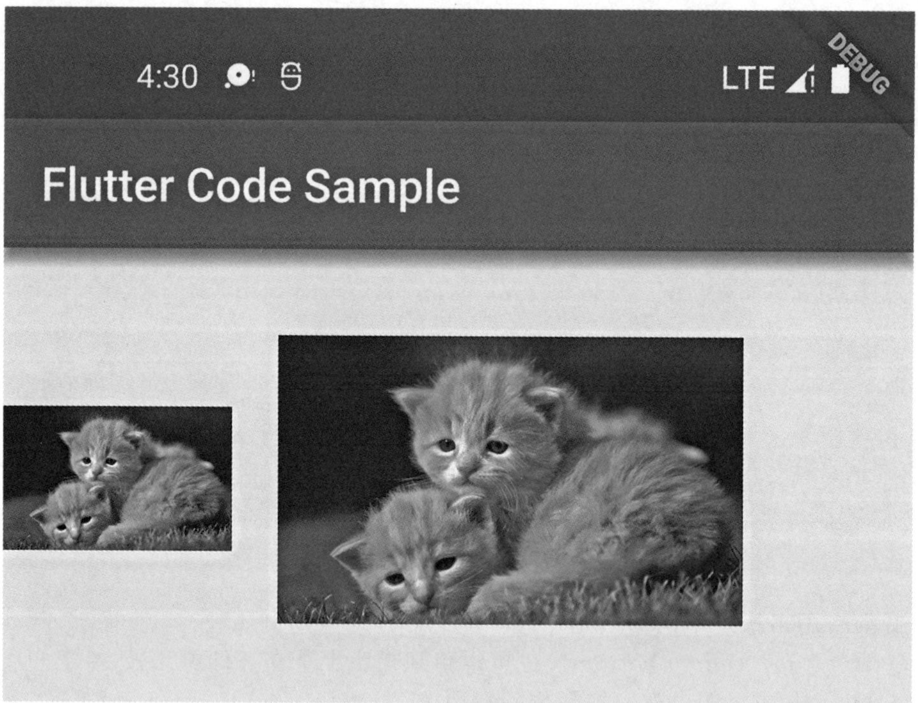

图 4-14 SizedBox 效果

说明：这里我们使用了三个 SizedBox，第一个用于限制图片的宽高为 100，第二个 SizedBox 单纯用于在两张图片间增加指定的间隔，第三个 SizedBox 则把图片的宽高限制为 200。

4.2.2.3 装饰器：DecoratedBox

DecoratedBox 组件用于为子组件添加背景、边框、阴影、渐变等装饰效果。它通过指定一个 Decoration 来为子组件定义装饰。

（1）设置背景色和圆角

```
Dart
DecoratedBox(
  decoration:BoxDecoration(
    color:Colors.black45,  //半透明颜色
    borderRadius:BorderRadius.circular(15),  //圆角
  ),
  child:SizedBox(
    width:300,
    height:300,
    child:Image.asset('assets/images/cat1.png'),
  ),
)
```

运行效果如图 4-15 所示：

图 4-15　DecoratedBox 效果

说明：这里通过 SizedBox 将图片大小设置为 300，然后通过 DecoratedBox 为这张长宽都是 300 的图片设置圆角和半透明的背景色。

（2）指定前景色

```
Dart
DecoratedBox(
  position:DecorationPosition.foreground,  //使用前景装饰
  decoration:BoxDecoration(
    color:Colors.black45,
    borderRadius:BorderRadius.circular(15),
  ),
  child:SizedBox(
    width:300,
    height:300,
    child:Image.asset('assets/images/cat1.png'),
  ),
)
```

注意：

DecoratedBox 和 BoxDecoration 容易混淆：DecoratedBox 是一个组件，功能是对它的子组件进行装饰；BoxDecoration 是 DecoratedBox 组件中 decoration 参数的一个实现。在 BoxDecoration 可以设置装饰的具体效果，其定义如下。

```dart
Dart
BoxDecoration({
  Color color,  // 背景颜色
  DecorationImage image,  // 背景图片
  BoxBorder border,  // 边框
  BorderRadiusGeometry borderRadius,  // 圆角
  List<BoxShadow>boxShadow,  // 阴影效果
  Gradient gradient,  // 渐变效果
  BlendMode backgroundBlendMode,  // 背景混合模式
  BoxShape shape=BoxShape.rectangle,  // 形状,默认为矩形
})
```

4.2.2.4 变换：Transform

Transform 组件允许你对子组件进行各种几何变换，例如倾斜、旋转、平移、缩放等。变换是通过 Matrix4 矩阵来实现的，允许在三维空间内进行操作。举例如下。

```dart
Dart
Column(
  children:[
    Image.asset('assets/images/cat1.png'),
    const SizedBox(height:10,),
    Transform(
      transform:Matrix4.skewX(0.2),  // 沿 X 轴偏移 0.2 度
      child:Image.asset('assets/images/cat1.png'),
    ),
    const SizedBox(height:40,),
    Transform.rotate(
      angle:radians(90),  // 旋转 90 度,参数类型是弧度
      child:Image.asset('assets/images/cat1.png'),
    ),
    const SizedBox(height:40,),
    Transform.translate(
      offset:const Offset(100.0,0),  // 平移 100dp
      child:Image.asset('assets/images/cat1.png'),
    ),
    const SizedBox(height:10,),
    Transform.scale(
      scale:0.8,  // 缩小到 0.8
      child:Image.asset('assets/images/cat1.png'),
    ),
  ],
)
```

代码运行效果如图 4-16 所示。

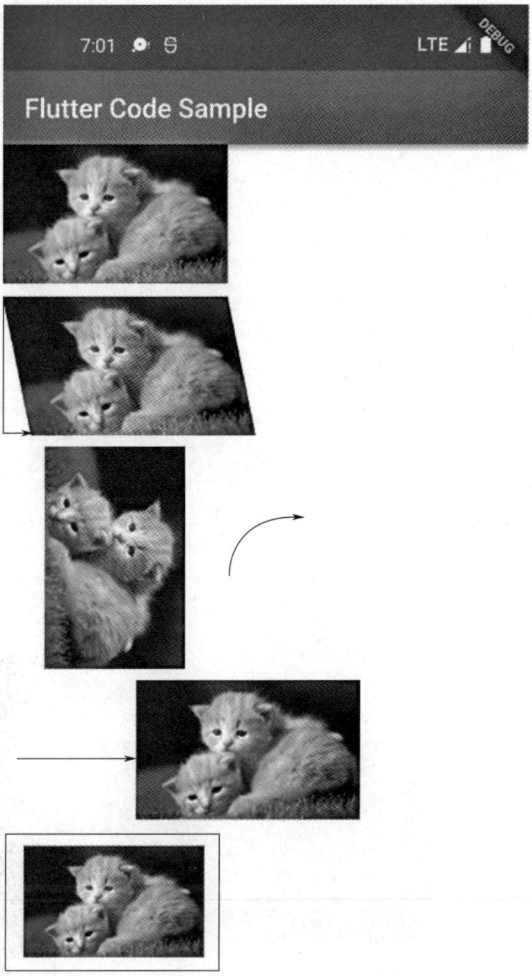

图 4-16　图片变换

注意：这些变换操作是在绘制阶段应用的，不会影响子控件的实际布局和占用空间。因此，变换的效果对性能影响较小，但可能导致交互与显示不一致。具体来说就是如果变换的是一个按钮，那么可点击的位置是变换前的位置，可能和用户看到的位置不一致。如果需要在布局阶段进行变换，可以参考后面介绍的 RotatedBox 组件。

4.2.2.5　通用容器：Container

Container 是 Flutter 中最常用的容器组件，它是多个其他组件（如 Padding、DecoratedBox、Transform、SizedBox 等）的复合体。Container 可以为其子组件设置大小、背景色、边距、填充、边框等。

（1）设置大小和背景色

```
Dart
Container(
  width:300,
  height:300,
```

```
  color:Colors.red,
  child:Image.network('https://picsum.photos/250?image=9'),
)
```

(2) 设置边距、填充和边框

```
Dart
Column(
  mainAxisSize:MainAxisSize.min,
  children:[
    const Text('我在上面'),
    Container(
      color:Colors.red,
      margin:const EdgeInsets.all(20.0),  //设置外部边距
      padding:const EdgeInsets.all(20.0),  //设置内部填充
      child:Image.network('https://picsum.photos/250?image=9'),
    ),
  ]
)
```

图 4-17 展示了这三个参数的作用效果。

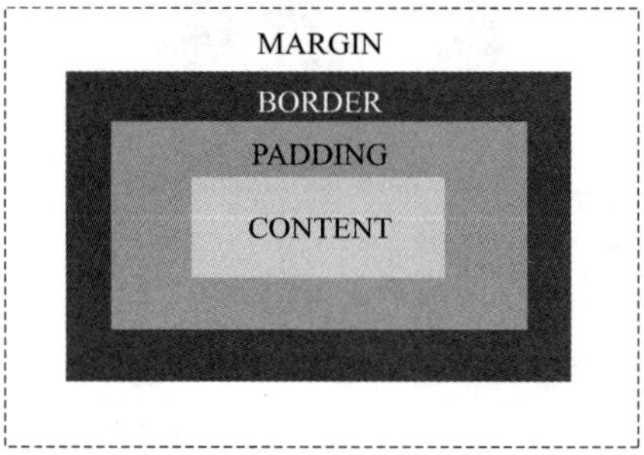

图 4-17　Padding、Margins、Borders 的区别

Padding：调整组件内部内容与边框之间的空隙。因为它是添加在组件内容和边框之间的空白区域，所以会使组件的实际占用空间增加。

Borders：给组件添加边框，定义组件的外部轮廓。它会影响组件的视觉边界，它的宽度也会增加组件的实际尺寸。

Margins：调整组件与其他组件之间的空隙，影响外部布局。它是设置在组件外部的空白区域，因此不会改变组件的实际尺寸。

(3) 旋转内容：Container 的 Transform

通过 Container 的 transform 属性，你可以旋转、平移或缩放其中的内容。以下是一个旋转的例子。

```
Dart
Container(
  constraints:BoxConstraints.expand(
    height:Theme.of(context).textTheme.headlineMedium!.fontSize! * 1.1+200.0,
```

```
  ),
  padding:const EdgeInsets.all(8.0),
  color:Colors.blue[600],
  alignment:Alignment.center,
  transform:Matrix4.rotationZ(0.1),  // 设置旋转
  child:Text(
    'Hello World',
    style:Theme.of(context).textTheme.headlineMedium!.copyWith(color:
Colors.white)
  ),
)
```

效果如图 4-18 所示：

图 4-18　旋转示例

4.2.2.6　剪裁：Clip

Flutter 提供了多个剪裁工具来裁剪子组件的形状，例如 ClipOval、ClipRRect 和 ClipRect。举例如下。

```
Dart
Column(
  children:[
    Image.asset('assets/images/cat1.png'),
    const SizedBox(height:10,),
    ClipOval(// 裁剪为内切椭圆
      child:Image.asset('assets/images/cat1.png'),
    ),
    const SizedBox(height:10,),
    ClipRRect(// 剪裁为圆角矩形
      borderRadius:BorderRadius.circular(20.0),
      child:Image.asset('assets/images/cat1.png'),
    ),
    const SizedBox(height:40,),
    ClipRect(  // 超出布局范围的内容裁减掉
      child:Transform.translate(
```

```
        offset:const Offset(100.0,0),  // 平移 100dp
        child:Image.asset('assets/images/cat1.png'),
      ),
    ),
  ],
)
```

代码运行效果如图 4-19 所示。

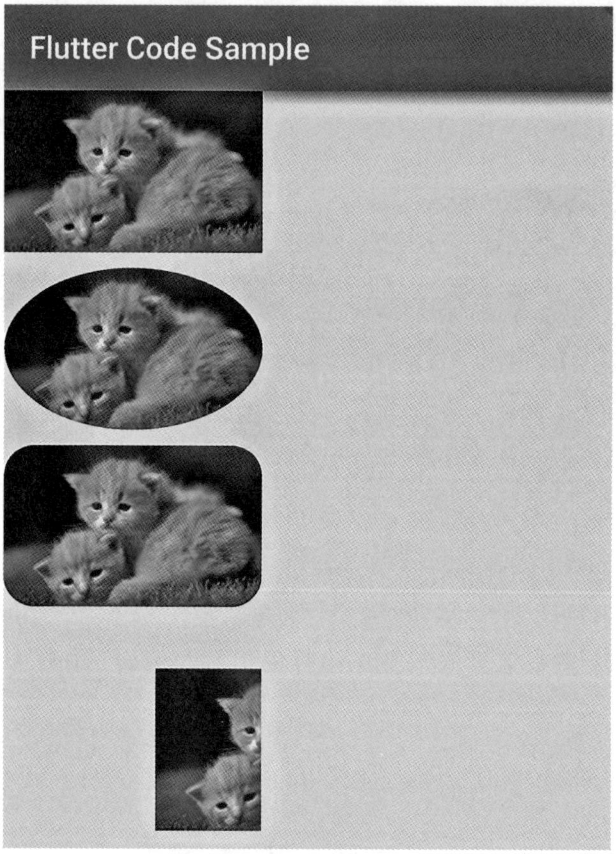

图 4-19　图片裁剪

4.2.2.7　自定义裁剪：ClipPath 和 CustomClipper

有时你可能需要进行更复杂的裁剪操作，这时可以使用 ClipPath 和自定义的 CustomClipper 来实现。

(1) 实现裁剪器

首先继承 CustomClipper 类，实现一个自己的 Clipper。该类的 getClip 方法会返回一个 Path 对象。这个对象定义了裁剪的路径。这个路径是一个封闭的图形，在封闭路径之内的图形会被保留，封闭路径之外的部分会被裁剪掉。

```
Dart
class MyClipper extends CustomClipper<Path>{
  @override
```

```
  Path getClip(Size size){
    final path=Path();
    path.moveTo(size.width/2,0);
    path.lineTo(size.width,size.height/3);
    path.lineTo(4 * size.width/5,size.height);
    path.lineTo(size.width/5,size.height);
    path.lineTo(0,size.height/3);
    path.close();
    return path;
  }
  @override
  bool shouldReclip(MyClipper oldClipper)=>false;
}
```

(2) 使用自定义的裁剪器

ClipPath 组件可以指定刚才定义的裁剪器以及一个子组件。在子 Widget 被绘制时，ClipPath 会截取子组件并按照裁剪器给定的路径进行裁剪，只有路径内的部分会被显示，路径外的部分则会被隐藏。

```
Dart
ClipPath(
  clipper:MyClipper(),
  child:Container(
    width:double.infinity,
    height:300,
    color:Colors.blue,
  ),
)
```

效果如图 4-20 所示。

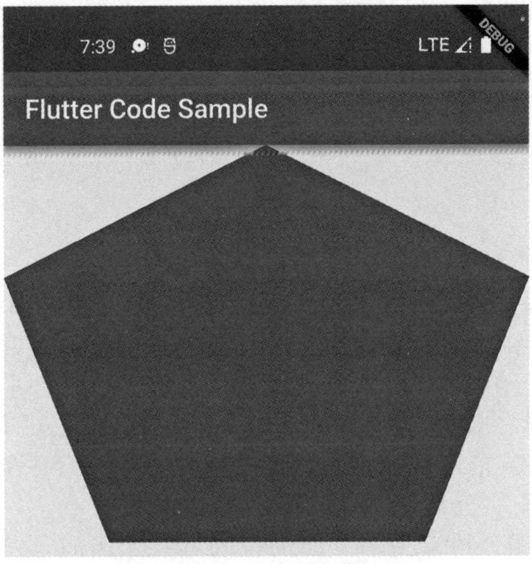

图 4-20　自定义裁剪

通过基础组件和装饰组件，开发者可以在 UI 界面上展示各种不同的元素和效果，这些组件帮助我们实现丰富的界面样式和视觉效果。然而，单一元素的展示往往不能满足复杂的界面需求。接下来，我们将学习如何通过布局组件将多个元素有序地排布在界面上，从而实现更加灵活和精确的界面布局。

4.2.3 布局组件

在 Flutter 中，布局组件用于组织和排列界面中的其他组件。通过组合简单的组件，开发者可以构建复杂的界面布局。Flutter 提供了多种布局组件，例如线性布局（Row 和 Column）、可滚动布局（ListView）、流式布局（Wrap）、网格布局（GridView）以及层叠布局（Stack）。下面我们将详细介绍这些布局组件的使用方法。

4.2.3.1 线性布局：Row 和 Column

Row 和 Column 是 Flutter 中常见的布局组件，分别用于实现水平排列和垂直排列子元素。每个组件都会包含一个子 Widgets 列表，其中的每个元素都可以是任何类型的 Widget，甚至可以嵌套其他的 Row 或 Column。举例如下。

```dart
Dart
Row(
  children:[
    Icon(Icons.star,color:Colors.green[500]),
    Icon(Icons.star,color:Colors.green[500]),
    Icon(Icons.star,color:Colors.green[500]),
    const Icon(Icons.star,color:Colors.black),
    const Icon(Icons.star,color:Colors.black),
  ],
)

Column(
  children:[
    Icon(Icons.star,color:Colors.green[500]),
    Icon(Icons.star,color:Colors.green[500]),
    Icon(Icons.star,color:Colors.green[500]),
    const Icon(Icons.star,color:Colors.black),
    const Icon(Icons.star,color:Colors.black),
  ],
)
```

（1）Row 和 Column 的对齐

在 Flutter 中，布局系统是基于主轴（Main Axis）和交叉轴（Cross Axis）的概念来对齐和排列子组件的。这些术语通常用来描述布局组件（如 Row、Column、Flex 等）如何在主轴和交叉轴方向上对齐子项。图 4-21 展示了不同线性布局组件中主轴与交叉轴的方向。

① 主轴（Main Axis） 主轴是组件布局中的主要方向，它由布局组件的类型决定：对于 Row，主轴是水平轴（从左到右），因为 Row 是水平排列子组件的；对于 Column，主轴是垂直轴（从上到下），因为 Column 是垂直排列子组件的。

主轴上的对齐是指子组件沿着主轴方向的排列方式。例如，在 Row 中，如果有多个子项，它们沿着主轴（水平方向）排列。Column 中的子项则沿着主轴（垂直方向）排列。

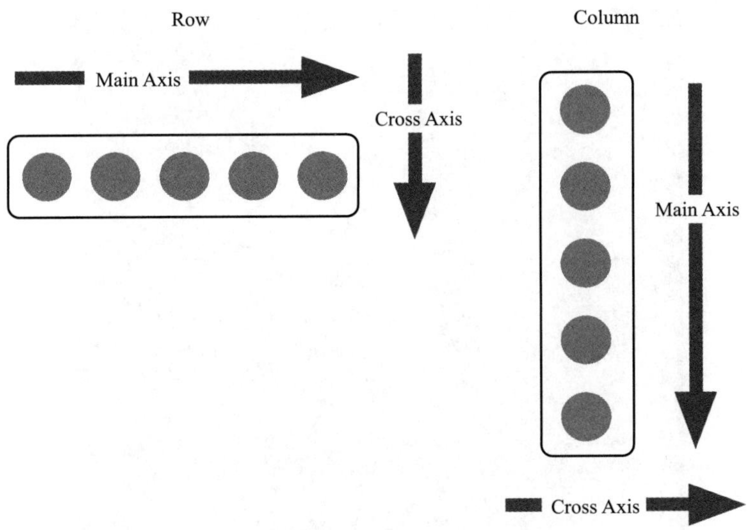

图 4-21　主轴与交叉轴

② 交叉轴（Cross Axis）　交叉轴是垂直于主轴的方向。对于 Row，交叉轴是垂直轴（从上到下），即子项的垂直对齐方式；对于 Column，交叉轴是水平轴（从左到右），即子项的水平对齐方式。

交叉轴上的对齐影响子组件在交叉轴方向上的排列。比如，Row 中的子项会在垂直方向（交叉轴）上进行对齐，而 Column 中的子项会在水平方向（交叉轴）上进行对齐。

示例：考虑一个包含三个子组件的 Row 布局，我们使用 mainAxisAlignment 和 crossAxisAlignment 来分别控制主轴和交叉轴上的对齐。

```
Dart
Row(
  mainAxisAlignment:MainAxisAlignment.spaceEvenly,   // 主轴对齐
  crossAxisAlignment:CrossAxisAlignment.start,   // 交叉轴对齐
  children:[
    Image.asset('images/pic1.jpg'),
    Image.asset('images/pic2.jpg'),
    Image.asset('images/pic3.jpg'),
  ],
)
```

说明如下。

mainAxisAlignment 控制主轴方向上的对齐方式。由于这是一个 Row，主轴是水平方向，所以 MainAxisAlignment.spaceEvenly 会将所有子项之间的间距相等地排列。

crossAxisAlignment 控制交叉轴方向上的对齐方式。对于 Row 来说，交叉轴是垂直方向，所以 CrossAxisAlignment.start 会让所有子项在垂直方向上对齐到顶部。

（2）调整子 Widget 大小

有时，布局可能会超出屏幕的显示范围，这时 Flutter 会在溢出的边缘显示黄色和黑色条纹。在测试环境中溢出效果如图 4-22 所示。

为了避免这种情况，我们可以通过 Expanded 组件来调整子 Widget 的大小，使它们根据父容器的空间自动缩放。

图 4-22　布局溢出

```
Dart
Row(
  crossAxisAlignment:CrossAxisAlignment.center,
  children:[
    Expanded(child:Image.asset('images/pic1.jpg')),
    Expanded(child:Image.asset('images/pic2.jpg')),
    Expanded(child:Image.asset('images/pic3.jpg')),
  ],
);
```

效果如图 4-23 所示。

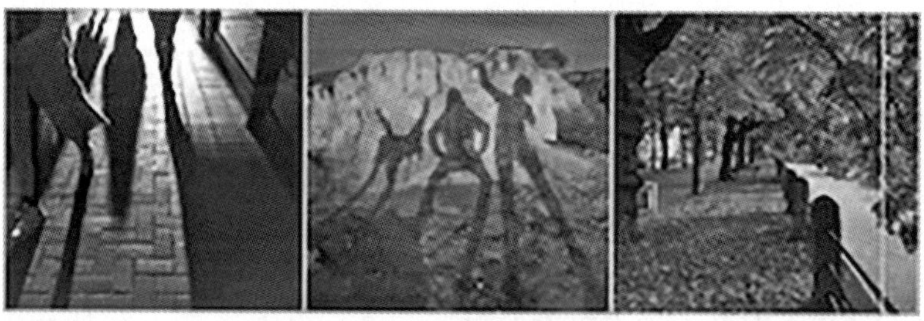

图 4-23　Expanded 效果

这三个元素，不管原来多大，都会在被调整成相同缩放比例，并平分整个空间。使用 flex 属性可以设置每个子 Widget 的缩放比例。例如，如果第二个图标希望占据两倍的空间，可以通过调整 flex 属性来实现。

```
Dart
Row(
  crossAxisAlignment:CrossAxisAlignment.center,
```

```
  children:[
    Expanded(
      child:Image.asset('images/pic1.jpg'),
    ),
    Expanded(
      flex:2,  // 弹性系数
      child:Image.asset('images/pic2.jpg'),
    ),
    Expanded(
      child:Image.asset('images/pic3.jpg'),
    ),
  ],
);
```

效果如图 4-24 所示。

图 4-24　使用弹性系数

(3) 紧凑排列子 widget

默认情况下，Row 和 Column 会尽可能占用更多空间。如图 4-25 所示，深色线条展示布局边界。

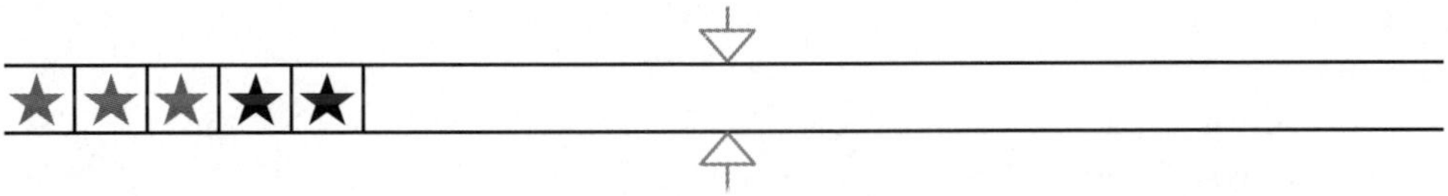

图 4-25　布局边界效果

如果希望将子项紧密排列，可以设置 mainAxisSize 为 MainAxisSize.min，这将让主轴上的子项尽可能紧凑。

```
Dart
Row(
  mainAxisSize:MainAxisSize.min,
  children:[
    Icon(Icons.star,color:Colors.green[500]),
    Icon(Icons.star,color:Colors.green[500]),
    Icon(Icons.star,color:Colors.green[500]),
```

```
    const Icon(Icons. star,color:Colors. black),
    const Icon(Icons. star,color:Colors. black),
  ],
)
```

效果如图 4-26 所示。

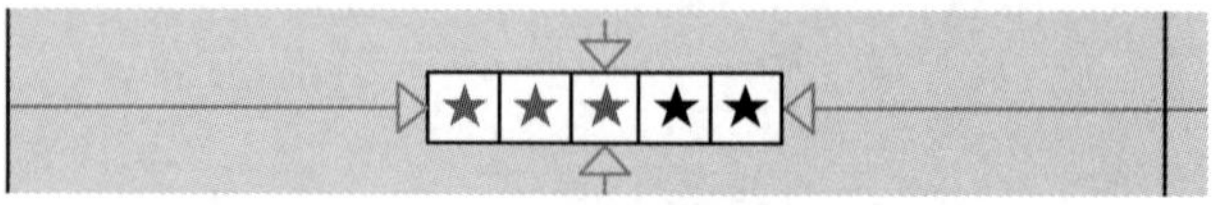

图 4-26　紧凑效果

4.2.3.2　可滚动布局：ListView

ListView 是一个常用于展示长列表的滚动组件。与 Column 不同，ListView 可以自动处理当子元素超出屏幕时的滚动行为，确保所有内容都能被展示。

（1）默认构造方法

当我们需要展示静态列表时，可以使用 ListView 的默认构造方法。

```
Dart
ListView(
  padding:const EdgeInsets. all(8),
  children:<Widget>[
    Container(
      height:50,
      color:Colors. amber[600],
      child:const Center(child:Text('Entry A')),
    ),
    Container(
      height:50,
      color:Colors. amber[500],
      child:const Center(child:Text('Entry B')),
    ),
    Container(
      height:50,
      color:Colors. amber[100],
      child:const Center(child:Text('Entry C')),
    ),
  ],
)
```

效果如图 4-27 所示。

（2）ListView. builder

当列表的项比较多时，一次性创建所有内容会消耗较多内存。此时可以使用 ListView. builder 来懒加载列表项，只有当新项即将展示时，才会创建该项的 Widget。这种情况下 ListView. builder 构造要求传入每个 item 的创建方法。ListView 会在新条目需要创建时才调用该方法创建对应的内容。以下是一个例子。

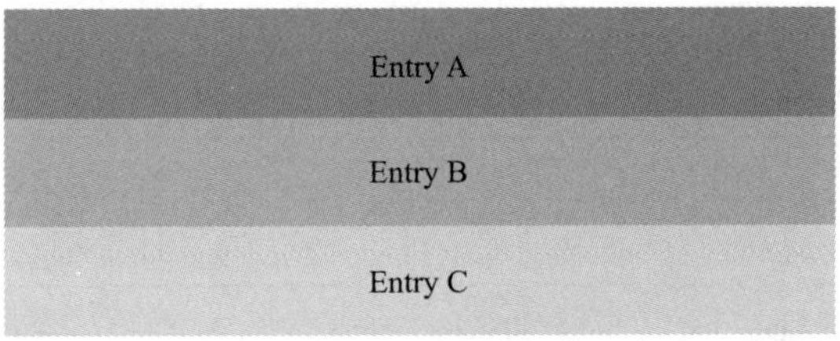

图 4-27 ListView

```
Dart
final List<String>entries=<String>['A','B','C'];
final List<int>colorCodes=<int>[600,500,100];

ListView.builder(
  padding:const EdgeInsets.all(8),
  itemCount:entries.length,
  itemBuilder:(BuildContext context,int index){
    return Container(
      height:50,
      color:Colors.amber[colorCodes[index]],
      child:Center(child:Text('Entry ${entries[index]}')),
    );
  },
)
```

（3）ListView. separated

有时我们需要在列表项之间添加分隔符，可以使用 ListView. separated，它允许我们定义一个分隔符生成方法。itemBuilder 和 separatorBuilder 返回的对象会同时进行渲染，并生成一个 item。

注意：最后一个 item 默认不会调用 separatorBuilder。

```
Dart
ListView.separated(
  padding:const EdgeInsets.all(8),
  itemCount:entries.length,
  itemBuilder:(BuildContext context,int index){
    return Container(
      height:50,
      color:Colors.amber[colorCodes[index]],
      child:Center(child:Text('Entry ${entries[index]}')),
    );
  },
  separatorBuilder:(BuildContext context,int index)=>const Divider(),
)
```

效果如图 4-28 所示。

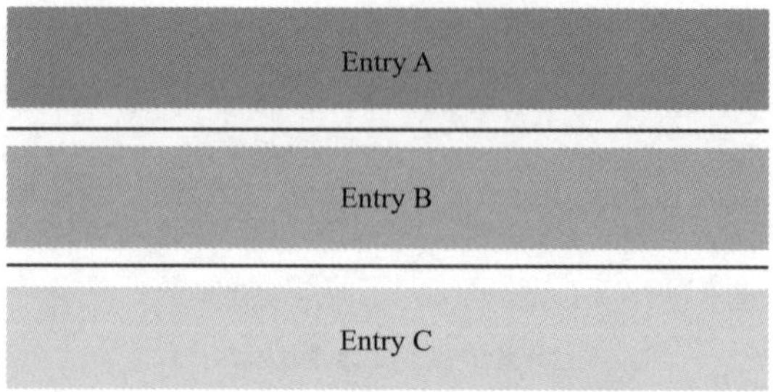

图 4-28　ListView. separated 效果

4.2.3.3　流式布局：Wrap

与 Row 不同，Wrap 组件允许子元素自动换行，从而避免了 Row 在元素超出边界时产生的溢出问题。Wrap 会根据容器的宽度自动将超出的元素换行显示。

```
Dart
Wrap(
  spacing:10,  // 子组件间距
  runSpacing:20,  // 行间距
  children:List.generate(
    13,
    (index)=>Container(
      width:60,
      height:30,
      color:Color.fromRGBO(
        Random().nextInt(256),
        Random().nextInt(256),
        Random().nextInt(256),
        1,
      ),
    ),
  ),
)
```

效果如图 4-29 所示。

Wrap 组件有三个设置对齐方式的参数。

① alignment：设置 item 对齐方式。

② runAlignment：设置行对齐方式。

③ crossAxisAlignment：设置交叉轴对齐方式。

4.2.3.4　网格布局：GridView

GridView 提供了二维网格布局的支持，适用于需要多列排列的场景。它支持自动滚动，并且通过 crossAxisCount 来指定每行显示的列数，或者通过 crossAxisSpacing 来设置列之间的间距。

（1）GridView. count

指定每行元素数量，item 会自动缩放。举例如下。

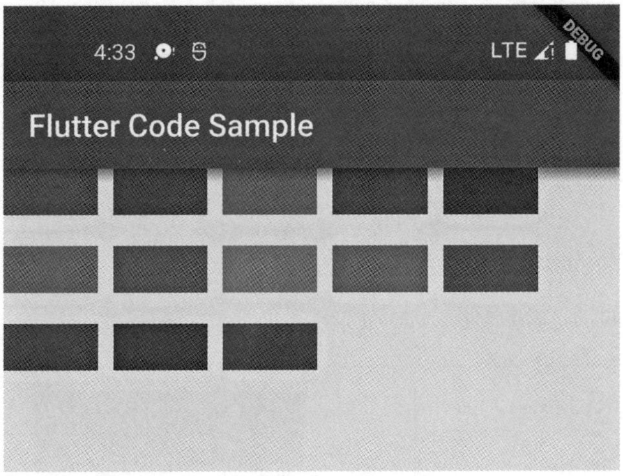

图 4-29　流式布局

```
Dart
GridView.count(
  crossAxisCount:2,  //每行显示 2 列
  children:List.generate(
    6,
    (index)=>Container(
      color:Colors.teal[100*(index% 9)],
      child:Center(child:Text('Item $index')),
    ),
  ),
)
```

(2) GridView.extent

指定元素最大宽度，每行排列几个元素由 GridView 计算。举例如下。

```
Dart
GridView.extent(
  maxCrossAxisExtent:100,  //指定 item 最大宽度
  children:<Widget>[
    Container(
      color:Colors.blue,
    ),
    Container(
      color:Colors.yellow,
    ),
    Container(
      color:Colors.red,
    ),
    Container(
      color:Colors.grey,
    ),
```

```
    Container(
      color:Colors.blueAccent,
    ),
    Container(
      color:Colors.deepOrange,
    ),
  ],
)
```

不同参数的效果如图 4-30 所示。

maxCrossAxisExtent：100	
maxCrossAxisExtent：200	

maxCrossAxisExtent：400	

图 4-30　不同参数下的效果

（3）GridView. builder

类比 ListView. builder，通过 gridDelegate 参数指定元素的排列方式。GridView. count 其实是 SliverGridDelegateWithFixedCrossAxisCount 的语法糖。GridView. extent 其实是 SliverGridDelegateWithMaxCrossAxisExtent 的语法糖。举例如下。

```
Dart
GridView.builder(
  gridDelegate:const SliverGridDelegateWithFixedCrossAxisCount(
    crossAxisCount:3,  // 每行显示 3 列
  ),
  itemCount:6,
  itemBuilder:(context,index){
    return Container(
      color:Colors.blue[100 * (index% 9)],
      child:Center(child:Text('Item $index')),
    );
  },
)
```

4.2.3.5　层叠布局：Stack

前面介绍的布局组件都是在二维平面上摆放 Widget，如果我们想把一个 widget 放到另一个上面，也就是把多个 widget 叠加，就需要用到 Stack 组件。Stack 允许多个组件叠加显示，可以通过 Positioned 来精确控制每个子组件的显示位置。

```
Dart
Stack(
  children:<Widget>[
```

```
    Container(
      width:300,
      height:300,
      color:Colors.red,
    ),
    Container(
      width:200,
      height:200,
      color:Colors.yellow,
    ),
    Container(
      width:100,
      height:100,
      color:Colors.blue,
    ),
  ],
)
```

效果如图 4-31 所示。

图 4-31　层叠布局

可以将 Stack 的多个 child 理解为放在多个层面上，所有这些层汇总为一个 Stack。

默认情况下 Stack 的所有的子组件都会放在左上角，如果想将子组件在 Stack 中进行定位摆放，有两个思路：①使用前面介绍的布局组件，生成一个完整的布局后放在 Stack 的某一层中；②使用 Positioned 指定组件在 Stack 中的绝对位置。

```
Dart
Stack(
  children:<Widget>[
```

```
    Positioned(
      top:100,
      left:100,
      child:Container(
        width:100,
        height:100,
        color:Colors.blue,
      ),
    ),
  ],
)
```

4.2.3.6 相对位置：Align 和 Center

Align 和 Center 用于控制子组件在父组件中的位置。Align 可以指定一个组件在其父组件中的相对位置。

```
Dart
  Container(
    height:120.0,
    width:120.0,
    color:Colors.blue[50],
    child:const Align(
      alignment:Alignment.topRight,  // child 在父组件的起始位置
      child:FlutterLogo(
        size:60,
      ),
    ),
  )
```

效果如图 4-32 所示。

图 4-32　相对位置效果

如果要指定更精确的位置，可以使用 alignment 参数，其类型为 Alignment，默认以父组件的中点为原点。

```
Dart
  Container(
    height:120.0,
```

```
    width:120.0,
    color:Colors.blue[50],
    child:const Align(
      alignment:Alignment(0.2,0.6),
      child:FlutterLogo(
        size:60,
      ),
    ),
  )
```

效果如图 4-33 所示。

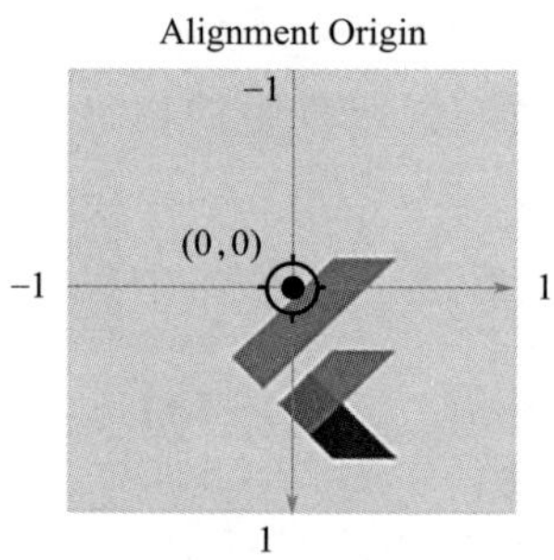

图 4-33　精确位置效果

如果想以左上角为原点，需要使用 FractionalOffset 类，FractionalOffset 是 Alignment 的子类。

```
Dart
  Container(
    height:120.0,
    width:120.0,
    color:Colors.blue[50],
    chile:const Align(
      alignment:
Fractionaloffset(0.2,0.6),
      child:FlutterLogo(
        size:60,
      ),
    ),
  )
```

效果如图 4-34 所示。

Center 组件其实就是 Align 组件的一个特殊值，是 Align 的子类。

4.2.3.7　RotatedBox

RotatedBox 可以旋转其子组件。对比前面介绍的 Transform 组件，RotatedBox 会在布局阶段就完成旋转。因此 RotatedBox 旋转后的组件，其布局位置和空间占用与显示的效果完全一致，不会出现 Transform 中显示和点击不一致的情况。

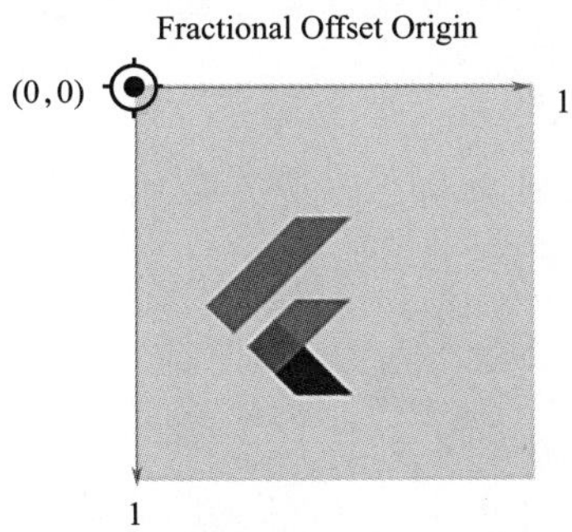

图 4-34　使用 Fractional Offset

```Dart
RotatedBox(
  quarterTurns:1,  //旋转 90°
  child:const Text('Hello World!'),
)
```

4.2.4　可滚动组件

在 Flutter 中，可滚动组件用于处理内容超出屏幕范围的情况。Flutter 提供了多种可滚动组件，例如 ListView、GridView、PageView 和 CustomScrollView。这些组件基于 Scrollable、Viewport 和 Sliver 三个核心概念构建，能够高效地处理大量数据的滚动和布局。下面我们将系统地介绍这些可滚动组件的原理和使用方法。

4.2.4.1　可滚动组件基本原理

Flutter 中有两种布局模型。

① 基于 RenderBox 的盒模型布局：适用于任意复杂度的 UI 布局，但在处理大量子组件时性能较差。

② 基于 RenderSliver 的按需加载列表布局：适用于高效构建大量子组件的滚动列表。Flutter 中的可滚动组件都是基于 RenderSliver 的，因此我们先来了解 RenderSliver 的基本原理。

当我们在使用 Flutter 中的可滚动组件时，实际上是在使用 Scrollable、Viewport 和 Sliver 这三个角色的组合。

① Scrollable：可滚动组件的抽象类，它定义了可滚动组件的基本行为和接口。

在 Flutter 中，所有的可滚动组件都继承自 Scrollable 类，因此 Scrollable 类是可滚动组件的基础。Scrollable 类中定义了一些基本的属性和方法，包括以下几种。

a. axisDirection：滚动方向。

b. controller：滚动控制器。

c. physics：滚动物理模型。

d. semanticChildCount：语义子节点数。

e. dragStartBehavior：拖动开始行为。

f. scrollBehavior：滚动行为。

g. buildViewport：构建视口。

② Viewport：视口，它是一个具体的渲染对象，负责显示滚动区域中的内容。它继承

自 RenderObjectWidget 类，负责将子节点也就是 Sliver 渲染到屏幕上。Viewport 中定义了一些基本的属性和方法，包括以下几种。

a. axisDirection：滚动方向。

b. crossAxisDirection：交叉轴方向。

c. offset：偏移量。

d. anchor：锚点。

e. center：中心点。

f. cacheExtent：缓存区域大小。

g. paintOffset：绘制偏移量。

③ Sliver：是一个抽象概念，它代表一个可滚动区域中的一个可滚动元素。

不要把它理解为 ListView 中的一个 item，它负责的是 item 的按需加载。当一个 item 进入预加载或者显示区域时，Sliver 负责调用 item 的 build、layout、paint 等操作。

接下来我们结合已经熟悉的 ListView 来分析这三个角色是如何配合实现滚动效果的。

4.2.4.2 ListView

图 4-35 ListView 工作原理展示了 ListView 中三个角色是如何协同工作的。

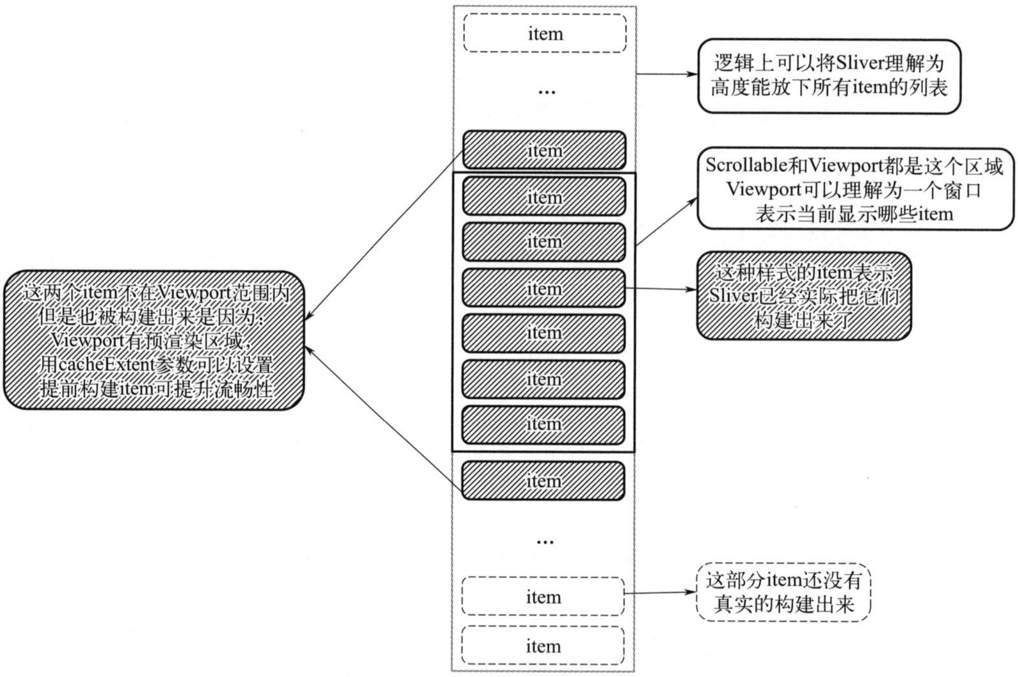

图 4-35 ListView 工作原理

当用户滑动 ListView 时，Scrollable 会接收到滑动事件，并根据滑动的方向调整视口（Viewport）的显示范围。例如，用户向上滑动时，Scrollable 会使视口向下移动一定距离，以便显示 ListView 中的下一个子组件。随着滚动的进行，超出当前视口显示范围的子组件会被放置在 Sliver 中进行管理。

（1）Sliver

Sliver 是一个抽象类，Flutter 实现了多个具体的 Sliver 用于不同的布局和展示场景。Sliver 并不直接管理可见项，而是将其交给具体的子类来处理，主要用于优化和控制滚动区域的表现。

例如，在 ListView 中使用的 SliverList 用于管理列表项。SliverList 并不直接处理每个子项，它通过一个 delegate 来指定如何生成这些子项。而 delegate 其实是一个 SliverChildDelegate 类型的对象。SliverList 本身只是对主轴上线性排列项的一种抽象形式。

（2）SliverChildDelegate

SliverChildDelegate 才是负责真正管理和创建子项的对象。Flutter 提供了两个常用的 SliverChildDelegate 子类。

① SliverChildListDelegate：接收一个固定列表的子组件，用于显示固定数量的子项。

② SliverChildBuilderDelegate：接收一个构建方法，可以动态生成子项，适合用于显示动态内容或大规模数据。

例如，当使用 ListView 时，若固定每个项目的高度，Flutter 会使用 SliverFixedExtentList 来处理，这种 Sliver 优化了性能，避免了动态计算每个子项的高度。而 SliverChildListDelegate 和 SliverChildBuilderDelegate 是通过 Sliver 来具体处理如何管理和显示子项的。

通过这种方式，Flutter 能够高效地处理大规模的滚动列表，避免了不必要的内存占用和计算，提升滚动性能。

4.2.4.3 GridView

GridView 和 ListView 的 Scrollable 以及 Viewport 基本上是相同的，二者的核心机制一致，都是通过滚动视口来显示子组件。然而，它们在实际使用中的区别，主要体现在如何管理和展示子项的布局上，特别是在 Sliver 的使用上。

在 ListView 中，滚动项是线性排列的，使用的是 SliverList 来管理子项的布局。相对地，GridView 中的子项是以网格的形式排列的，因此需要使用 SliverGrid 来管理这些网格布局。

可以将 SliverGrid 类比为 SliverList，但它是为了处理网格布局而设计的。SliverGrid 可被理解为一个足够长的网格，它能够装下所有的 GridView 项目，并且根据设置的行列数来进行排列。每一行和每一列的大小会根据可用空间进行动态调整，SliverGrid 会自动计算并优化每个子项的位置。

4.2.4.4 PageView

PageView 在 App 的开发中常见。比如抖音的上下滑动切换视频，小红书的左右滑动切换图片以及很多 App 主界面上多个 tab 的切换，都可以通过 PageView 来实现。

```
Dart
PageView(
  children:[
    Container(color:Colors.red),
    Container(color:Colors.green),
    Container(color:Colors.blue),
  ],
)
```

这段代码实现了一个简单的 PageView，其中包含了三个 Container，每个容器都设置了不同的背景颜色。PageView 的作用是提供一个可以横向滑动的界面，每次滑动会展示一个完整的页面（即一个 Container）。

常用参数如下。

① scrollDirection：滑动方向（默认横向）。

② pageSnapping：是否整页切换。

③ allowImplicitScrolling：是否缓存前后一页。

PageView 工作原理如图 4-36 所示，在 PageView 中，Scrollable 和 Viewport 的角色和在 ListView 中一样，负责接收滚动事件和显示内容的区域，主要的不同在于 PageView 使用了 SliverFillViewport，它确保每一页占据整个视口大小，并且支持分页滚动的效果。

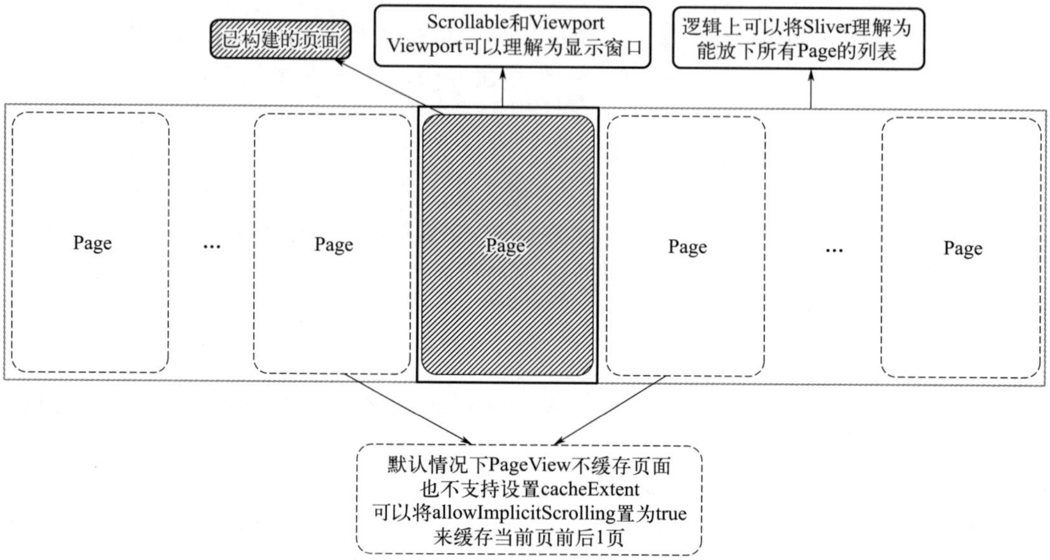

图 4-36　PageView 工作原理

在 PageView 中，SliverFillViewport 被用来控制每个页面（子组件）如何填充整个视口区域。不同于 SliverList，SliverFillViewport 确保每一页（子组件）占满整个视口，而不是仅按内容大小自适应。

4.2.4.5 TabBarView

TabBarView 是 Flutter 中用于实现选项卡（Tabs）界面的一个常见的组件。它通常与 TabBar 一起使用，用于实现可以在不同的选项卡之间切换的效果。当用户点击 TabBar 中的标签时，TabBarView 会显示对应的内容。它允许用户在多个页面之间滑动，通常配合 TabController 来控制当前选中的标签和视图。下面是一个使用 TabBarView 的例子。

```
Dart
DefaultTabController(
  length:3,  // 设置 Tab 的数量
  child:Scaffold(
    appBar:AppBar(
      title:Text('TabBarView Example'),
      bottom:TabBar(
        tabs:[
          Tab(text:'Tab 1'),
          Tab(text:'Tab 2'),
          Tab(text:'Tab 3'),
        ],
      ),
```

```
    ),
    body:TabBarView(
      children:[
        Center(child:Text('Content for Tab 1')),
        Center(child:Text('Content for Tab 2')),
        Center(child:Text('Content for Tab 3')),
      ],
    ),
  ),
)
```

效果如图 4-37 所示。

图 4-37　TabBarView

代码解析如下。

① DefaultTabController：DefaultTabController 是一个快捷方式，用来为 TabBar 和 TabBarView 提供一个共享的 TabController。它可以让你不需要手动创建和管理 TabController。length 属性指定了 TabBar 和 TabBarView 中的选项卡数量。

② AppBar 和 TabBar：在 AppBar 中，通过 bottom 属性嵌套了 TabBar，它的作用是显示不同的标签（Tab）。每个 Tab 都代表一个选项卡，点击它会切换到对应的 TabBarView 页面。

③ TabBarView：TabBarView 是一个可以切换不同页面的容器，children 属性定义了每个标签对应的内容。每个标签页的内容可以是一个任意的 Flutter 小部件。在上面的例子中，每个标签的内容是一个 Center 小部件，里面包含一个文本。

交互方式如下。

点击切换：当用户点击 TabBar 上的标签时，TabBarView 会根据标签的索引更新当前的页面。

滑动切换：用户也可以直接滑动来切换页面，类似于 PageView 的效果。当用户滑动时，TabBarView 会自动更新当前激活的标签。

特性总结如下。

① 与 TabBar 配对：TabBarView 必须与 TabBar 配合使用，两个组件通过相同的 TabController 来共享状态。具体来说就是创建一个 TabController，然后分别传递给 TabBar 和 TabBarView 对应的构造参数。之后也可以通过 TabController 来从代码中控制选择哪个标签。

② 手势支持：除了通过点击 Tab 来切换，TabBarView 还支持通过滑动手势来切换不同的内容。

③ 自动同步：当用户滑动 TabBarView 时，TabBar 上的选项卡会自动同步到对应的标签，反之亦然。

4.2.4.6 ScrollController

从前面 TabBarView 的例子里面可以看出，Flutter 中可滚动组件的控制其实都是通过 Controller 实现的。这其实是 MVC 模式的一种应用方式，不管是 ListView、GridView 还是 PageView，它们都是 MVC 中的 View，用于展示。而它们都有一个 controller 参数，用于真正控制内容的滚动。

下面我们以 ListView 的 controller 为例介绍一下 ScrollController 的功能和用法。

(1) 滚动控制

当 ListView 被创建时，可以通过 controller 属性将一个 ScrollController 对象传递给它。这个 ScrollController 对象可以在 ListView 中被访问，从而控制 ListView 的滚动位置。举例如下。

```
Dart
final ScrollController _scrollController = ScrollController();

ListView.builder(
  controller: _scrollController,
  itemCount: items.length,
  itemBuilder: (context, index) {
    return ListTile(title: Text('${items[index]}'));
  },
);
```

```
_scrollController.jumpTo(_scrollController.position.maxScrollExtent);  // 滚动到
底部

// jumpTo()方法是直接跳转到指定位置,没有动画效果。
// 而 animateTo()方法则可以通过设置动画参数从而实现平滑滚动的效果。
_scrollController.animateTo(
  _scrollController.position.maxScrollExtent,
  duration:Duration(milliseconds:500),  // 设置动画的持续时间
  curve:Curves.easeOut,  // 设置动画的曲线
);
```

(2) 滚动监听

在 Flutter 中监听一个滚动组件的滚动状态变化有两种方式。

① 通过 NotificationListener 组件来监听。可滚动组件在滚动时会发送 ScrollNotification 类型的通知。这个通知会沿着组件树向树的根部传递。NotificationListener 组件可以接收到子组件树传递上来的通知。(这部分会在 4.5 节中详细介绍)

② 使用 ScrollController 的 addListener()方法来监听 ListView 的滚动。

```
Dart
_scrollController.addListener((){  // 添加监听滚动回调
  print(_scrollController.offset);  // offset 记录当前滚动位置
});
```

4.2.4.7 自定义可滚动组件

先来看图 4-38 中的例子。

如何实现这种两个 ListView 联动的效果：第一个 ListView 滑动到底部后开始第二个 ListView 的滑动。

回到可滚动组件的基本原理，想要实现这种场景就要让两个 ListView 共用同一套 Scrollable 和 Viewport，只是有不同的 Sliver。如图 4-39 所示。

图 4-38

图 4-38 知乎多 ListView 联动

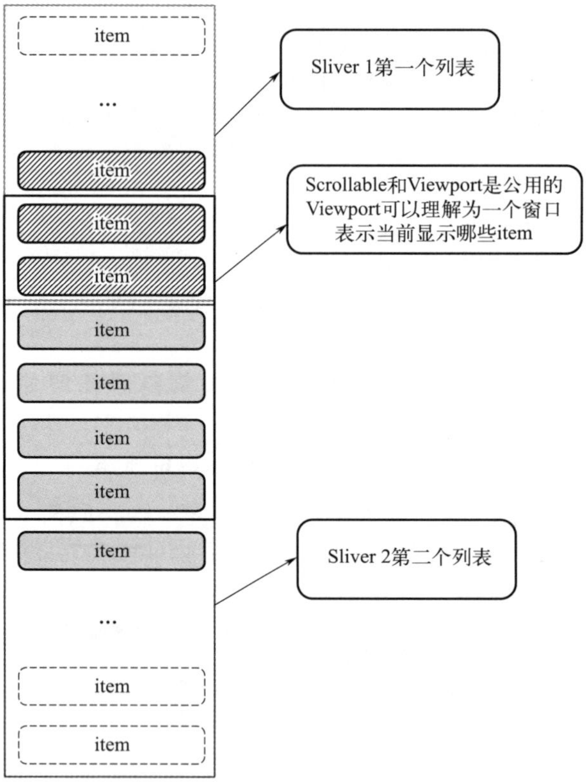

图 4-39 复用 Scrollable 和 Viewport

Flutter 为了支持这种场景，提供了 CustomScrollView 组件。

(1) CustomScrollView

CustomScrollView 组件本身创建了共享的 Scrollable 和 Viewport，然后它的 slivers 参数接收一个 Sliver 数组，CustomScrollView 会将这些 Sliver 拼接起来，为 Viewport 提供整体的显示内容。举例如下。

```dart
Dart
Widget getBody(){
  final List<String>listViewData=[
    "Item 1",
    "Item 2",
    "Item 3",
    "Item 4",
    "Item 5",
    "Item 6",
    "Item 7",
    "Item 8",
    "Item 9",
    "Item 10"
  ];

  final List<String>listViewData2=[
    "List Item A",
    "List Item B",
    "List Item C",
    "List Item D",
    "List Item E",
    "List Item F",
    "List Item G",
    "List Item H",
    "List Item I",
    "List Item J"
  ];

  return CustomScrollView(
    slivers:<Widget>[
      SliverList(
        delegate:SliverChildBuilderDelegate(
          (BuildContext context,int index){
            return Container(
              height:50.0,
              alignment:Alignment.center,
              color:Colors.blueGrey[100],
              child:Text('Item $index'),
            );
          },
          childCount:listViewData.length,
        ),
      ),
      SliverFixedExtentList(
        itemExtent:50.0,
        delegate:SliverChildBuilderDelegate(
```

```
          (BuildContext context,int index){
            return Container(
              alignment:Alignment.center,
              color:Colors.grey[100],
              child:Text(listViewData2[index]),
            );
          },
          childCount:listViewData2.length,
        ),
      ),
    ],
  );
}
```

效果如图 4-40 所示。

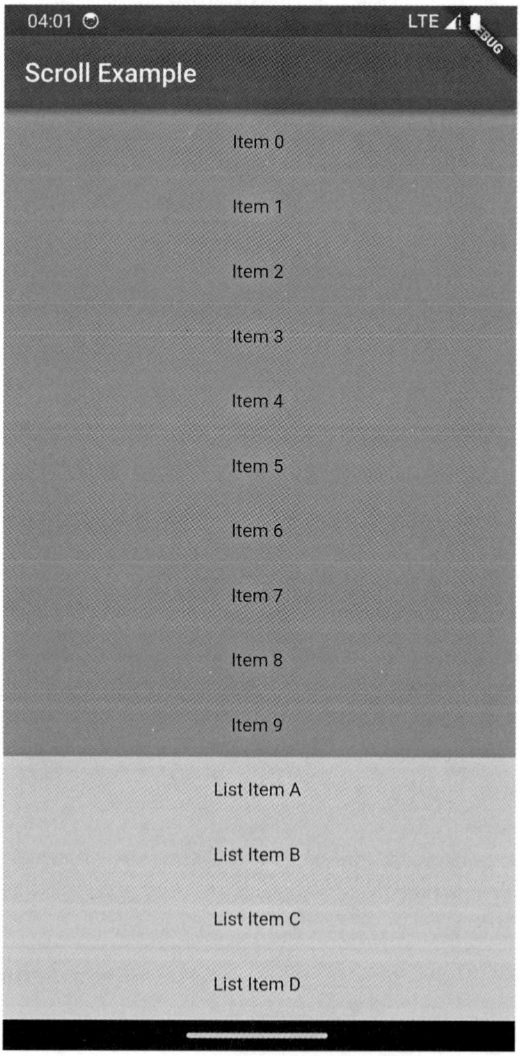

图 4-40　CustomScrollView

注意：CustomScrollView 的 slivers 参数传入的是一个 Sliver 数组，不能直接把 ListView、GridView 等滚动组件传进去。需要把滚动组件中的 Sliver 提取出来传入。表 4-2 列出了常用可滚动组件以及其对应的 Sliver 版本。

表 4-2　可滚动组件对应的 Sliver

可滚动组件	Sliver	描述
ListView	SliverList	—
—	SliverFixedExtentList	ListView 指定 itemExtent 时 item 固定高度
—	SliverPrototypeExtentList	ListView 指定 prototypeItem 时
AnimatedList	SliverAnimatedList	添加/删除列表项可以执行动画
GridView	SliverGrid	—
PageView	SliverFillViewport	—

(2) 非可滚动 Sliver

在连接多个可滚动组件时，有时中间希望插入一些非滚动组件，这时需要插入非滚动组件的 Sliver 版本。这类组件有很多，这里介绍 SliverAppBar 和 SliverToBoxAdapter，剩下的大家用到的时候去 API 文档搜索 Sliver 开头的组件即可。举例如下。

```dart
Dart
CustomScrollView(
  slivers:<Widget>[
    const SliverAppBar(
      pinned:true,  // 上滑固定在顶部
      expandedHeight:250.0,  // 展开高度
      flexibleSpace:FlexibleSpaceBar(// 可展开折叠的 Bar
        title:Text('Demo'),
      ),
    ),
    SliverGrid(
      gridDelegate:const SliverGridDelegateWithMaxCrossAxisExtent(
        maxCrossAxisExtent:200.0,
        mainAxisSpacing:10.0,
        crossAxisSpacing:10.0,
        childAspectRatio:4.0,
      ),
      delegate:SliverChildBuilderDelegate(
        (BuildContext context,int index){
          return Container(
            alignment:Alignment.center,
            color:Colors.teal[100 * (index % 9)],
            child:Text('Grid Item $index'),
          );
        },
        childCount:20,
```

```
        ),
      ),
      SliverFixedExtentList(
        itemExtent:50.0,
        delegate:SliverChildBuilderDelegate(
          (BuildContext context,int index){
            return Container(
              alignment:Alignment.center,
              color:Colors.lightBlue[100 * (index % 9)],
              child:Text('List Item $index'),
            );
          },
        ),
      ),
    ],
  )
```

这是一个官方 API 文档中的例子，CustomScrollView 组合了三部分内容：

首先是一个 SliverAppBar，SliverAppBar 可以创建浮动应用栏效果。当屏幕向上滚动时折叠，还可以在用户向上滚动长列表时完全删除或隐藏 AppBar。当屏幕向下滚动时，SliverAppBar 会展开 AppBar。

中间是有 20 个元素的 SliverGrid。

最后是一个无限长的 SliverFixedExtentList，高度固定为 50。

效果如图 4-41 所示。

(3) SliverToBoxAdapter

由于 CustomScrollView 的子组件只能是 Sliver 系列组件，如果想要将一个普通的组件放在 CustomScrollView 里面，可以使用 SliverToBoxAdapter 进行适配。

SliverToBoxAdapter 有一个 child 属性，可以用来添加多种不同布局的样式。我们把前

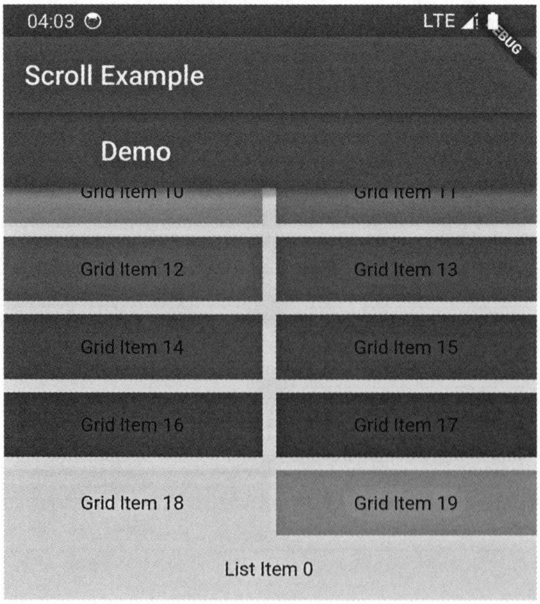

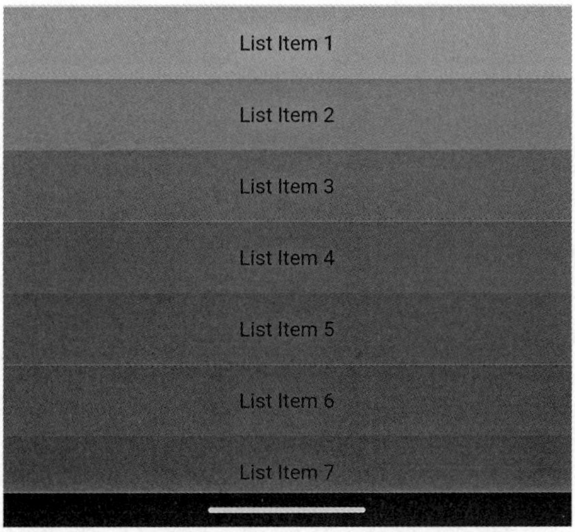

图 4-41 CustomScrollView

面例子中的 SliverGrid 替换成一个 SliverToBoxAdapter 适配的 Container。

```
Dart
CustomScrollView(
  slivers:<Widget>[
    const SliverAppBar(
      pinned:true,
      expandedHeight:250.0,
      flexibleSpace:FlexibleSpaceBar(
        title:Text('Demo'),
      ),
    ),
    SliverToBoxAdapter(
      child:Container(
        height:200,
        color:Colors.lightGreen,
      ),
    ),
    SliverFixedExtentList(
      itemExtent:50.0,
      delegate:SliverChildBuilderDelegate(
          (BuildContext context,int index){
        return Container(
          alignment:Alignment.center,
          color:Colors.lightBlue[100 * (index % 9)],
          child:Text('List Item $index'),
        );
      },
    ),
  ),
  ],
)
```

效果如图 4-42 所示。

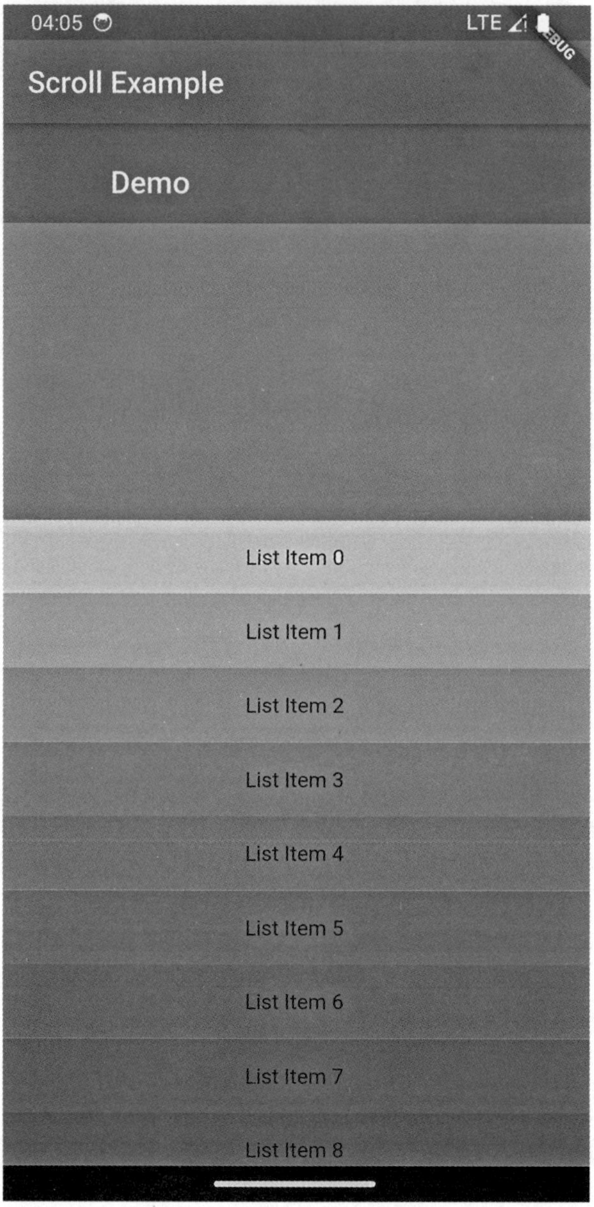

图 4-42　SliverToBoxAdapter

注意：如果有对应的 Sliver 组件，不要使用 SliverToBoxAdapter 进行适配。通常专门的 Sliver 系列组件在滑动场景中有更好的性能和更完善的功能。

4.2.4.8　可滚动组件的嵌套

前面介绍的 CustomScrollView 是实现多个可滚动组件联动的推荐方案。但是 CustomScrollView 只能组合 Sliver。实际工程中仍然有些场景需要在一个可滚动组件中内嵌另一个可滚动组件。比如在一个 ListView 中嵌入另一个 ListView（假设第二个 ListView 是三方库提供的，我们没办法抽取出其中的 SliverList）。这种情况下使用 NestedScrollView 可以解决我们的问题。

(1) NestedScrollView

```dart
Dart
NestedScrollView(
  headerSliverBuilder:(context,innerBoxIsScrolled){
    return [
      SliverAppBar(
        title:Text('嵌套滚动'),
        pinned:true,
      ),
    ];
  },
  body:ListView.builder(
    itemCount:20,
    itemBuilder:(context,index){
      return ListTile(title:Text('Item $index'));
    },
  ),
)
```

代码解释如下。

headerSliverBuilder 和 body 是 NestedScrollView 的两个主要部分，分别用于构建头部的 sliver 组件和主体的滚动视图。

① headerSliverBuilder 是 NestedScrollView 的一个回调，它用于构建头部的 Sliver 组件。Sliver 组件是特殊的滚动组件，通常用于构建可以随着滚动而变化的界面元素，比如 SliverAppBar。在这个回调中返回的是一个列表，本例中列表包含一个 SliverAppBar。

② body 部分是 NestedScrollView 中的滚动区域，本例中定义了一个 ListView.builder 组件，这个组件用于生成可滚动的列表内容。

效果如图 4-43 所示。

(2) 嵌套滚动原理

本质上 NestedScrollView 是通过 CustomScrollView 和 controller 的组合实现这个效果的，NestedScrollView 是 CustomScrollView 的子类。其运行原理如图 4-44 所示。

NestedScrollView 在 Flutter 中的核心功能之一是实现多个滚动视图之间的协调。它通过内部的协调器（Coordinator）来管理和同步嵌套滚动的行为，确保多个滚动组件能够在滚动过程中协调工作。

NestedScrollView 的协调器负责管理两个主要滚动组件的交互：header（例如 SliverAppBar）和 body（例如 ListView 或其他滚动组件）。协调器的主要任务是处理滚动事件，确保不同的滚动视图按预期工作。

工作流程如下。

滚动开始时：NestedScrollView 会监听用户的滑动手势，并确定哪个区域（header 或 body）先接收滚动事件。

滚动过程中：协调器会检查哪些部分正在滚动。如果 SliverAppBar 还未完全滚动完，它可能会继续占用屏幕空间，而 ListView 会相应地调整其滚动位置。协调器确保滚动事件正确地分配到每个部分。

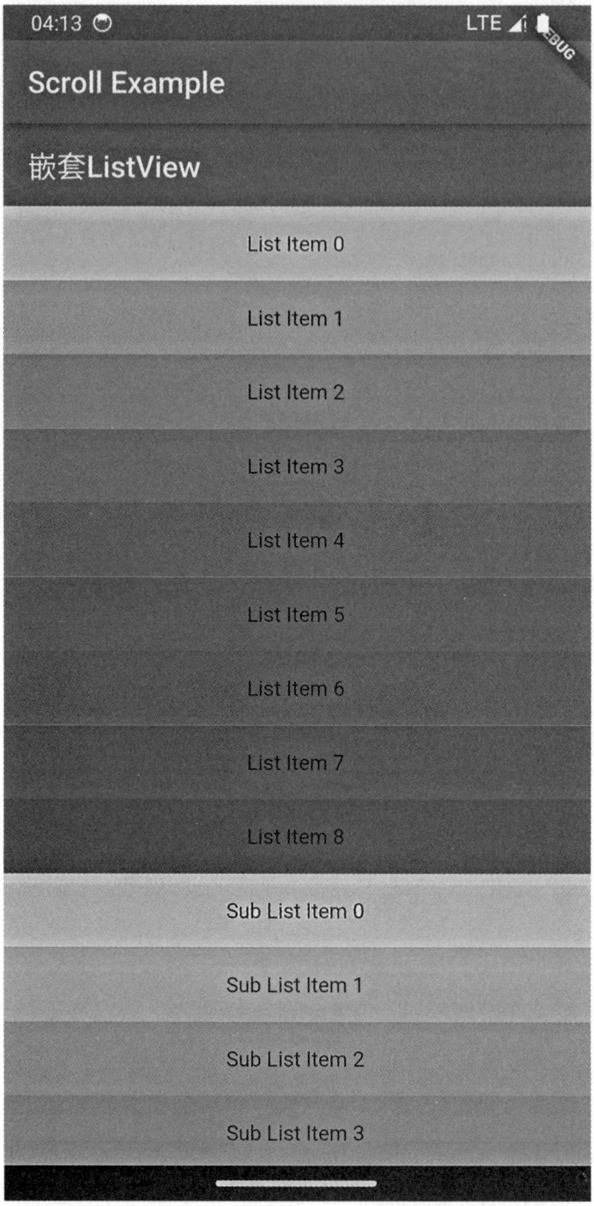

图 4-43　NestedScrollView

滚动结束时：协调器会更新滚动状态，确保滚动效果符合预期。例如，SliverAppBar 如果设置了 pinned:true，它会停留在顶部；如果没有设置，则会随着滚动完全消失。

4.2.4.9　SingleChildScrollView 和 Scrollbar

前面介绍的所有滚动组件都是基于 Sliver 的延迟加载模型。但是当我们的内容只是超出屏幕范围不多，比如 1.5 屏的一个文本时，使用前面的模型就会有点像杀鸡用牛刀。其实我们只是想让略大于屏幕范围的组件能上下滚动，但是并不需要延迟加载这样的功能。这时可以使用 SingleChildScrollView 配合滚动条。

与 ListView 等可滚动组件不同，SingleChildScrollView 不会使用懒加载的方式，只要它的子组件在树中，它们就会被全部渲染并占用内存。

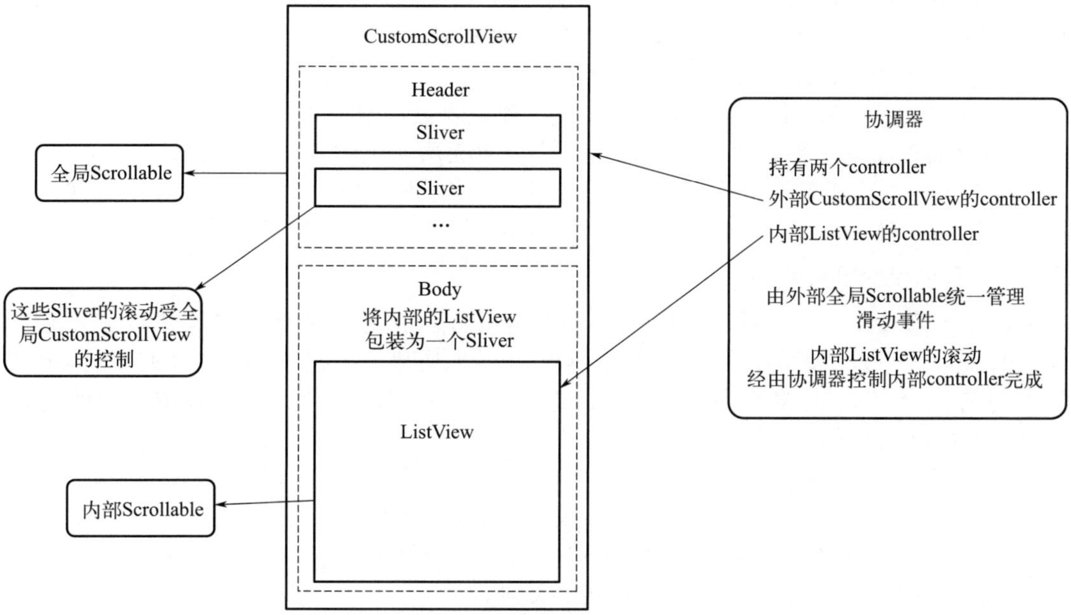

图 4-44　NestedScrollView 原理

```dart
SingleChildScrollView(
  child:Column(
    children:[
      Container(height:500,color:Colors.yellow),
      Container(height:500,color:Colors.green),
    ],
  ),
)
```

如果需要在使用中让用户可以看到右侧的滚动条，可以使用 Scrollbar 组件。

```dart
Scrollbar(
  child:SingleChildScrollView(
    child:Column(
      children:[
        Container(height:500,color:Colors.yellow),
        Container(height:500,color:Colors.green),
      ],
    ),
  ),
)
```

4.2.5 自定义组件初探：StatelessWidget 和 StatefulWidget

前面介绍所有的组件都是 Flutter 提供给我们使用的，而在实际开发中很常见的一个场景是我们需要把 UI 的一部分封装成独立的组件类，以方便其他模块或者页面使用。如何封装自己的组件，一般来说在 Flutter 体系内有三种方法。

① 继承一个现有的组件类，扩展其方法。

② 基于 StatelessWidget 或 StatefulWidget 建立自己的复合组件。

③ 自己实现绘制过程，可以定制通过组合方式无法实现的复杂的绘制组件。

其中第一种方式很简单，就不详细讨论了，这里我们来介绍一下第二种方式，通过 StatelessWidget 和 StatefulWidget 把现有的组件组合成一个复合组件。

4.2.5.1 StatelessWidget

StatelessWidget 用于构建不需要管理状态的组件。它适用于静态内容或内容不会随时间变化的场景。例如，你可以使用 StatelessWidget 来构建一个包含多个子组件的布局组件。其实我们前面介绍的很多组件比如 Container、Text、Icon、Chip、Divider 等都是基于 StatelessWidget 实现的。

StatelessWidget 具有以下特点。

① 不可变：一旦创建，其属性（final 成员变量）不可更改。

② 无状态：不管理任何状态，仅根据输入属性构建 UI。

③ 高效：由于不可变，Flutter 可以更高效地渲染。

如何创建一个 StatelessWidget 组件：继承 StatelessWidget；实现 build 方法，返回一个 Widget。

```
Dart
class GreenFrog extends StatelessWidget {
  const GreenFrog({super.key});  // 建议使用 const 构造函数

  @override
  Widget build(BuildContext context){
    return Container(color:const Color(0xFF2DBD3A));  // 返回一个绿色容器
  }
}
```

来看图 4-45 中的例子，我们要将图中的卡片定义为一个组件，使用时可以通过构造方法传入标题、副标题和 icon。

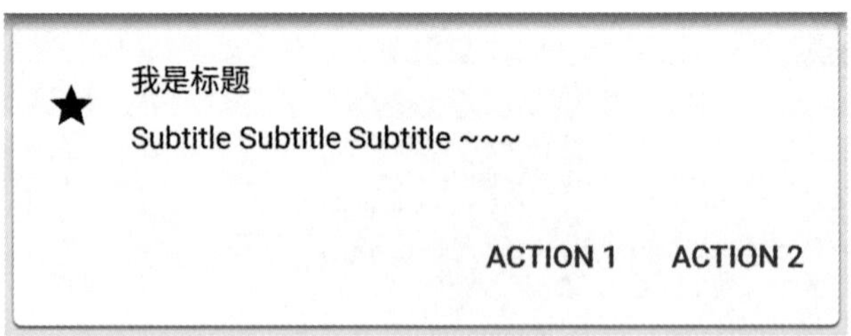

图 4-45　自定义卡片

```
Dart
class MyCard extends StatelessWidget {
  final String title;  // 不可变的属性
  final String subtitle;
```

```
final IconData icon;

const MyCard({  // 标题、副标题和 icon 使构造函数的必须参数
  Key? key,
  required this.title,
  required this.subtitle,
  required this.icon,
}):super(key:key);

@override
Widget build(BuildContext context){
  return Card(
    child:Column(
      mainAxisSize:MainAxisSize.min,
      children:<Widget>[
        Padding(
          padding:const EdgeInsets.all(16.0),
          child:Row(
            children:<Widget>[
              Icon(icon),
              const SizedBox(width:16.0),
              Column(
                crossAxisAlignment:CrossAxisAlignment.start,
                children:<Widget>[
                  Text(title),
                  const SizedBox(height:10),
                  Text(subtitle),
                ],
              ),
            ],
          ),
        ),
        ButtonBar(
          children:<Widget>[
            TextButton(
              child:const Text('ACTION 1'),
              onPressed:(){
                // 处理点击事件
              },
            ),
            TextButton(
              child:const Text('ACTION 2'),
              onPressed:(){
                // 处理点击事件
              },
            ),
```

```
            ],
          ),
        ],
      ),
    );
  }
}
```

4.2.5.2 StatefulWidget

在实际的开发过程中只有无状态的静态组件肯定是远远不够的，碰到内容会随时间变化的场景就需要用到 StatefulWidget 。StatefulWidget 用于构建需要管理状态的组件。例如，一个计数器应用程序可能需要在用户点击按钮时增加计数器的值，这个计数器的值就是组件的状态，StatefulWidget 能帮我们管理组件的状态并在状态变化时更新自己的 UI 展示。

（1）StatefulWidget 的特点及创建方法

StatefulWidget 具有以下特点。

① 可变：可以管理内部状态，状态变化时会触发 UI 更新。

② 有状态：通过 State 对象管理状态。

③ 动态：适合需要交互或数据变化的场景。

创建一个 StatefulWidget 的方法如下。继承 StatefulWidget；实现 createState 方法，返回一个 State 对象；自定义 State 类，并在其中实现 build 方法，返回一个 Widget。组件的状态和如何根据状态更新 UI 都在 State 类中实现。

下面代码是一个计数器的实例。

```
Dart
class Counter extends StatefulWidget {
  @override
  _CounterState createState()=>_CounterState();
}

class _CounterState extends State<Counter>{
  int _counter=0;  // 状态变量

  void _increment(){
    setState((){
      _counter++;  // 更新状态
    });
  }

  @override
  Widget build(BuildContext context){
    return Scaffold(
      appBar:AppBar(
        title:const Text('Counter'),
      ),
      body:Center(
```

```
        child: Text('$_counter'),  // 显示计数器值
      ),
      floatingActionButton: FloatingActionButton(
        onPressed: _increment,  // 点击按钮时增加计数器
        child: const Icon(Icons.add),
      ),
    );
  }
}
```

在上面的代码中，我们定义了一个名为 Counter 的 StatefulWidget。它有一个名为 _CounterState 的内部类，用于管理组件的状态。

状态变量：_count 是组件的状态变量，记录计数器的当前值。

setState 方法：当点击按钮时，会调用_increment()方法，进而调用 setState()来更新_count 的值。此时，setState 会通知 Flutter 框架该组件的状态发生了变化，UI 需要重新构建。

重新渲染：setState 调用后，build 方法会被重新执行，从而更新显示的计数器数字。

（2）setState 方法

下面简要讲解 setState 方法。

setState 的主要作用是告诉 Flutter 框架，“我更新了状态，当前这个组件的 UI 需要重新渲染了”。它会触发组件的 build 方法被重新调用，并根据新的状态重新构建 UI。

setState 的内部机制如下。

局部更新：setState 只会触发当前组件的重新渲染，不会影响整个应用的其他部分。这是因为它只影响被 State 对象管理的 widget 的 build 方法。

执行顺序：setState 是同步调用的，但它会将更新状态的操作添加到渲染队列，等待当前帧结束后进行重新渲染。

使用时的注意事项如下。

避免频繁调用：如果在一个 setState 调用内做了多个状态更新，Flutter 会多次重新构建该组件，可能导致性能问题。尽量在一次 setState 调用中进行多个状态更新。

不直接修改状态变量：不要直接修改 State 类中的状态变量，必须通过 setState 来进行修改。这样才能确保 UI 和状态的同步。

很多初学者可能会疑惑，为什么要把更新 UI 的 build 方法放在 State 类中，而不是直接放在 StatefulWidget 里面。这里面有两个原因。

① 状态管理方便：State 对象负责管理组件的状态，而 build 方法需要根据状态动态构建 UI。将 build 方法放在 State 中，可以方便地访问和更新状态。

② 性能优化：State 对象在组件更新时会被复用，而 StatefulWidget 可能会被频繁重建。将 build 方法放在 State 中，可以避免不必要的重建，提升性能。

（3）StatefulWidget 的生命周期

StatefulWidget 既然有了自身的状态也就有了与状态对应的生命周期。StatefulWidget 的生命周期是一个由多个方法组成的过程，管理着组件的创建、更新和销毁三个阶段。其完整的生命周期变化如图 4-46 所示。

StatefulWidget 的生命周期由 State 对象控制，主要方法包括以下几种。

① createState()。

作用：每次创建 StatefulWidget 时，都会调用 createState()方法，返回一个 State 对象，

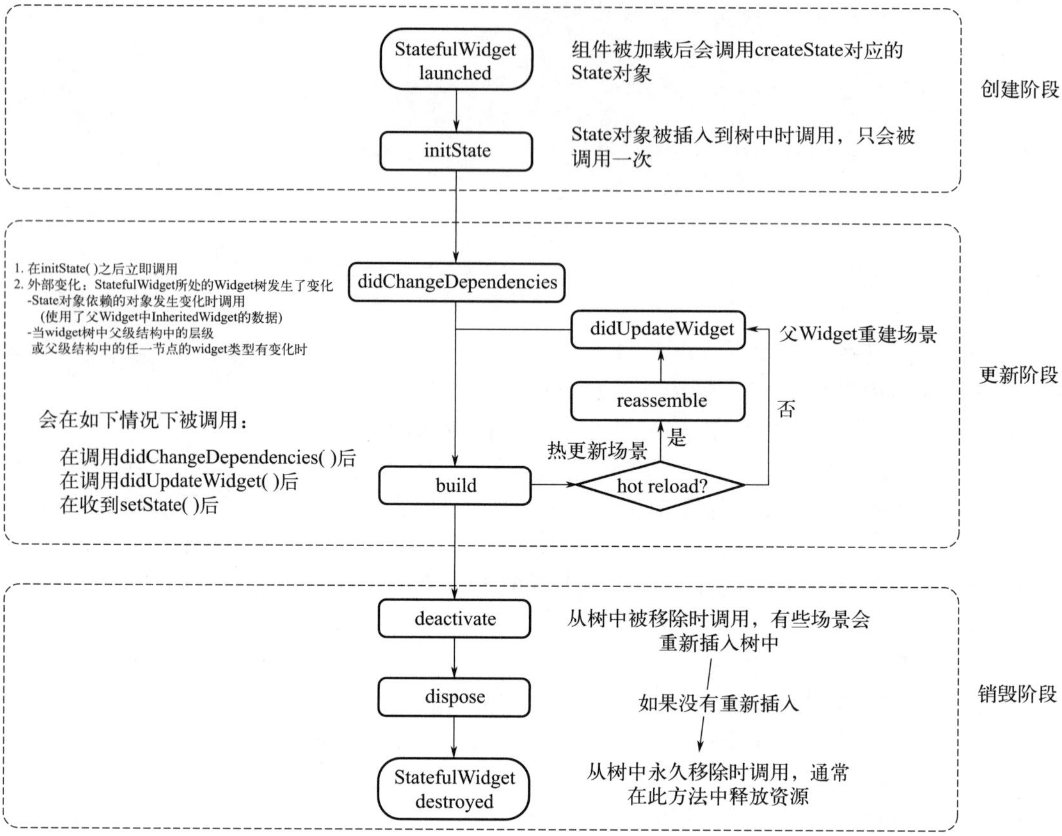

图 4-46　StatefulWidget 生命周期

该对象持有组件的状态。

调用时机：在 StatefulWidget 被插入到 Widget 树时调用。

注意：这是创建组件状态的第一步，通常返回一个 State 的子类实例。

② initState()。

作用：initState 在 State 对象的生命周期中只会调用一次，通常用来做一些初始化操作，例如加载数据、设置监听器、初始化动画等。

调用时机：在 State 对象创建后，build 方法第一次执行之前调用。

注意：此时 context 是有效的，但还不能访问 BuildContext 上的依赖注入数据（例如 InheritedWidget）。

③ didChangeDependencies()。

作用：当 State 对象依赖的 InheritedWidget 发生变化时，didChangeDependencies 会被调用。这个方法通常用于处理依赖注入（如 InheritedWidget）和更新状态。

调用时机：initState()后、build()方法之前，或者当依赖的 InheritedWidget 发生变化时再次调用。

注意：在第一次构建之后，如果依赖的 InheritedWidget 发生变化，也会调用此方法。

④ build(BuildContext context)。

作用：build 方法是 StatefulWidget 生命周期中最重要的方法，它负责构建当前组件的 UI。每次状态更新时，build 方法会被调用，重新构建 UI。

调用时机：每次状态更新时调用，或者 didChangeDependencies()也会触发 build 的调用。

注意：这是最常调用的生命周期方法，也是 UI 渲染的核心。

⑤ setState()。

作用：setState 用于通知 Flutter 重新渲染组件，刷新 UI。

调用时机：当你想更新组件的状态时（例如响应用户操作）调用它。

注意：setState 调用后，框架会重新调用 build 方法来反映新的状态。

⑥ deactivate()。

作用：当 StatefulWidget 被从树中移除时，会调用 deactivate()。这时，State 对象依然存在，但它被移出了 Widget 树，因此需要清理资源。

调用时机：当 StatefulWidget 被从树中移除时，或者要重新插入时（例如在页面跳转时）。

注意：通常与 dispose()配合使用，清理不再需要的资源。

⑦ dispose()。

作用：dispose()是生命周期的最后一步，用来清理 State 对象使用的资源，如取消监听器、关闭流、销毁动画控制器等。

调用时机：State 对象永久性地从树中移除时调用（例如页面销毁时）。

注意：在 dispose 中做必要的资源清理，避免内存泄漏。

其实 StatelessWidget 也有自己的生命周期，但是因为它没有状态，所有只有创建和销毁两个阶段。这两个阶段都由 Flutter 框架替我们管理了，不需要开发者做额外的处理。

4.2.6 Flutter 渲染原理初探

在 Flutter 中，所有的 UI 组件都是通过一个层次化的树形结构来组织的。每个组件（Widget）都是树中的一个节点，而这些节点通过父子关系构成了整个组件树。你可以将这个组件树看作是 Flutter 应用界面的一棵“树”，其中每个节点代表一个 UI 元素，而树的结构则反映了各个组件之间的嵌套关系。

当你在 Flutter 中声明一个组件时，例如一个 Column 或 Row，它实际上创建了一个父组件，并包含了子组件。这些组件在应用中形成了一个层次结构，从根组件到子组件，逐级连接起来。Flutter 会通过组件树来管理和渲染 UI，从而确保每个组件正确显示并与其他组件交互。

我们来看图 4-47 中的例子。

图 4-47 底部导航栏

实现代码如下：

```
Dart
Widget getBottomNavigationBar(){
  return Container(
    height:80.0,// 高度设置为 80,以适应底部按钮
    color:Colors.white,
    child:Row(
      mainAxisAlignment:MainAxisAlignment.spaceAround,// 平均分配每个按钮
      children:< Widget>[
        _buildNavItem(Icons.phone,'CALL'),
```

```
        _buildNavItem(Icons.near_me,'ROUTE'),
        _buildNavItem(Icons.share,'SHARE'),
      ],
    ),
  );
}

// 创建底部导航按钮
Widget _buildNavItem(IconData icon,String label){
  return Column(
    mainAxisAlignment:MainAxisAlignment.center,
    children:<Widget>[
      Icon(icon,size:30.0,color:Colors.blue),
      Container(
        margin:const EdgeInsets.only(top:5.0),
        child:Text(
          label,
          style:const TextStyle(color:Colors.blue,fontSize:14.0),
        ),
      ),
    ],
  );
}
```

代码解释如下

① 第 1 个 Container：我们用 Container 来包裹底部导航栏，这个容器的高度设置为 80.0，并且背景色为白色。

② Row：Row 用来水平排列底部按钮，mainAxisAlignment：MainAxisAlignment.spaceAround 用来均匀分布三个按钮。

③ Column：每个按钮（Icon 和 Text）都放在一个 Column 中，确保图标和文字垂直排列。

④ Icon：每个按钮的图标分别使用了 Icons.phone、Icons.near_me 和 Icons.share，并设置了大小和颜色。

⑤ 第 2 个 Container：用一个 Container 包裹 Text，方便设置文本和图标间的间距。

⑥ Text：每个按钮的标签是 CALL、ROUTE 和 SHARE，并设置了字体颜色和大小。

这些组件构成的树形结构如图 4-48 所示。

代码中组件的父子嵌套关系最终构成树形结构，是 Flutter 开发中一个非常重要的概念，对我们理解 Flutter 的渲染原理以及很多功能型组件的工作原理都有非常大的帮助。

在后续章节中，我们会进一步探讨 Flutter 中的 Element Tree 和 Render Tree，它们分别负责管理组件实例和实际渲染过程。

4.2.7 功能型组件

前面我们介绍的几种组件都是用于绘制 UI 界面的。但是实际开发中除了直接绘制 UI 还需要一些其他功能的辅助，例如数据共享、主题管理、页面骨架构建等。我们可以将这些组件统一称之为功能型组件。这些组件可以帮助开发者更高效地构建复杂的应用界面。下面

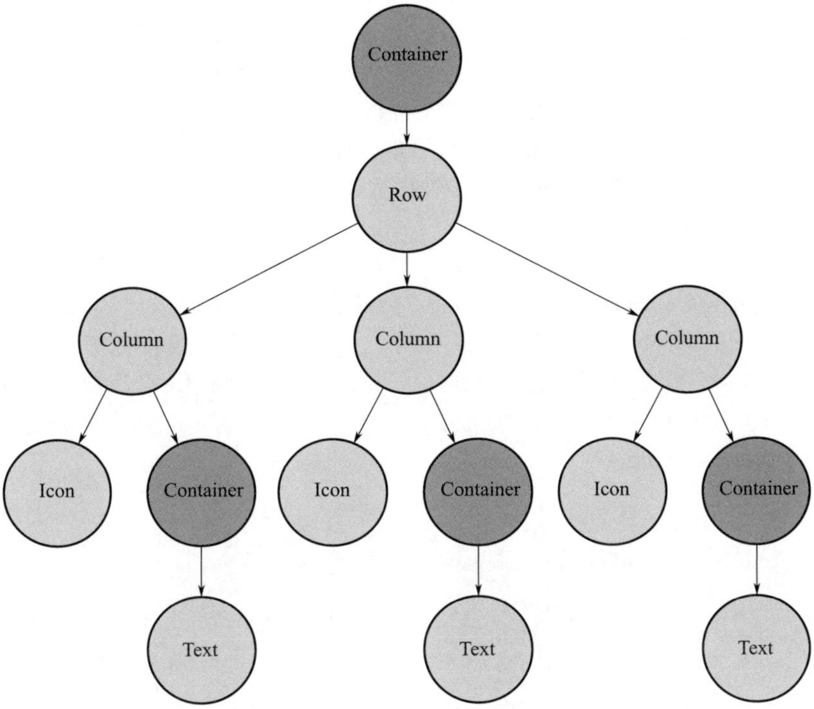

图 4-48　底部导航栏组件树

我们将详细介绍几种常用的功能型组件。

4.2.7.1　InheritedWidget

InheritedWidget 是 Flutter 中用于在组件树中共享数据的核心组件。它允许子树中的任何组件访问共享的数据，而无需通过显式的参数传递。Flutter SDK 中正是通过 InheritedWidget 来共享应用主题（Theme）和 Locale（当前语言环境）信息的。

（1）实现 InheritedWidget

```dart
Dart
class MyInheritedWidget extends InheritedWidget{
  final int data;

  MyInheritedWidget({required this.data,required Widget child}):super(child:child);

  @override
  bool updateShouldNotify(MyInheritedWidget oldWidget){
    return oldWidget.data != data;// 数据变化时通知子组件
  }

  static MyInheritedWidget of(BuildContext context){
    return context.dependOnInheritedWidgetOfExactType<MyInheritedWidget>()!;
  }
}
```

代码解释如下。

① MyInheritedWidget：继承自 InheritedWidget，它的构造函数接收两个参数：一个是 data，用于存储共享的数据；另一个是 child，它是传递给 InheritedWidget 的子组件。

② updateShouldNotify 方法：当 InheritedWidget 的数据变化时，Flutter 会调用此方法，判断是否需要通知子组件进行更新。返回值为 true 表示数据发生变化，子组件需要重新构建。在本例中，如果新 data 和旧 data 不同，则返回 true，意味着当 data 改变时，所有依赖此 InheritedWidget 的子组件都会被通知并重新构建。

③ of 静态方法：of 方法是一个常见的 Flutter 模式，用于从 BuildContext 中获取 InheritedWidget 的实例。

dependOnInheritedWidgetOfExactType<MyInheritedWidget>()：这个方法从 BuildContext 中查找最近的 MyInheritedWidget 实例，并自动注册该组件依赖于该 InheritedWidget。当 InheritedWidget 的数据发生变化时，context 中的所有依赖该数据的组件都会重新构建。

(2) 使用 InheritedWidget

```
Dart
class MyText extends StatelessWidget{
  @override
  Widget build(BuildContext context){
    return Text(
      '${MyInheritedWidget.of(context).data}',// 获取共享数据
      style:Theme.of(context).textTheme.headline4,
    );
  }
}
```

代码解释如下。

① MyInheritedWidget.of(context) 调用了我们之前定义的 of 静态方法，这个方法返回当前 context 中最近的 MyInheritedWidget 实例。

② MyInheritedWidget.of(context).data 获取了 MyInheritedWidget 中存储的共享数据 data。通过 ${} 语法将该数据插入到字符串中，然后传递给 Text 控件显示。

我们前面讲 StatefulWidget 时提到过，如果 State 对象依赖的对象发生变化会调用 didChangeDependencies() 方法。所谓的依赖某个对象，就是使用了 InheritedWidget 中的数据，当数据变化时就会调用自身的 didChangeDependencies() 方法。这种依赖关系的建立，其实就是在调用 InheritedWidget.of 方法时注册了关注其数据变化。

4.2.7.2 主题（Theme）

主题用于定义应用的通用视觉样式，包括颜色、字体、间距等。Flutter 提供了两种类型的主题。

① ThemeData：这个是 Material 风格的主题，定义了按钮、滑动条、AppBar 等大多数 Material 组件的样式。

② CupertinoThemeData：这个是 iOS 风格的主题，定义了按钮、滑动条、导航栏等风格与 iOS 原生组件一致的组件样式。

(1) 定义全局主题

可以通过 MaterialApp 的 theme 参数来定义全局主题。举例如下。

```
Dart
MaterialApp(
  title:'Flutter Demo',
  theme:ThemeData(
    primarySwatch:Colors.blue,
    visualDensity:VisualDensity.adaptivePlatformDensity,
  ),
  home:MyHomePage(title:'Flutter Demo Home Page'),
);
```

常用可设置的选项如下。

① primarySwatch：主题样式，设置 primaryColor 后该背景色会被覆盖。

② primaryColor：主色调，会影响到 AppBar、FloatingActionButton 等控件的颜色。

③ accentColor：强调色，会影响到 Button 等控件的颜色。

④ fontFamily：字体。

⑤ textTheme：文本主题样式。

⑥ brightness：应用整体主题的亮度，用于按钮之类的小部件，已确定在使用主色或强调色时选择什么颜色。

⑦ visualDensity：视觉密度。

(2) 使用主题

```
Dart
Text(
  'Hello World',
  style:Theme.of(context).textTheme.headline4,// 使用主题中的文本样式
);
```

这里的 Theme.of(context) 其实就是前面介绍的 InheritedWidget.of(context) 静态方法的一个实际应用。

(3) 局部主题

当页面的某些部分或者某些页面的样式和全局样式不一致时，可以使用 Theme 组件，其子树中的组件都会使用局部样式。

```
Dart
Theme(
  data:ThemeData(splashColor:Colors.yellow),// 定义局部主题
  child:FloatingActionButton(
    onPressed:(){},
    child:const Icon(Icons.add),
  ),
);
```

如果局部主题大部分内容和全局一致，只想修改其中一小部分，可以复制并修改全局主题。

```
Dart
Theme(
```

```
    data:Theme.of(context).copyWith(splashColor:Colors.yellow),// 复制并修改全局主题
    child:const FloatingActionButton(
      onPressed:null,
      child:Icon(Icons.add),
    ),
);
```

4.2.7.3 页面骨架：Scaffold

Scaffold是Flutter中用于构建Material Design风格页面骨架的组件。它提供了AppBar、Drawer、FloatingActionButton等常用布局结构。在日常开发中我们通常会将Scaffold作为一个页面的根组件。

在页面中使用Scaffold代码如下。

```dart
Dart
class MyHomePage extends StatelessWidget{
  const MyHomePage({Key? key}):super(key:key);

  @override
  Widget build(BuildContext context){
    return Scaffold(
      appBar:getAppBar(),
      body:const Center(
        child:Text('Hello World'),
      ),
      floatingActionButton:getFloatingActionButton(),
      persistentFooterButtons:[
        ElevatedButton(
          onPressed:(){},
          child:const Text('Button 1'),
        ),
        ElevatedButton(
          onPressed:(){},
          child:const Text('Button 2'),
        ),
      ],
      drawer:getDrawer(context),
      bottomNavigationBar:getBottomNavigationBar(),
    );
  }

  AppBar getAppBar(){
    ...
  }

  FloatingActionButton getFloatingActionButton(){
```

```
    ...
  }

  Drawer getDrawer(BuildContext context){
    ...
  }

  BottomNavigationBar getBottomNavigationBar(){
    ...
  }
}
```

Scaffold 包含以下主要属性。

① appBar：显示在界面顶部的一个 AppBar。

② body：当前界面所显示的主要内容。

③ floatingActionButton：在 Material 中定义的一个功能按钮，浮动在页面上。

④ persistentFooterButtons：固定在下方显示的按钮。

⑤ drawer：侧边栏控件。

⑥ bottomNavigationBar：显示在底部的导航栏按钮栏。

效果如图 4-49 所示：

图 4-49　页面框架

接下来我们分别介绍页面中的各个部分如何创建。

（1）**AppBar**

```
Dart
AppBar(
  title:const Text("Scaffold Demo"),
  actions:<Widget>[
    IconButton(
      icon:const Icon(Icons.settings),
      onPressed:(){},
    ),
  ],
);
```

效果如图 4-50 AppBar 所示。

图 4-50　AppBar

最左侧的按钮在 Scaffold 组件传递 drawer 参数时会自动出现，如果想定制该按钮，可以通过 AppBar 的 leading 参数指定。

（2）**FloatingActionButton**

悬浮按钮，可以通过 floatingActionButtonLocation 属性来指定其在页面中悬浮的位置。

```
Dart
FloatingActionButton(
  onPressed:(){},
  tooltip:'Increment',
  child:const Icon(Icons.add),
);
```

（3）**BottomNavigationBar**

底部导航栏通常用于 App 的主页面和一些核心功能页面。可以通过 currentIndex 参数指定默认选中的按钮。举例如下。

```
Dart
BottomNavigationBar(
  items:const<BottomNavigationBarItem>[
    BottomNavigationBarItem(
      icon:Icon(Icons.home),
      label:'Home',
    ),
    BottomNavigationBarItem(
      icon:Icon(Icons.business),
```

```
      label:'Business',
    ),
    BottomNavigationBarItem(
      icon:Icon(Icons.school),
      label:'School',
    ),
  ],
  currentIndex:0,  // 默认选择按钮
  selectedItemColor:Colors.amber[800],  // 选中状态
  onTap:(index){},  // 点击事件
);
```

效果如图 4-51 所示。

图 4-51 BottomNavigationBar

设置 selectedItemColor 属性后，被选中的按钮会呈现指定颜色以示选中状态。

(4) Drawer

抽屉菜单，点击标题栏左侧的按钮，或者有些 App 中可以左滑出现。当 Scaffold 指定 drawer 参数时在 AppBar 的左侧就会出现图 4-52 所示的按钮。

图 4-52 菜单图标

可以通过 AppBar 的 leading 参数指定该按钮的样式。举例如下。

```
Dart
Drawer(
  child:ListView(
    padding:EdgeInsets.zero,
    children:<Widget>[
      const DrawerHeader(
        decoration:BoxDecoration(
          color:Colors.blue,
        ),
        child:Text('Drawer Header'),
      ),
      ListTile(
        title:const Text('Item 1'),
        onTap:(){},
      ),
      ListTile(
        title:const Text('Item 2'),
        onTap:(){},
      ),
    ],
  ),
);
```

点击按钮后出现图 4-53 所示菜单样式。

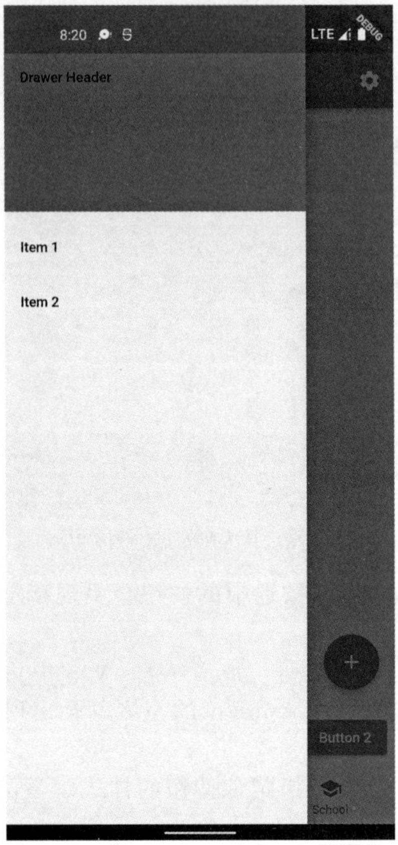

图 4-53　菜单样式

到目前为止，我们已经介绍了 Flutter 中绘制单个页面所需的常用组件。后续的章节中我们将深入探讨动画、手势操作等高级功能。在进入这些高级主题之前，下一节我们首来先了解 Flutter 如何通过路由管理实现不同页面之间的跳转。

4.3　路由管理

在 Flutter 中，路由管理是指在应用内的页面或视图之间导航，并管理这些页面的生命周期。Flutter 提供了多种方式来实现路由管理，包括匿名路由、命名路由、动态生成路由以及对话框等。下面我们将详细介绍这些路由管理方式。

4.3.1　定义页面

在 Flutter 中，页面基于 PageRoute 类定义。PageRoute 是一个抽象类，表示占用整个屏幕空间的一个页面，并定义了页面构建及切换时的过渡动画。

Flutter 提供了几种具体类型的 PageRoute，其中 MaterialPageRoute 是最常用的，它提供了与平台风格一致的过渡动画。你可以通过制定 builder 属性来构建路由页面。举例如下。

```
Dart
MaterialPageRoute(
```

```
  builder:(context)=>MyPageContent(),// 构建目标页面
  maintainState:true,// 是否保留导航前的状态
  fullscreenDialog:false,// 是否作为全屏对话框显示
  settings:RouteSettings(name:'/myPage'),// 路由名称和参数
  transitionDuration:Duration(milliseconds:200),// 转场动画时长
  reverseTransitionDuration:Duration(milliseconds:200),// 返回转场动画时长
  opaque:true,// 是否使路由不透明
);
```

4.3.2 路由管理器

有了页面，如何实现页面间的跳转呢？在 Flutter 中，实现页面之间的跳转是非常简单的，核心机制是 Navigator。Navigator 是一个路由管理器，负责在应用中的不同页面之间进行导航和管理。当用户触发页面跳转时，Navigator 会将目标页面推送到栈中，确保用户能够顺畅地在不同页面之间切换。

Navigator 的工作原理如下。Navigator 维护着一个堆栈（history），每个页面都是堆栈中的一个元素。当我们展示一个新的页面时，Navigator 会将该页面添加到堆栈的顶部，而当我们返回时，Navigator 会从堆栈中移除顶部的页面，并显示前一个页面。

MaterialApp 是 Flutter 中常用的应用级组件，它本身就包含了一个 Navigator，因此在使用 MaterialApp 时，我们无需显式地创建一个 Navigator。所有的页面都会自动通过 Navigator 进行管理。

4.3.3 匿名路由

假设我们有两个页面，分别是 HomePage 和 SecondPage，我们可以在 HomePage 中通过调用 Navigator.push 来打开 SecondPage。举例如下。

```dart
Dart
import 'package:flutter/material.dart';

void main(){
  runApp(MyApp());
}

class MyApp extends StatelessWidget{
  @override
  Widget build(BuildContext context){
    return MaterialApp(
      title:'Flutter Demo',
      home:HomePage(),
    );
  }
}

class HomePage extends StatelessWidget{
  @override
  Widget build(BuildContext context){
```

```
    return Scaffold(
      appBar:AppBar(title:Text('Home Page')),
      body:Center(
        child:ElevatedButton(
          onPressed:(){
            //跳转到 SecondPage
            Navigator.push(
              context,
              MaterialPageRoute(builder:(context)=>SecondPage()),
            );
          },
          child:Text('Go to Second Page'),
        ),
      ),
    );
  }
}

class SecondPage extends StatelessWidget{
  @override
  Widget build(BuildContext context){
    return Scaffold(
      appBar:AppBar(title:Text('Second Page')),
      body:Center(
        child:ElevatedButton(
          onPressed:(){
            //返回到 HomePage
            Navigator.pop(context);
          },
          child:Text('Back to Home Page'),
        ),
      ),
    );
  }
}
```

代码解析如下。

① Navigator. push：用于将新页面（SecondPage）推送到栈中，从而实现页面跳转。

② Navigator. pop：用于从栈中弹出当前页面，返回到之前的页面。

③ 在 MaterialApp 中，home 设置了初始页面 HomePage，而 Navigator 会自动管理页面的跳转。

4.3.4 命名路由

命名路由是一种通过路由名称来导航的方式，它使得应用的路由管理更加清晰和灵活。与直接使用路由对象进行导航不同，命名路由允许我们通过定义的路由名称来进行页面跳转，从而简化了代码的维护，尤其在大型应用中尤为有效。

4.3.4.1 命名路由的优点

① 简化导航：使用命名路由后，我们只需关心路由的名称，不需要重复书写页面的构建逻辑。

② 避免硬编码：避免了直接在代码中硬编码页面对象，这使得导航代码更具可重用性，易于维护和修改。

③ 集中管理：所有的路由定义集中在 MaterialApp 中，可以快速查看和管理所有页面的路由映射。

4.3.4.2 如何使用命名路由

（1）注册路由表

在 MaterialApp 中，我们可以通过 routes 属性来定义应用中的所有命名路由，并为每个路由指定一个路由名称和对应的页面构建函数。举例如下。

```
Dart
MaterialApp(
  title:'Scaffold Demo',
  initialRoute:"/",// 初始路由
  routes:{
    "/":(context)=>MyHomePage(),// 首页
    '/profile':(context)=>ProfilePage(),// 个人资料页
    '/settings':(context)=>SettingsPage(),// 设置页
  },
);
```

initialRoute：定义应用启动时加载的默认路由。如果没有特别指定，/路由会作为默认路由显示。

（2）打开命名页面

当我们需要跳转到个人资料页时，可以调用 Navigator. pushNamed（context，'/profile'），传递的参数是路由名称。举例如下。

```
Dart
Navigator.pushNamed(context,"/profile");
```

（3）页面传参

在很多情况下，应用需要在页面跳转时传递数据，命名路由为此提供了一个方便的方法。举例如下。

```
Dart
// 传递参数
Navigator.pushNamed(context,'/profile',arguments:profile);

// 获取参数
final profile=ModalRoute.of(context).settings.arguments;
```

① ModalRoute. of(context)：这个方法返回当前活动的 Route，即当前页面的路由信

息。ModalRoute 是 Navigator 栈中的一种类型，适用于显示的页面路由。

② settings. arguments：settings 包含了路由的配置信息，其中的 arguments 就是我们在跳转时传递的参数。在目标页面（即/profile 页面）中，我们可以通过 ModalRoute. of (context).settings. arguments 来获取传递过来的参数。

4.3.5 动态生成路由

在 Flutter 中，onGenerateRoute 是 MaterialApp 和 CupertinoApp 中的一个属性，它允许我们为未在路由表中显式指定的路由名称动态生成路由。这提供了比静态路由表更灵活的路由处理方式，尤其在需要处理动态参数或特殊路由逻辑时非常有用。

4.3.5.1 onGenerateRoute 的作用

① 动态路由：如果应用中存在动态生成的页面或需要根据路由参数来决定页面的展示内容，onGenerateRoute 提供了一种灵活的处理方式。

② 统一管理：所有的路由生成逻辑都可以集中在 onGenerateRoute 中进行管理，避免了多个路由定义和跳转时可能带来的冗余代码。

③ 自定义路由逻辑：通过 onGenerateRoute，开发者可以根据不同的路由名称和参数来实现自定义的页面跳转逻辑，包括条件判断、动态参数处理等。

4.3.5.2 使用 onGenerateRoute 的基本流程

onGenerateRoute 是一个回调函数，接收一个 RouteSettings 参数，它包含了路由的名称和参数。根据这些信息，可以动态决定如何生成路由和对应的页面。举例如下。

```
Dart
class MyApp extends StatelessWidget{
  @override
  Widget build(BuildContext context){
    return MaterialApp(
      title:'Flutter Demo',
      initialRoute:'/',
      onGenerateRoute:(RouteSettings settings){
        // 根据路由名称生成不同的页面
        if(settings.name=='/profile'){
          // 通过 settings.arguments 获取传递的参数
          final String profileId=settings.arguments as String;
          return MaterialPageRoute(
            builder:(context)=>ProfilePage(profileId:profileId),
          );
        }
        // 默认处理
        return MaterialPageRoute(
          builder:(context)=>HomePage(),
        );
      },
    );
  }
}
```

```
class HomePage extends StatelessWidget{
  @override
  Widget build(BuildContext context){
    return Scaffold(
      appBar:AppBar(title:Text('Home Page')),
      body:Center(
        child:ElevatedButton(
          onPressed:(){
            // 跳转到 ProfilePage 并传递参数
            Navigator.pushNamed(
              context,
              '/profile',
              arguments:'12345',// 传递参数
            );
          },
          child:Text('Go to Profile Page'),
        ),
      ),
    );
  }
}

class ProfilePage extends StatelessWidget{
  final String profileId;

  ProfilePage({required this.profileId});

  @override
  Widget build(BuildContext context){
    return Scaffold(
      appBar:AppBar(title:Text('Profile Page')),
      body:Center(
        child:Text('Profile ID:$profileId'),
      ),
    );
  }
}
```

代码解释如下。

① onGenerateRoute：当用户尝试通过 Navigator. pushNamed 方法跳转到一个在 routes 中未定义的路由时，onGenerateRoute 会被调用。通过 RouteSettings 参数，我们可以获取当前的路由名称（settings. name）和传递的参数（settings. arguments）。

② 路由的动态生成：在 onGenerateRoute 中，如果路由名称是/profile，我们可以根据传递的参数（settings. arguments）来构建一个 ProfilePage 页面，并将 profileId 作为参数传递给 ProfilePage。

③ Navigator. pushNamed：在 HomePage 中，我们可以使用 Navigator. pushNamed 来

触发跳转，并通过 arguments 传递一个字符串参数（'12345'）给目标页面（ProfilePage）。

④ ProfilePage：在 ProfilePage 中，我们通过构造函数接收并展示传递过来的 profileId。

4.3.6 对话框

在 Flutter 中对话框实际上也是通过路由打开和关闭的。Flutter 提供了 showDialog() 方法用于打开一个对话框。

可以这样理解：对话框是一种特殊的页面路由（ModalRoute）；showDialog() 打开对话框时，是向路由栈 push（推入）了这种特殊页面路由；关闭对话框时，是从路由栈中 pop（弹出）了这种特殊页面路由。

所以对话框的管理完全依靠 Flutter 的导航管理和路由机制。这也是 Flutter 中许多组件（对话框、抽屉菜单等）的共同原理，都是路由的推入和弹出。

Flutter 中有两种常用对话框样式，AlertDialog 和 SimpleDialog。如果想自定义对话框布局，可以通过 Dialog 组件来实现。

4.3.6.1 AlertDialog

AlertDialog 用于显示警告或确认信息，它有标题、内容和操作按钮。举例如下。

```
Dart
showDialog(
  context:context,
  builder:(context){
    return AlertDialog(
      title:const Text("Alert!"),
      content:const Text("This is an alert message."),
      actions:[
        TextButton(
          child:const Text("Cancel"),
          onPressed:(){
            Navigator.of(context).pop();// 关闭对话框
          },
        ),
        TextButton(
          child:const Text("Confirm"),
          onPressed:(){
            Navigator.of(context).pop();// 关闭对话框
          },
        ),
      ],
    );
  },
);
```

效果如图 4-54 所示。

4.3.6.2 SimpleDialog

SimpleDialog 是一种更简洁的对话框类型，通常用于显示一个简单的选择菜单，用户可以从多个选项中做出选择。每个选项通过 SimpleDialogOption 来定义，点击选项时通过 Navigator.pop 关闭对话框。举例如下。

图 4-54　AlertDialog

```
Dart
showDialog(
  context:context,
  builder:(context){
    return SimpleDialog(
        title:const Text("Select option"),
        children:[
          SimpleDialogOption(
            onPressed:(){
              Navigator.pop(context,1);  // 关闭并返回 1
            },
            child:const Text("Option 1"),
          ),
          SimpleDialogOption(  // 这里放什么组件都可以
            onPressed:(){
              Navigator.pop(context,2);
            },

            child:const Text("Option 2"),
          ),
          SimpleDialogOption(
            onPressed:(){
              Navigator.pop(context,3);
            },
            child:const Text("Option 3"),
          )
        ]);
  },
)
```

效果如图 4-55 所示。

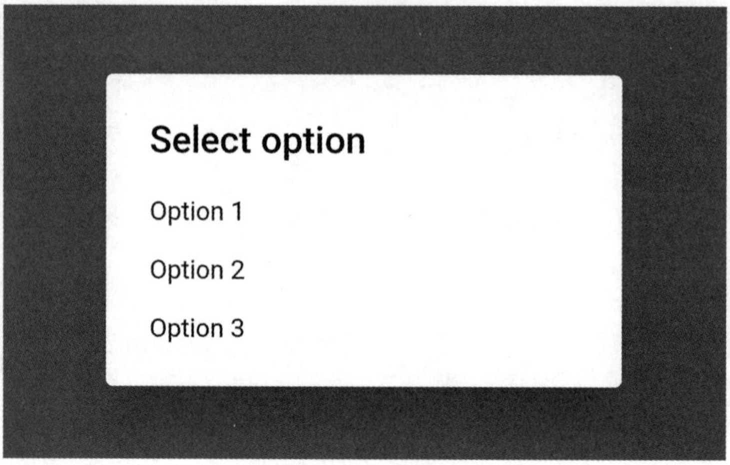

图 4-55　SimpleDialog

4.3.6.3　Dialog

在 Flutter 中，如果你想开发一个能够自定义内容布局的对话框，可以通过 Dialog 组件来实现。Dialog 允许你自由地定制对话框的内容，而不是依赖于 AlertDialog 或 SimpleDialog 的预设结构。

要实现自定义内容布局的对话框，你可以使用 showDialog() 来弹出一个对话框，并且将一个自定义的 Dialog 组件传递给它。这样，你可以完全控制对话框的布局和样式。

代码示例：

```dart
class HomePage extends StatelessWidget{
  @override
  Widget build(BuildContext context){
    return Scaffold(
      appBar:AppBar(title:Text('Custom Dialog Example')),
      body:Center(
        child:ElevatedButton(
          onPressed:(){
            // 打开自定义对话框
            showDialog(
              context:context,
              builder:(BuildContext context){
                return CustomDialog();
              },
            );
          },
          child:Text('Show Custom Dialog'),
        ),
      ),
    );
  }
}
```

```
// 自定义对话框组件
class CustomDialog extends StatelessWidget{
  @override
  Widget build(BuildContext context){
    return Dialog(
      shape:RoundedRectangleBorder(
        borderRadius:BorderRadius.all(Radius.circular(20.0)),
      ),
      elevation:16,
      child:Padding(
        padding:EdgeInsets.all(20.0),
        child:Column(
          mainAxisSize:MainAxisSize.min,
          children:<Widget>[
            Text(
              'Custom Dialog Title',
              style:TextStyle(
                fontSize:24,
                fontWeight:FontWeight.bold,
              ),
            ),
            SizedBox(height:20),
            Text(
              'This is a custom dialog box. You can add any content here,such as form
fields,images,buttons,etc.',
              style:TextStyle(fontSize:16),
            ),
            SizedBox(height:20),
            Row(
              mainAxisAlignment:MainAxisAlignment.spaceEvenly,
              children:<Widget>[
                ElevatedButton(
                  onPressed:(){
                    Navigator.of(context).pop();// 关闭对话框
                  },
                  child:Text('Cancel'),
                ),
                ElevatedButton(
                  onPressed:(){
                    // 执行某个操作
                    Navigator.of(context).pop();// 关闭对话框
                  },
                  child:Text('OK'),
                ),
              ],
            ),
          ],
        ),
```

```
      ),
    );
  }
}
```

效果如图 4-56 所示。

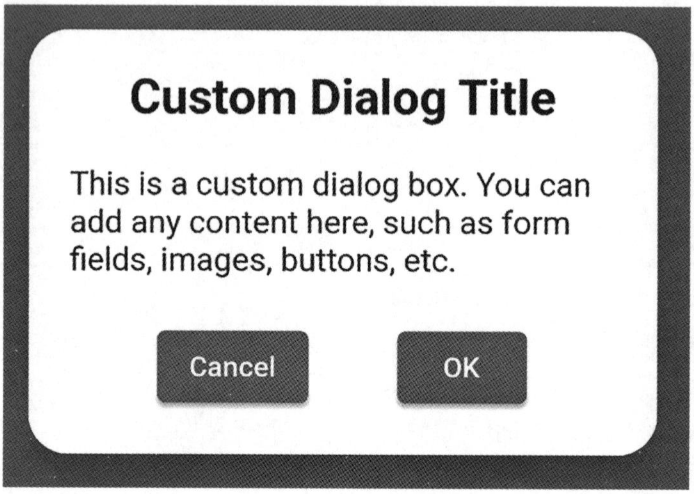

图 4-56　自定义对话框

代码解释如下。

① 自定义对话框组件（CustomDialog）：使用 Dialog 组件来创建一个自定义对话框；shape 属性用于设置对话框的圆角样式，这里我们使用了 RoundedRectangleBorder 来使对话框的角变圆；elevation 设置了对话框的阴影，值越大阴影越深；Padding 用于在对话框内容和边缘之间增加间距；Column 里面可以放置任何你想要的组件，来组成自定义对话框的内容。这里我们放置了标题、描述文本，以及一行按钮。

② 按钮：在对话框的底部，我们放置了两个按钮，“Cancel”和“OK”。点击“Cancel”会调用 Navigator. of(context) . pop() 关闭对话框，点击“OK”按钮时，你可以执行一些操作（比如提交表单数据）后再关闭对话框。

③ 弹出自定义对话框：使用 showDialog() 来弹出对话框。builder 回调函数返回一个 CustomDialog 实例，这个实例包含了我们定义的自定义布局。

4. 4　手势识别与事件处理

在移动应用开发中，手势识别是用户交互的重要组成部分。Flutter 提供了强大的手势识别功能，允许开发者通过触摸屏上的手势来控制应用。本节将详细介绍 Flutter 中的手势识别机制、事件处理流程以及如何实现常见的手势交互。

4. 4. 1　常用手势识别

Flutter 通过 GestureDetector 组件来实现手势识别。GestureDetector 可以检测多种手势，例如点击、双击、长按、缩放、拖动等。

4.4.1.1 点击事件

GestureDetector 可以检测点击、双击和长按等事件。例如我们可以在一张图片上增加点击事件处理，代码如下。

```
Dart
GestureDetector(
  onTap:(){
    print('单击');
  },
  onDoubleTap:(){
    print('双击');
  },
  onLongPress:(){
    print('长按');
  },
  child:Image.asset('assets/image.jpg'),
);
```

注意：当同时监听 onTap 和 onDoubleTap 时，点击事件会有 200ms 的延时，以区分单击和双击。如果只监听 onTap，则没有延时。

4.4.1.2 缩放

GestureDetector 可以识别缩放手势，并通过 onScaleStart 和 onScaleUpdate 两个回调方法通知开发者，代码如下。

```
Dart
class ScaleImage extends StatefulWidget{
  @override
  _ScaleImageState createState()=>_ScaleImageState();
}

class _ScaleImageState extends State<ScaleImage>{
  double _scaleFactor=1.0;
  double _prevScale=1.0;

  @override
  Widget build(BuildContext context){
    return GestureDetector(
      onScaleStart:(ScaleStartDetails details){
        _prevScale=_scaleFactor;
      },
      onScaleUpdate:(ScaleUpdateDetails details){
        setState((){
          _scaleFactor=_prevScale * details.scale;
          _scaleFactor=_scaleFactor.clamp(1.0,3.0);// 限制缩放范围
        });
      },
```

```
      child:Container(
        width:200,
        height:200,
        color:Colors.blue,
        child:Center(
          child:Transform.scale(
            scale:_scaleFactor,
            child:Image.asset('assets/image.jpg'),
          ),
        ),
      ),
    );
  }
}
```

代码解释如下。

① onScaleStart：缩放开始时调用。本例中记录本次缩放前的缩放因子，也就是上次缩放的比例。

② onScaleUpdate：根据手势更新缩放因子，可以理解为两个手指每移动一点位置就会调用一次用于更新 UI。details.scale 中传入了当前的缩放比例。

③ Transform.scale：根据缩放因子缩放图片。

4.4.1.3 滑动与拖动

GestureDetector 可以检测滑动和拖动手势，并通过 onPanStart、onPanUpdate 和 onPanEnd 通知开发者。

```dart
Dart
class DraggableWidget extends StatefulWidget{
  @override
  _DraggableWidgetState createState()=>_DraggableWidgetState();
}

class _DraggableWidgetState extends State<DraggableWidget>{
  double _left=0;
  double _top=0;

  @override
  Widget build(BuildContext context){
    return GestureDetector(
      onPanStart:(DragStartDetails details){
        // 获取开始拖动时的点击坐标
      },
      onPanUpdate:(DragUpdateDetails details){
        setState((){
          _left+=details.delta.dx;// 更新组件位置
          _top+=details.delta.dy;
```

```
        });
      },
      onPanEnd:(DragEndDetails e){
        print('移动速度:${e.velocity}');
      },
      child:Container(
        margin:EdgeInsets.only(left:_left,top:_top),
        width:100,
        height:20,
        color:Colors.red,
        child:const Text('Drag Me'),
      ),
    );
  }
}
```

代码解释如下。

① onPanStart：当拖动开始时调用，details 会传入开始拖动时的坐标。

② onPanUpdate：手指每移动一点位置就会回调一次，用于更新 UI。details.delta 传入相对上次回调时的移动增量。通常根据这个增量计算 UI 组件的最新位置。

③ onPanEnd：手指抬起拖动结束时回调。会传入移动速度等信息。

上面介绍的是比较底层的拖动检测，GestureDetector 中还提供了针对横向滑动和纵向滑动的封装好的手势检测。

横向滑动手势如下。

① onHorizontalDragStart：横向滑动开始时触发。

② onHorizontalDragUpdate：横向滑动过程中持续触发。

③ onHorizontalDragEnd：横向滑动结束时触发。

纵向滑动手势如下。

① onVerticalDragStart：纵向滑动开始时触发。

② onVerticalDragUpdate：纵向滑动过程中持续触发。

③ onVerticalDragEnd：纵向滑动结束时触发。

可以基于这些手势，直接生成类似 ListView 或者 PageView 的滑动效果。

4.4.2 手势识别原理

通过前面关于 GestureDetector 使用方法的学习，相信读者已经对手势操作的原理有了初步的了解。GestureDetector 会在各种手势的开始、移动和结束阶段，通过回调函数通知开发者。开发者可以在每次手指微小移动后，基于回调通知中的最新位置信息，动态更新 UI 的位置和布局。那么，GestureDetector 在底层是如何实现手势识别的呢？

4.4.2.1 底层指针事件（Pointer Event）

Pointer Event 是 Flutter 底层用于手势识别的事件体系。当用户在触摸屏上进行手指交互时，Flutter 会生成一系列的 Pointer Event 来表示这一交互过程。这些事件包含了手指的触摸、滑动和离开等动作，它们帮助 Flutter 跟踪手势并做出相应的反应。

（1）主要的 Pointer Event

① PointerDownEvent：当手指初次接触屏幕时生成此事件。它包含手指接触位置、压

力等信息。

② PointerMoveEvent：当手指在屏幕上滑动时会持续产生此事件。它包含手指当前位置和相对于上一个事件的偏移量（delta）。

③ PointerUpEvent：当手指离开屏幕时生成此事件，标志着手势的结束。

④ PointerCancelEvent：当手势被中断时生成，例如手指滑出屏幕或其他干扰导致的手势中断。

（2）事件流

这些事件按照时间顺序依次产生，形成了一个事件流。Flutter 的手势识别组件通过监听这个事件流，来跟踪手势的状态，判断手势的类型，并触发相应的回调。

例如，GestureDetector 会通过内部的 RawGestureDetector 监听这个事件流。当判断出 Tap 手势时，GestureDetector 会触发 onTap 回调，进而响应用户的操作。

（3）手动监听指针事件

RawGestureDetector 和 Listener 组件会直接暴露事件流给开发者，开发者可以通过 onPointerSignal 回调来手动判断事件流，从而识别不同的手势。

（4）Pointer Event 的数据

每个 Pointer Event 都包含丰富的信息，主要有以下几种。

① position：事件发生时手指在屏幕上的位置。

② delta：相对于上一个事件的手指偏移量，只在 PointerMoveEvent 中使用。

③ buttons：触发事件的鼠标按键（在移动端，通常为 1）。

④ down：在 PointerDownEvent 中为 true，表示手指刚接触屏幕；在其他事件中为 false。

⑤ pointer：唯一标识该手势的编号，用于区分不同的手势。

开发者可以利用这些信息来判断手势的类型（如滑动、点击、拖动等），并跟踪手势的移动、开始、结束等状态。例如，开发者可以根据 position 来更新 UI 中某个组件的位置，或者根据 delta 来实现拖动效果。

在学习如何根据事件流判断手势类型之前，我们先来看一下 Flutter 是如何把指针事件分发到正确的组件上的。

4.4.2.2 指针事件分发流程

在 Flutter 中，指针事件（如触摸、点击、拖动等）是通过一系列步骤来确保事件能够准确地传递到合适的组件，并触发相应的回调。指针事件的处理流程通常包括命中测试、事件分发和事件清理三个主要阶段。

（1）命中测试

命中测试是指判断当前指针事件（如手指点击或滑动）是否命中某个组件的过程。因为在一个复杂的 UI 层次结构中，多个组件可能会重叠或者在用户触摸时相互交错，命中测试帮助 Flutter 确定哪些组件应该接收特定的指针事件。

在这个阶段，Flutter 从渲染树的叶子节点开始，向根节点遍历，并执行命中测试。

① 遍历渲染树：Flutter 会从渲染树的最底层开始逐层向上遍历。每个渲染对象都会检查当前的指针事件是否与其区域重叠。也就是说，Flutter 会从最具体的子组件开始，逐步往上检查每个组件是否能够响应这个事件。

② HitTestResult 列表：在命中测试过程中，所有成功命中的组件会被加入一个 HitTestResult 列表中。该列表记录了所有可以响应指针事件的组件，这些组件可能会在事件分发阶段收到处理请求。

命中测试的目的是找出所有需要响应该指针事件的组件，确保事件只传递给那些位于用户交互范围内的组件。

（2）事件分发

事件分发是指将指针事件从命中测试成功的组件分发到它们的事件处理方法（如 handleEvent）中。事件分发的过程通常由 GestureBinding 完成。

① GestureBinding：GestureBinding 是 Flutter 中负责处理所有手势事件的核心类。它会遍历 HitTestResult 列表，并将每个命中测试成功的组件的指针事件分发给该组件的事件处理方法。

② handleEvent：每个组件都有自己的事件处理方法（如 handleEvent），该方法用于处理传递给该组件的指针事件。当一个组件通过命中测试后，GestureBinding 会调用该组件的 handleEvent 方法，并传递相应的指针事件数据。

Flutter 会按事件的流动顺序来处理命中的组件。首先处理那些最上层的组件，如果它们决定消费该事件，事件就不会继续传递给下层组件。例如，如果点击事件首先被 Button 组件捕获并消费，事件就不会再传递给按钮下面的背景或其他层级的组件。

（3）事件清理

在指针事件结束时，事件清理主要是清空 HitTestResult 列表，清理当前的事件状态。这通常发生在手势结束时，例如手指从屏幕上移开或手势被中断。

① 清空 HitTestResult 列表：一旦手势结束（例如手指离开屏幕），Flutter 会清空 HitTestResult 列表中的内容。这意味着，之前存储的所有命中测试结果都会被清除，准备迎接下一个事件的处理。

② 释放资源：清理操作不仅仅是清空列表，还包括释放可能与该事件相关的资源，如取消事件监听、清理状态等。

事件清理是保证 Flutter 系统中每个事件处理过程都独立并且无污染的关键步骤。

到这里我们知道了 Flutter 如何将底层的指针事件流分发给需要处理该事件流的组件。接下来我们来看看如何将指针事件流识别成对应的手势。

4.4.2.3 手势识别器（GestureRecognizer）

按照 Flutter 的解耦思想，我们很容易想到，GestureDetector 组件中根据事件流判断是何种手势的操作会交给其他类负责，那就是 GestureRecognizer。在 Flutter 中，GestureRecognizer 是用于识别不同手势的基础类。它是手势识别的核心，定义了手势识别的基本方法和流程。

（1）GestureRecognizer 的核心方法

GestureRecognizer 是手势识别的基础类，它定义了手势识别的基本方法和流程。

① setUp()：用于初始化手势识别的准备工作，一般在手势识别器初始化时调用。

② addAllowedPointer()/removeAllowedPointer()：这两个方法用于添加或移除允许的触控点，用来跟踪手势的开始、进行和结束。

③ handleEvent()：用来处理触发的事件，判断是否符合某个手势的条件。

④ acceptGesture()：当手势符合条件时调用，确认该手势已经触发。

⑤ rejectGesture()：当手势不符合条件时调用，拒绝该手势的识别。

可以继承 GestureRecognizer 来实现自定义手势识别。通过继承和重写相关方法，开发者可以为特定场景创建自定义的手势识别逻辑。下面是自定义单击事件识别器的例子。

```
Dart
// 自定义 GestureRecognizer 用于识别点击事件
class MyTapGestureRecognizer extends GestureRecognizer{
```

```
  // 记录手势是否被点击
  bool _isTapped=false;

  // 重写 handleEvent 方法来处理事件
  @override
  void handleEvent(PointerEvent event){
    // 只处理 PointerDownEvent 事件
    if(event is PointerDownEvent){
      _isTapped=true;// 手指按下时,认为是点击
      acceptGesture(event.pointer);// 确认手势已经被接受
    }
  }

  // 重写 acceptGesture 确认接受手势
  @override
  void acceptGesture(int pointer){
    if(_isTapped){
      print("Custom Gesture Recognized:Tap Event!");
    }
  }

  // 重写 rejectGesture 拒绝手势
  @override
  void rejectGesture(int pointer){
    _isTapped=false;
  }
}
```

(2) 常用手势识别器

Flutter 提供了多种常用的手势识别器，每个识别器都用于识别特定类型的手势并触发相应的回调。

① TapGestureRecognizer：识别点击手势，支持 onTap、onDoubleTap 等回调。

② LongPressGestureRecognizer：识别长按手势，触发 onLongPress 回调。

③ VerticalDragGestureRecognizer：识别垂直方向的拖动手势，触发 onVerticalDragStart、onVerticalDragUpdate 等回调。

④ HorizontalDragGestureRecognizer：识别水平方向的拖动手势，触发 onHorizontalDragStart、onHorizontalDragUpdate 等回调。

⑤ PanGestureRecognizer：识别任何方向的拖动手势，触发 onPanStart、onPanUpdate 等回调。

⑥ ScaleGestureRecognizer：识别缩放手势，触发 onScaleStart、onScaleUpdate、onScaleEnd 回调。

⑦ ForcePressGestureRecognizer：识别 3D 触控压力变化，触发 onForcePressStart 等回调。

⑧ DragGestureRecognizer：一个抽象类，供 VerticalDragGestureRecognizer 和 HorizontalDragGestureRecognizer 继承。

⑨ MultiDragGestureRecognizer：同时识别垂直和水平方向拖动，继承自 DragGesture-

Recognizer。

⑩ DelayedMultiDragGestureRecognizer：继承自 MultiDragGestureRecognizer，增加拖动延迟以避免误操作。

(3) 使用手势识别器

有了手势识别器，如何将手势识别器和对应的事件流关联起来呢？可以使用前面介绍的 RawGestureDetector 这个底层组件。

```
Dart
RawGestureDetector(
  gestures:{
    // 注册自定义手势识别器
    MyTapGestureRecognizer: GestureRecognizerFactoryWithHandlers<MyTapGestureRec-
ognizer>(
      ()=>MyTapGestureRecognizer(),// 创建手势识别器实例
      (MyTapGestureRecognizer instance){
        // 设置手势识别器的回调
        instance.onTap=(){
          print('自定义点击手势:点击');
        };
      },
    ),
  },
  child:child,
)
```

代码解释如下。

① RawGestureDetector 的 gestures 参数是一个 Map<Type，GestureRecognizerFactory>。

② 我们通过 GestureRecognizerFactoryWithHandlers 创建并配置自定义的 MyTapGestureRecognizer。

③ onTap 是 TapGestureRecognizer 的默认回调，我们可以在自定义识别器中重写它。

其实 GestureDetector 内部就是用这种方式实现的，只不过 GestureDetector 内的 gestures 注册了多种不同的手势识别器。

4.5 通知

在 Flutter 中，通知（Notification）是一种用于在 Widget 树中传递信息的机制。它允许子 Widget 向父 Widget 发送通知，而无须通过显式的回调或状态管理。

通知的核心思想是当一个通知被发送时，Flutter 会沿着 Widget 树向上传递该通知，直到遇到第一个能够处理该通知的 Widget。每个 Widget 都可以选择是否处理该通知。

4.5.1 Notification 的使用方法

首先需要定义一个继承自 Notification 的类。

```
Dart
class MyNotification extends Notification{
```

```
  final String data;// 通知携带的数据
  MyNotification(this.data);
}
```

在需要发送通知的地方，可以使用 dispatch 方法将通知沿着 Widget 树向上传递。

```dart
class NotificationSender extends StatelessWidget{
  @override
  Widget build(BuildContext context){
    return Builder(
      builder:(BuildContext context){
        return ElevatedButton(
          onPressed:(){
            // 发送自定义通知
            MyNotification('Hello,world').dispatch(context);
          },
          child:Text('Send Notification'),
        );
      },
    );
  }
}
```

代码解释如下。

① Builder 用于获取当前的 BuildContext。

② dispatch 方法将通知沿着 Widget 树向上传递。

使用 NotificationListener 组件可以监听特定类型的通知。

```dart
class NotificationListenerExample extends StatelessWidget{
  @override
  Widget build(BuildContext context){
    return NotificationListener<MyNotification>(
      onNotification:(MyNotification notification){
        // 处理通知
        print('Received notification:${notification.data}');
        return true;// 返回 true 表示通知不再继续向上传递
      },
      child:Column(
        children:[
          NotificationSender(),// 发送通知的组件
          Text('Notification Listener'),// 其他子组件
        ],
      ),
    );
  }
}
```

代码解释如下。

① NotificationListener<MyNotification>：通过泛型方法监听 MyNotification 类型的通知。

② onNotification：当收到通知时触发的回调。

返回 true 表示通知不再继续向上传递，返回 false 表示通知继续传递。

4.5.2 实际应用场景

通知机制在 Flutter 中的一个典型应用场景是监听 ScrollView 的滚动状态。Flutter 提供了 ScrollNotification 来通知父组件关于滚动事件的信息，例如滚动开始、滚动更新、滚动结束等。通过监听这些通知，开发者可以实现复杂的滚动交互逻辑，例如隐藏/显示 AppBar、加载更多数据等。

下面我们将详细介绍如何使用 NotificationListener 监听 ScrollView 的滚动通知，并实现一些常见的滚动交互功能。

4.5.2.1 监听 ScrollView 的滚动通知

Flutter 中的 ScrollView（如 ListView、GridView 等）在滚动时会发送 ScrollNotification。我们可以通过 NotificationListener 监听这些通知。

以下是一个监听 ListView 滚动通知的示例。

```
Dart
class ScrollListenerExample extends StatelessWidget{
  @override
  Widget build(BuildContext context){
    return NotificationListener<ScrollNotification>(
      onNotification:(ScrollNotification notification){
        // 处理滚动通知
        if(notification is ScrollStartNotification){
          print('滚动开始');
        }else if(notification is ScrollUpdateNotification){
          print('滚动更新:${notification.scrollDelta}');
        }else if(notification is ScrollEndNotification){
          print('滚动结束');
        }
        return false;// 返回 false,允许通知继续向上传递
      },
      child:ListView.builder(
        itemCount:50,
        itemBuilder:(context,index){
          return ListTile(
            title:Text('Item $index'),
          );
        },
      ),
    );
  }
}
```

代码解释如下。

① ScrollStartNotification：滚动开始时触发。

② ScrollUpdateNotification：滚动过程中持续触发，包含滚动的偏移量（scrollDelta）。

③ ScrollEndNotification：滚动结束时触发。

返回 false 表示通知继续向上传递，返回 true 表示通知停止传递。

4.5.2.2 实现滚动时隐藏/显示 AppBar

通过监听滚动通知，可以实现滚动时隐藏或显示 AppBar 的效果。

```dart
Dart
class HideAppBarOnScroll extends StatefulWidget{
  @override
  _HideAppBarOnScrollState createState()=>_HideAppBarOnScrollState();
}

class _HideAppBarOnScrollState extends State<HideAppBarOnScroll>{
  bool _showAppBar=true;// 控制 AppBar 的显示状态

  @override
  Widget build(BuildContext context){
    return Scaffold(
      appBar:_showAppBar
          ? AppBar(
              title:Text('滚动隐藏 AppBar'),
            )
          :null,
      body:NotificationListener<ScrollNotification>(
        onNotification:(ScrollNotification notification){
          if(notification is ScrollUpdateNotification){
            // 根据滚动方向更新 AppBar 的显示状态
            setState((){
              if(notification.scrollDelta!>0){
                _showAppBar=false;// 向下滚动,隐藏 AppBar
              }else if(notification.scrollDelta!<0){
                _showAppBar=true;// 向上滚动,显示 AppBar
              }
            });
          }
          return false;// 允许通知继续向上传递
        },
        child:ListView.builder(
          itemCount:50,
          itemBuilder:(context,index){
            return ListTile(
              title:Text('Item $index'),
            );
          },
```

```
      ),
    ),
  );
 }
}
```

代码解释如下。

①当用户向下滚动时，隐藏 AppBar。②当用户向上滚动时，显示 AppBar。③通过 setState 更新_showAppBar 状态，从而控制 AppBar 的显示和隐藏。

4.6 动画

动画在应用程序中扮演着至关重要的角色，它可以增强用户体验并使应用程序更加生动。Flutter 提供了强大的动画支持，能够实现从简单到复杂的各种动画效果。本节将介绍 Flutter 中动画的基本原理、常见动画类型以及如何实现这些动画。

4.6.1 动画基本原理

Flutter 动画是基于帧的，通过在一定时间间隔内连续绘制帧来创建动画效果。AnimationController 和 Tween 是实现动画的核心工具。

① AnimationController：控制动画的持续时间、速度、重复次数等。

② Tween：定义动画的颜色、大小、位置等参数的变化范围。

下面通过 AnimationController 和 Tween 实现一个组件向右移动的动画，当应用启动时，蓝色的 Container 会从屏幕左边缘平滑地向右移动，动画持续 2s，并且在动画的两端会有缓动效果（加速进入，减速退出）。

```
Dart
class AnimatedBox extends StatefulWidget{
  @override
  _AnimatedBoxState createState()=>_AnimatedBoxState();
}

class _AnimatedBoxState extends State<AnimatedBox> with SingleTickerProvider-
StateMixin{
  late AnimationController _controller;
  late Animation<double> _animation;

  @override
  void initState(){
    super.initState();

    // 创建一个 AnimationController,持续时间 2s
    _controller=AnimationController(
      duration:Duration(seconds:2),
      vsync:this,// 需要 SingleTickerProviderStateMixin 来提供 vsync
```

```
    );

    // 使用 Tween 来定义动画的范围,0 到 300 表示 Box 移动的水平距离
    _animation=Tween<double>(begin:0,end:300).animate(
      CurvedAnimation(parent:_controller,curve:Curves.easeInOut),
    );

    // 启动动画
    _controller.forward();// 正向播放动画
  }

  @override
  Widget build(BuildContext context){
    return Center(
      child:AnimatedBuilder(
        animation:_animation,
        builder:(context,child){
          // 每次动画更新时重新构建并应用偏移
          return Transform.translate(
            offset:Offset(_animation.value,0),// 水平偏移量随着动画进度变化
            child:Container(
              width:100,
              height:100,
              color:Colors.blue,
            ),
          );
        },
      ),
    );
  }

  @override
  void dispose(){
    _controller.dispose();// 不再需要时释放 AnimationController
    super.dispose();
  }
}
```

代码解释如下。

① AnimationController：AnimationController 是控制动画的关键类，它控制动画的时间进度、开始、停止等。在上面的例子中，我们设置了一个持续 2s 的动画，使用 vsync 来提供一个与屏幕刷新率同步的信号，防止不必要的资源消耗。vsync 需要 SingleTickerProviderStateMixin 来提供，它保证动画的效率和帧率与屏幕刷新同步。

② Tween：Tween 是用来定义动画变化范围的工具。我们在这里使用 Tween<double>(begin：0，end：300)，表示动画的值从 0 变化到 300，控制的是 Container 的水平移动距离。animate 方法将 Tween 与 AnimationController 结合，生成一个 Animation<double>，该动

画会随着 AnimationController 的时间进度逐渐改变值。

③ CurvedAnimation：CurvedAnimation 用于对动画应用缓动效果（如加速或减速）。在本例中，我们使用 Curves. easeInOut，使动画在开始和结束时都比较平滑。

④ Animation：Animation 是结合 AnimationController、Tween 和 CurvedAnimation 生成的一个动画对象。当动画启动后随着时间推移，屏幕每更新一帧画面，Animation 中记录的值都会产生变化。例如在本例中每一帧 Animation 的值都是蓝色方块向右移动的距离。这个距离的变化不是线性的，而是根据 CurvedAnimation 设定在两边较慢中间较快。Flutter 的动画原理就是根据 Animation 中 value 的变化绘制每一帧图像，最终实现动画效果。

⑤ AnimatedBuilder：AnimatedBuilder 是 Flutter 中用来监听动画并更新组件的工具。在每次动画进度变化时，builder 回调都会被调用，重新构建界面。我们通过 Transform. translate 根据 Animation 的值来平移 Container，实现了动画效果。

⑥ Transform. translate：Transform. translate 用于应用平移变换，使组件在水平方向上移动。每次动画进度更新时，_animation. value 会返回一个新的位置值，Container 会跟随该值在屏幕上平移。

⑦ dispose()：dispose() 方法用于在组件销毁时释放 AnimationController，避免内存泄漏。

4.6.2 动画速度曲线

动画的速度曲线定义了动画在时间轴上的加速和减速方式，决定了动画在开始、进行和结束时的速度变化效果。通过 CurvedAnimation，可以为动画指定速度曲线，使动画效果更加自然。举例如下。

```
Dart
final animation=Tween<double>(begin:0,end:100).animate(
  CurvedAnimation(
    parent:_controller,
    curve:Curves.easeInOut,// 使用预定义曲线
  ),
);
```

常用曲线如下。

① Curves. ease：慢速开始和结束，中间加速。

② Curves. easeIn：慢速开始，然后加速。

③ Curves. easeOut：快速开始，然后减速。

④ Curves. easeInOut：慢速开始和结束，中间加速和减速。

⑤ Curves. linear：匀速运动，速度恒定。

⑥ Curves. decelerate：快速开始，然后减速。

⑦ Curves. accelerate：慢速开始，然后加速。

⑧ Curves. elasticIn：弹性效果，动画开始时有弹性。

⑨ Curves. elasticOut：弹性效果，动画结束时有弹性。

⑩ Curves. bounceIn：从下方“跳跃”进入，产生反弹效果。

⑪ Curves. bounceOut：从上方“跳跃”退出，产生反弹效果。

⑫ Curves. fastOutSlowIn：快速开始，然后减速，中间有缓慢过渡。

⑬ Curves. slowMiddle：开始和结束较快，中间较慢。

除预定义曲线外，我们还可以自定义复杂的曲线。

```
Dart
final curve=Cubic(0.84,-0.49,0.27,0.76);
final animation=Tween<double>(begin:0,end:100).animate(
  CurvedAnimation(
    parent:controller,
    curve:curve
  )
);
```

上面代码 Cubic 定义了一个三次贝塞尔曲线，它有 4 个控制点。

0.84：初始速度，animation 开始时的变化速度。

−0.49：第 1 个控制点，用于影响曲线的形状。

0.27：第 2 个控制点，用于影响曲线的形状。

0.76：终点速度，animation 结束时的变化速度。

4.6.3 Transition 动画

前面介绍的动画效果都需要我们自己根据 Animation 中值的变换去修改 UI 组件。这样用虽然灵活，但是用起来相对比较麻烦。因此 Flutter 为我们提供了一系列的 Transition 类，将一些特定的动画效果封装好了直接使用。

主要的 Transition 子类包括以下几种。

① FadeTransition：渐变过渡，通过调整 opacity 实现淡入淡出效果。

② SlideTransition：滑动过渡，通过调整 child 的位置实现滑入滑出效果。

③ RotationTransition：旋转过渡，通过调整 child 的角度实现旋转效果。

④ ScaleTransition：缩放过渡，通过调整 child 的大小比例实现缩放效果。

⑤ SizeTransition：大小过渡，调整 child 的大小。

⑥ FadeThroughTransition：Mexican Wave 效果，实现一组子元素逐个淡入淡出的效果。

下面例子中使用 SlideTransition 实现蓝色方块从屏幕右侧滑入。

```
Dart
class SlideTransitionPage extends StatefulWidget{
  @override
  _SlideTransitionPageState createState()=>_SlideTransitionPageState();
}

class _SlideTransitionPageState extends State<SlideTransitionPage> with SingleTick-
erProviderStateMixin{
  late AnimationController _controller;
  late Animation<Offset> _animation;

  @override
  void initState(){
    super.initState();
```

```
    // 创建 AnimationController,持续时间 2s
    _controller=AnimationController(
      duration:Duration(seconds:2),
      vsync:this,// 使用 StatefulWidget 提供的 vsync
    );

    // 定义动画的偏移范围,滑动从屏幕外进入
    _animation=Tween<Offset>(begin:Offset(1.0,0.0),end:Offset.zero).animate(
      CurvedAnimation(parent:_controller,curve:Curves.easeInOut),
    );

    // 启动动画
    _controller.forward();
  }

  @override
  Widget build(BuildContext context){
    return Scaffold(
      appBar:AppBar(title:Text("SlideTransition Example")),
      body:Center(
        child:SlideTransition(
          position:_animation,// 将动画应用到 position 上
          child:Container(
            width:200,
            height:200,
            color:Colors.blue,
          ),
        ),
      ),
    );
  }

  @override
  void dispose(){
    _controller.dispose();// 释放资源
    super.dispose();
  }
}
```

代码解释如下。

SlideTransition 用于将动画应用到组件的平移上，通过 position 来控制组件的位移效果。

4.6.4 属性切换动画

在 Flutter 中，为了简化动画的实现，提供了一些专门用于实现属性变化动画的 Animated 系列组件。这些组件允许我们在属性变化时自动应用动画过渡，开发者无需手动管理 AnimationController 和 Tween 等动画细节。最常用的 Animated 组件之一是 AnimatedContainer，它可以让 Container 的各种属性（如大小、颜色、边距等）在变化时自动应用动画。

以下是一个使用 AnimatedContainer 来平滑过渡 Container 的大小变化的例子。

```
Dart
class MyWidget extends StatefulWidget{
  @override
  _MyWidgetState createState()=>_MyWidgetState();
}
class_MyWidgetState extends State<MyWidget>{
  bool_isExpanded=false;
  @override
  Widget build(BuildContext context){
    return GestureDetector(
      onTap:(){
        setState((){
          _isExpanded=!_isExpanded;
        });
      },
      child:AnimatedContainer(
        duration:Duration(milliseconds:300),
        height:_isExpanded? 200:100,
        color:Colors.blue,
        child:Center(
          child:Text(
            "Click me!",
            style:TextStyle(color:Colors.white),
          ),
        ),
      ),
    );
  }
}
```

代码解释如下。

① GestureDetector：GestureDetector 监听用户点击事件，每当用户点击时，会切换 _isExpanded 的值，触发 setState()，并更新 UI。

② AnimatedContainer：AnimatedContainer 是一个可以自动为属性变化添加动画的容器。它和 Container 的使用非常类似，但是当属性（如 height、color 等）变化时，AnimatedContainer 会自动为这些变化应用动画过渡。

在这个例子中，当_isExpanded 的值切换时，height 和 color 属性会随之变化，AnimatedContainer 会平滑过渡到新的状态。

③ duration：duration 定义了动画持续的时间，这里设置为 300ms。当容器的属性发生变化时，动画将在 300ms 内完成。

④ height 和 color 属性如下。

height：根据_isExpanded 的值决定容器的高度。如果_isExpanded 为 true，则高度为 200；如果为 false，则高度为 100。

color：容器的背景色根据_isExpanded的值动态改变，使用蓝色作为背景色。

如何理解AnimatedContainer?

① 没有动画时：AnimatedContainer的行为与Container完全相同，当其属性没有变化时，它只是一个常规的容器。

② 有动画时：当属性发生变化时，AnimatedContainer会自动将这些变化平滑过渡到新的状态。比如，当height从100～200时，AnimatedContainer会通过动画效果使高度逐渐变化，而不是直接跳跃到新的高度。

Flutter提供了一系列的Animated组件，可以简化不同类型的动画实现，常用的组件如下。

① AnimatedPadding：可以在动画的时间内改变子组件的padding。

② AnimatedPositioned：可以在动画的时间内改变子组件的位置，通常与Stack一起使用。

③ AnimatedOpacity：可以在动画的时间内改变子组件的透明度。

④ AnimatedAlign：可以在动画的时间内改变子组件的对齐方式。

⑤ AnimatedContainer：可以在动画的时间内改变子组件的decoration、foregroundDecoration、width、height、constraints等。

⑥ AnimatedDefaultTextStyle：可以在动画的时间内改变子组件的文字样式。

使用场景如下。

① 动态UI变化：当UI组件的某些属性（如大小、位置、透明度等）发生变化时，使用Animated组件可以使过渡过程更加平滑。

② 交互反馈：例如，当用户点击某个按钮时，按钮的大小、颜色等属性发生变化时，使用Animated组件可以让这些变化以动画的形式呈现，增强用户体验。

③ 布局变化：例如在页面布局中，动态改变容器的大小、位置、颜色等属性时，Animated组件可以帮助实现平滑的过渡。

4.6.5 叠加动画

在复杂的交互场景中，单一动画往往难以满足设计需求。例如实现一个按钮在点击时既需要渐隐渐现的透明度变化，又需要从底部向上滑动的位移效果，这就需要通过叠加动画实现视觉层次感。

Flutter通过组合多个Animation对象和Transition组件实现叠加动画。其本质是让同一个动画控制器（AnimationController）驱动多个动画的属性变化，最终通过Widget树嵌套完成多维度动画融合。

4.6.5.1 Transition组件嵌套

通过多个动画组件的层级嵌套，实现属性叠加。下面是一个透明度与位移同时变化的代码示例。

```
Dart
FadeTransition(
  opacity:CurvedAnimation(
    parent:controller,
    curve:Curves.easeInOut,
  ),
  child:SlideTransition(
```

```
    position:Tween<Offset>(
      begin:const Offset(0,1),
      end:Offset.zero,
    ).animate(controller),
    child:Container(
      width:100,
      height:100,
      color:Colors.blue,
    ),
  ),
)
```

代码解释如下。

① FadeTransition 控制透明度变化。

② SlideTransition 控制从底部向上滑动（Offset(0,1) 到 Offset.zero）。

③ 两个动画共享同一个 controller，实现同步启动/停止。

4.6.5.2 通过 AnimatedBuilder 实现叠加动画

当有两个或多个动画效果需要叠加时，也可以通过 AnimatedBuilder 实现。多个动画共享同一个 controller。在 AnimatedBuilder 的 build 方法中基于多个 Animation 的 value 来构造 UI 展示。我们通过一个例子来演示实际的用法：当用户点击登录按钮时，按钮宽度收缩、显示加载进度环，并伴随颜色渐变效果。举例如下。

```
Dart
class LoadingButton extends StatefulWidget{
  @override
  _LoadingButtonState createState()=>_LoadingButtonState();
}

class _LoadingButtonState extends State<LoadingButton>
    with TickerProviderStateMixin{
  late AnimationController _controller;
  late Animation<double> _widthAnimation;
  late Animation<Color?> _colorAnimation;

  @override
  void initState(){
    super.initState();
    _controller=AnimationController(
      duration:const Duration(seconds:2),
      vsync:this,
    );

    _widthAnimation=Tween<double>(
      begin:200.0,
      end:50.0,
    ).animate(CurvedAnimation(
```

```
      parent:_controller,
      curve:Curves.fastOutSlowIn,
    ));

    _colorAnimation=ColorTween(
      begin:Colors.blue,
      end:Colors.green,
    ).animate(_controller);
  }

  @override
  void dispose(){
    _controller.dispose();
    super.dispose();
  }

  @override
  Widget build(BuildContext context){
    return GestureDetector(
      onTap:()=>_controller.forward(),
      child:AnimatedBuilder(
        animation:_controller,
        builder:(context,child){
          return Container(
            width:_widthAnimation.value,
            height:50,
            decoration:BoxDecoration(
              color:_colorAnimation.value,
              borderRadius:BorderRadius.circular(25),
            ),
            child:_controller.isAnimating
                ? CircularProgressIndicator(color:Colors.white)
                :Text('登录'),
          );
        },
      ),
    );
  }
}
```

代码解释如下。

① 点击按钮触发 forward() 启动动画。

② 在动画进行中 AnimatedBuilder 会根据两个不同的 Animation 共同构造 UI 内容。宽度从 200 收缩到 50(_widthAnimation) 颜色从蓝色渐变为绿色（_colorAnimation）。

4.6.6 交织动画

叠加动画是将多个简单动画在同一时间内叠加成为一个复合的动画效果。还有一种情况是需要让多个动画效果以不同的延迟时间依次执行，我们称其为交织动画。通过 Interval，可以让多个动画按顺序执行，形成交织动画效果。

交织动画原理如下所述。

定义一个公用的 AnimationController，对于每个动画效果，我们定义一个 Animation 对象，然后通过对 Animation 对象的启动时间进行设置，让它们依次执行。

```
Dart
class StaggerAnimationExample extends StatefulWidget{
  @override
  _StaggerAnimationExampleState createState()=>_StaggerAnimationExampleState();
}

class _StaggerAnimationExampleState extends State<StaggerAnimationExample>
    with TickerProviderStateMixin{
  late AnimationController _controller;
  late Animation<Color?> _colorAnimation;
  late Animation<double> _sizeAnimation;
  late Animation<Offset> _positionAnimation;

  @override
  void initState(){
    super.initState();
    _controller=AnimationController(
      duration:Duration(seconds:5),
      vsync:this,
    );

    _colorAnimation=ColorTween(begin:Colors.green,end:Colors.yellow).animate(
      CurvedAnimation(
        parent:_controller,
        curve:Interval(0.0,0.3,curve:Curves.easeInOut),
      ),
    );

    _sizeAnimation=Tween<double>(begin:100,end:200).animate(
      CurvedAnimation(
        parent:_controller,
        curve:Interval(0.3,0.6,curve:Curves.easeInOut),
      ),
    );

    _positionAnimation=Tween<Offset>(begin:Offset.zero,end:Offset(0,100)).animate(
      CurvedAnimation(
        parent:_controller,
        curve:Interval(0.6,1.0,curve:Curves.easeInOut),
```

```
    ),
  );

  _controller.forward();
}

@override
void dispose(){
  _controller.dispose();
  super.dispose();
}

@override
Widget build(BuildContext context){
  return AnimatedBuilder(
    animation:_controller,
    builder:(context,child){
      return Transform.translate(
        offset:_positionAnimation.value,
        child:Container(
          width:_sizeAnimation.value,
          height:_sizeAnimation.value,
          color:_colorAnimation.value,
        ),
      );
    },
  );
}
}
```

代码解释如下。

① 我们创建了 3 个 Animation<double>对象来定义动画。

② 所有的动画都指定同一个 AnimationController。

③ 每个动画有不同的 Interval 来指定它们各自的时间范围和曲线。Interval 中 0～1 表示整个动画时间，前 30%的时间可以这样表示：Interval(0.0，0.3，curve：Curves.easeInOut)。

④ 调用 controller.forward() 来启动所有的动画。这将产生一个交织的动画效果，因为每个动画在不同的时间范围内运动。

注意：这里多个动画 Interval 指定的时间是可以重叠的，当所有动画的 Interval 时间完全重叠，就相当于前面介绍的叠加动画。

4.6.7 路由切换动画

在 Flutter 中，路由切换动画是提升用户体验的重要部分。虽然 MaterialPageRoute 已经提供了与平台风格一致的默认动画，但在实际项目中我们常常需要根据设计需求实现自定义的切换效果。本节将详细讲解如何使用 PageRouteBuilder 实现自定义路由切换动画。

4.6.7.1 默认路由切换动画

MaterialPageRoute 是 Flutter 中最常用的路由组件，它根据平台自动适配平台原生一致的切换动画。

```
Dart
Navigator.push(
  context,
  MaterialPageRoute(builder:(context)=> SecondPage()),
);
```

这种默认行为虽然方便，但无法满足个性化需求。

4.6.7.2 自定义路由切换动画

PageRouteBuilder 是 Flutter 中用于创建自定义路由切换动画的核心组件。它提供了 pageBuilder 和 transitionsBuilder 两个关键参数，分别用于构建页面内容和定义切换动画。

```
Dart
Navigator.push(
  context,
  PageRouteBuilder(
    pageBuilder:(context,animation,secondaryAnimation)=> SecondPage(),
    transitionsBuilder:(context,animation,secondaryAnimation,child){
      return FadeTransition(
        opacity:animation,
        child:child,
      );
    },
  ),
);
```

代码解释如下。

① pageBuilder：用于构建目标页面（如 SecondPage）。

② transitionsBuilder：定义切换动画。一般来说，打开新页面时，当前页不需要有动画效果，只有新页面的进入效果。关闭页面时，也只有被关闭页面的退出效果。如果需要打开新页面时，当前页和新进入的页面都有动画效果，就需要用到 secondaryAnimation 参数了。

a. animation 参数类型为 Animation<double>，表示新页面从开始到完全显示的过程。在页面进入时，animation 的值从 0.0 逐渐增加到 1.0。

b. secondaryAnimation 参数类型为 Animation<double>，表示旧页面从完全显示到完全消失的过程。在页面进入时，secondaryAnimation 的值从 1.0 逐渐减少到 0.0。

通过 transitionDuration 参数设置动画时长。

```
Dart
PageRouteBuilder(
  transitionDuration:Duration(milliseconds:800),
  //...
)
```

animation 和 secondaryAnimation 的默认速度曲线是线性的，即它们的值从 0.0 到 1.0（或从 1.0 到 0.0）是均匀变化的。通过 CurvedAnimation，可以添加非线性速度曲线。

```
Dart
transitionsBuilder:(context,animation,secondaryAnimation,child){
  // 为 animation 添加缓动曲线
  var curvedAnimation=CurvedAnimation(
    parent:animation,
    curve:Curves.easeInOut,// 非线性缓动曲线
  );

  return FadeTransition(
    opacity:curvedAnimation,// 使用缓动后的动画
    child:child,
  );
}
```

代码解释：这里通过将 CurvedAnimation 的 parent 参数，指定为页面切换动画的 animation 或者 secondaryAnimation 来实现将原先的线性速度曲线变化为非线性速度曲线。

4.6.7.3 全局自定义路由切换动画

通过继承 PageRoute 或 MaterialPageRoute，实现全局自定义路由切换动画。举例如下。

```
Dart
class CustomPageRoute extends MaterialPageRoute{
  CustomPageRoute({required WidgetBuilder builder}):super(builder:builder);

  @override
  Duration get transitionDuration=>Duration(milliseconds:800);

  @override
  Widget buildTransitions(BuildContext context,Animation<double> animation,
      Animation<double> secondaryAnimation,Widget child){
    return FadeTransition(
      opacity:animation,
      child:child,
    );
  }
}
```

4.6.8 Hero 动画

在移动应用开发中，有一种常见的交互场景：当用户点击首页的商品图片时，会跳转到该商品的详情页，同时图片会通过动画效果从原位置平滑过渡到详情页，并伴随着放大效果。这种流畅的过渡动画就是 Flutter 中的 Hero 动画，它能够将一个 Widget 从一个屏幕无缝地过渡到另一个屏幕。

Hero 动画的核心在于，它让用户在页面切换时感受到自然的视觉连续性，从而提升应

用的交互体验。在动画过程中，Widget 会根据目标页面的布局自动调整大小和位置，最终在目标页面中占据正确的位置，整个过程平滑且优雅。

要实现 Hero 动画，需要在两个页面中分别放置一个 Hero 组件，并通过 tag 属性将它们关联起来。具体如下。

① 源页面：在跳转前的页面中，使用 Hero 包裹需要过渡的 Widget，并为其指定一个唯一的 tag。

② 目标页面：在跳转后的页面中，使用 Hero 包裹目标 Widget，并确保 tag 与源页面中的 Hero 一致。

Flutter 会自动检测这两个 Hero 组件，并在它们之间创建过渡动画。

以下是一个简单的示例代码，展示了如何实现上述效果。

```
Dart
// 源页面
class HomePage extends StatelessWidget{
  @override
  Widget build(BuildContext context){
    return Scaffold(
      appBar:AppBar(title:Text('商品列表')),
      body:Center(
        child:GestureDetector(
          onTap:(){
            Navigator.push(
              context,
              MaterialPageRoute(builder:(context)=>DetailPage()),
            );
          },
          child:Hero(
            tag:'productImage',// 唯一标识符
            child:Image.network(
              'https://via.placeholder.com/150',
              width:100,
              height:100,
            ),
          ),
        ),
      ),
    );
  }
}

// 目标页面
class DetailPage extends StatelessWidget{
  @override
  Widget build(BuildContext context){
    return Scaffold(
      appBar:AppBar(title:Text('商品详情')),
```

```
      body:Center(
        child:Hero(
          tag:'productImage',// 与源页面的 tag 一致
          child:Image.network(
            'https://via.placeholder.com/150',
            width:300,
            height:300,
          ),
        ),
      ),
    );
  }
}
```

代码解释如下。

① 源页面：图片被包裹在 Hero 中，tag 设置为'productImage'。

② 目标页面：详情页中的图片同样被包裹在 Hero 中，并使用相同的 tag。

③ 动画效果：当用户点击图片时，图片会从源页面平滑过渡到目标页面，并放大到目标尺寸。

4.6.9 动画监听

在 Flutter 中，动画的执行过程可以通过 Animation 对象进行监听，从而在动画的不同阶段执行特定的逻辑。Flutter 提供了两种主要的监听方式。

① addListener()：监听动画值的变化，适用于需要在每一帧动画更新时执行操作的场景。

② addStatusListener()：监听动画状态的变化，适用于需要在动画开始、结束、反向或重置时执行操作的场景。

4.6.9.1 addListener() 监听动画值变化

addListener() 方法会在每一帧动画被绘制时调用，开发者可以在其中获取当前动画的值，并根据值的变化更新 UI 或执行其他逻辑。举例如下。

```
Dart
class AnimationListenerExample extends StatefulWidget{
  @override
  _AnimationListenerExampleState createState()=>
      _AnimationListenerExampleState();
}

class _AnimationListenerExampleState extends State<AnimationListenerExample>
    with SingleTickerProviderStateMixin{
  late AnimationController _controller;

  @override
  void initState(){
    super.initState();
```

```
    _controller=AnimationController(
      duration:Duration(seconds:2),
      vsync:this,
    );

    // 添加监听器
    _controller.addListener((){
      setState((){
        // 重新构建页面
      });
    });

    _controller.forward();// 启动动画
  }

  @override
  Widget build(BuildContext context){
    return Center(
      child:Container(
        width:_controller.value * 200,// 根据动画值调整宽度
        height:_controller.value * 200,// 根据动画值调整高度
        color:Colors.blue,
      ),
    );
  }

  @override
  void dispose(){
    _controller.dispose();
    super.dispose();
  }
}
```

代码解释如下。

① _controller.addListener()：为动画控制器添加监听器，每一帧动画更新时都会调用。

② setState()：在监听器中调用 setState()，触发 UI 重新构建，使动画效果实时更新。

③ _controller.value：获取当前动画的值（范围从 0.0 到 1.0），并根据值动态调整 UI。

注意：虽然 addListener() 结合 setState() 可以实现动画效果，但在复杂场景下可能会导致性能问题。更推荐使用 AnimatedBuilder，它能够将动画逻辑与 UI 构建分离，避免不必要的 UI 重建。

4.6.9.2 addStatusListener ( ) 监听动画状态变化

addStatusListener() 方法用于监听动画的状态变化，开发者可以根据动画的状态（如开始、结束、反向或重置）执行相应的逻辑。举例如下。

```
Dart
_controller.addStatusListener((status){
```

```
  if(status==AnimationStatus.forward){
    print('动画向前移动');
  }else if(status==AnimationStatus.reverse){
    print('动画向后移动');
  }else if(status==AnimationStatus.completed){
    print('动画执行完成');
  }else if(status==AnimationStatus.dismissed){
    print('动画被重置');
  }
});
```

动画状态说明如下。

① AnimationStatus.forward：动画正在正向播放（从 0.0 到 1.0）。

② AnimationStatus.reverse：动画正在反向播放（从 1.0 到 0.0）。

③ AnimationStatus.completed：动画正向播放完成。

④ AnimationStatus.dismissed：动画反向播放完成或被重置。

4.7 Flutter 渲染原理

在前面的章节中，我们已经详细介绍了 Flutter 中用于构建 UI 界面的核心组件。然而，在进一步探索更多组件之前，现在是时候深入了解 Flutter 的渲染原理了。掌握这些底层机制不仅能帮助开发者更好地理解组件的工作原理，还能在组件的实际表现与预期不符时，提供清晰的分析思路，从而快速定位问题的根源。

4.7.1 显示器、GPU、CPU 和操作系统

显示器（屏幕）是由许多物理像素点组成的，每个像素点可以发出不同的颜色。在计算机中，每个像素点都被称为一个“像素”（Pixel），它是屏幕上最小的显示单元。计算机可以通过操纵这些像素来创建不同的图像和视觉效果。显示器是以固定的频率刷新（从 GPU 取数据），比如有一部手机屏幕的刷新频率是 60Hz。当一帧（Frame）图像绘制完毕后准备绘制下一帧时，显示器会发出一个垂直同步信号（如 vsync），60Hz 的屏幕就会 1s 内发出 60 次这样的信号。

当计算机通过图形处理器（GPU）渲染图像时，它会将图像分成许多小的矩形块，每个矩形块称为一个“片段”（Fragment）。然后，计算机会确定每个片段在屏幕上的位置，并计算它们应该显示的颜色。最后，计算机将这些颜色值写入到相应的像素点上，从而在屏幕上呈现出图像。

由于应用开发者通常无法直接操作硬件，而是通过操作系统提供的 API 来进行图形计算和绘制，这些 API 通常比较基础，需要开发者了解许多细节。因此，在操作系统 API 的基础上又有了图形 API 的封装，比如跨平台的 OpenGL 和 iOS 平台的 Metal 库。

几乎所有用于开发 GUI 程序的编程语言都会在这些图形库的基础之上再封装一层，形成 UI 框架。例如，Android SDK 就是一个 UI 框架，它封装了 Android 操作系统 API，提供了一套“UI 描述文件 XML＋Java/Kotlin 操作 DOM”的 UI 框架。而 iOS 的 UIKit 对 View 的抽象也是类似的，它们都将图形库的 API 抽象成一个基础对象，如用于 2D 图形绘制的 Canvas，然后定义一套规则来描述 UI，如 UI 树结构，UI 操作的单线程原则等。图 4-57 是整个流程的示意图。

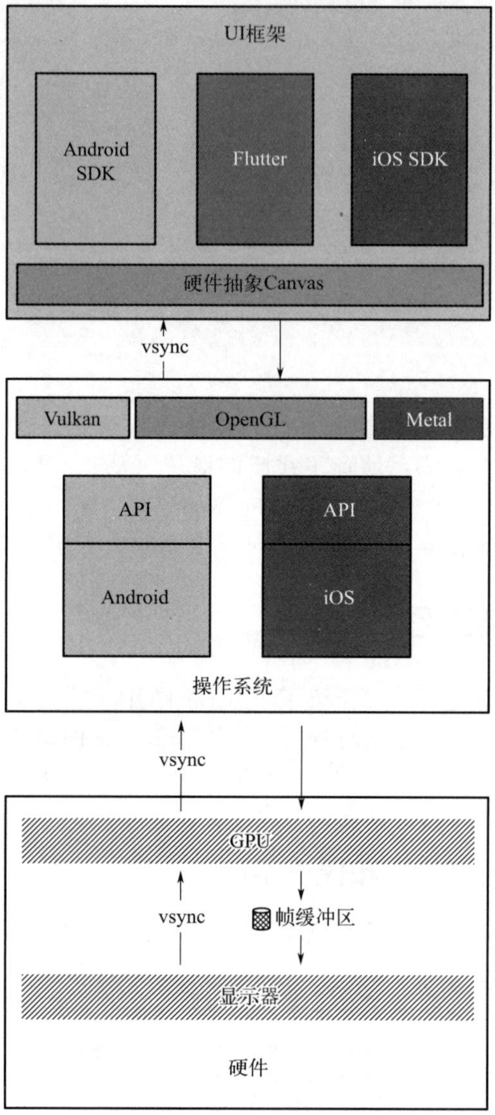

图 4-57　UI 如何显示在屏幕上

接下来我们就来看看作为 UI 框架的一种的 Flutter UI 框架是如何工作的。

4.7.2　Flutter UI 框架

图 4-58 清晰地展示了 Flutter 的 UI 原理，分为引擎部分和 Framework 部分。

① Framework 部分　Framework 部分是 Flutter 的上层框架，负责处理 UI 逻辑和构建 UI 树。开发者通过 Dart 编写 UI 逻辑和业务逻辑。Dart 代码在 UI 线程中执行，负责构建 UI。最终 Dart 代码运行的结果是生成 Layer Tree。并交给引擎部分进行渲染。

Layer Tree 是 Flutter 中用于描述 UI 层次结构的数据结构，包含了 UI 的绘制指令和布局信息。

② 引擎部分　引擎部分是 Flutter 的底层实现，负责将 Framework 部分生成的 UI 描述转换为 GPU 可以理解的渲染指令，并最终在屏幕上显示。逻辑上引擎部分会将底层硬件抽象成为一个 Canvas 画布，并提供针对画布的各种操作。Framework 的各种功能其实是基于

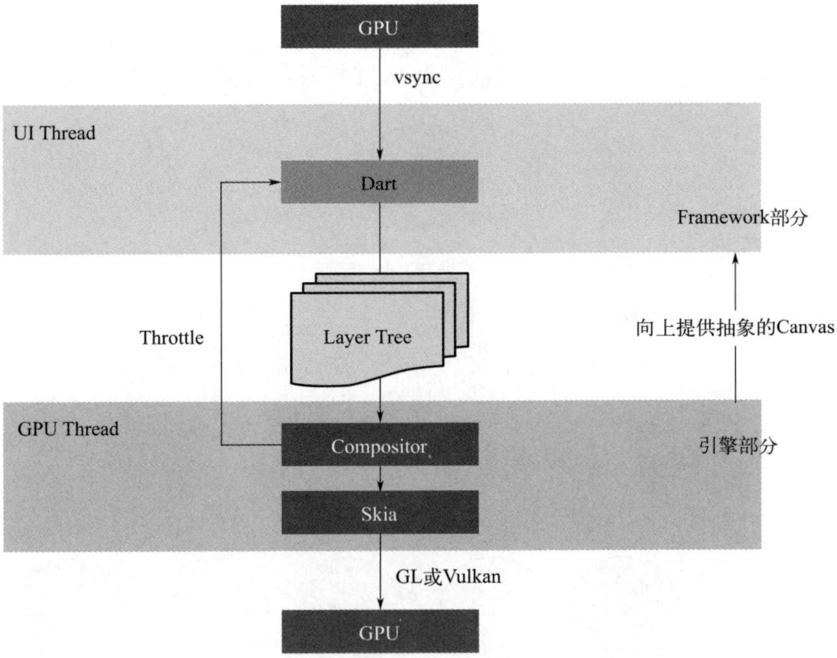

图 4-58 Flutter UI 框架

这个抽象的画布进行封装。引擎部分运行在 GPU 线程上，主要包括以下组件。

a. Compositor　Compositor 是 Flutter 引擎的核心组件，负责将 Layer Tree 中的图层信息进行合成。Compositor 将 Layer Tree 转换为 GPU 可以理解的渲染指令，并传递给 Skia 进行渲染。

b. Skia/Impeller　Skia 是 Flutter 使用的 2D 图形库，负责将 Compositor 传递的渲染指令转换为具体的图形操作。Skia 支持多种图形 API（如 OpenGL 和 Vulkan），并将渲染指令传递给 GPU 执行。

Impeller 是 Flutter 团队开发的全新渲染引擎，专门为 Flutter 设计，旨在替代 Skia 渲染引擎。Impeller 的目标是提供更高效、更稳定的渲染性能，同时减少复杂性和对第三方库的依赖。从 Flutter 3.27 版本开始，Impeller 正式成为默认的渲染引擎，取代了 Skia。这一变化显著提升了 Flutter 的性能和渲染稳定性，尤其是在 iOS 和 Android 平台上。在此之前，Impeller 已经在 Flutter 3.10 中作为实验性功能引入，并在后续版本中逐步优化和推广。

数据流动过程如下。

① Framework 部分通过 Dart 代码生成 Layer Tree，并将其传递给引擎部分。

② Compositor 将 Layer Tree 中的图层信息进行合成，生成 GPU 可以理解的渲染指令。

③ Skia 通过 GL 或 Vulkan 将渲染指令发送到 GPU。

④ GPU 执行渲染指令，将最终的图像显示在屏幕上。

4.7.3 传说中的三棵树（Framework 内部原理）

Flutter 的渲染原理中有三个重要的概念，分别是 Widget 树、Element 树和 RenderObject 树。理解这三个概念对于掌握 Flutter 的渲染原理和开发 Flutter 应用程序都非常重要。

4.7.3.1 Widget 树

Widget 树是 Flutter 中用来描述 UI 界面的一种数据结构，它是由一系列 Widget 节点组成的树形结构，每个 Widget 节点都代表了一个 UI 元素（如文本、图片、按钮等）。Widget 节点是不可变的，它们的配置信息一旦被创建就不会发生变化，这就使得 Widget 树可以在不同的时间点上被重复使用。图 4-59 是前面介绍过的底部导航栏的 Widget Tree 结构。

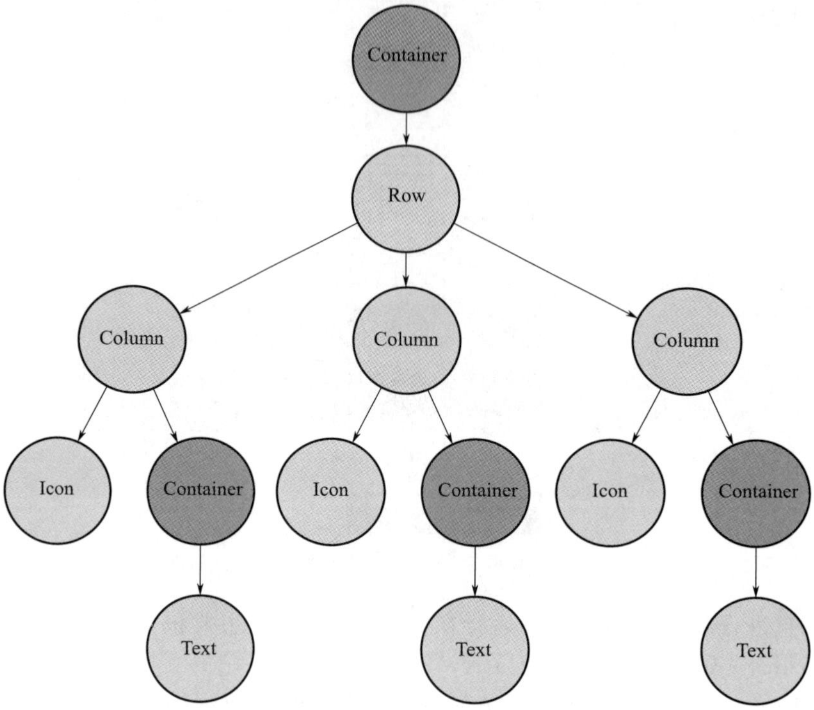

图 4-59 底部导航栏 Widget 树

Flutter 中的 Widget 树是声明式的，也就是说，你只需要定义需要展示的 UI 界面的状态和结构，而不用关心 UI 界面的实现细节。每个 Widget 节点都有一个 build 方法，它返回一个 Element 节点，用于构建 Element 树。

4.7.3.2 Element 树

Element 树是 Widget 树的一个实例，它是 Flutter 中用来表示 Widget 树在运行时状态的一种数据结构。Element 树是由一系列 Element 节点组成的树形结构，每个 Element 节点都包含了一个 Widget 节点和与之对应的状态信息。

Flutter 中的 Element 树是可变的，当 Widget 节点需要更新时，Flutter 会在 Element 树上进行对应的操作，如添加、移除、重建等，以反映出 Widget 树中的变化。

4.7.3.3 RenderObject 树

RenderObject 树是 Flutter 中用来描述 UI 界面布局和绘制的一种数据结构。每个 RenderObject 节点都包含了一个用于描述 UI 界面布局和绘制的 RenderObject 对象，这些 RenderObject 对象根据 Widget 树和 Element 树的信息进行布局和绘制，并最终在屏幕上显示出来。

Flutter 中的 RenderObject 树是可变的，当 Element 节点需要更新时，Flutter 会在 RenderObject 树上进行对应的操作，如添加、移除、重建等，以反映出 UI 界面的变化。图 4-60 三棵树的转化展示了每次重建 UI 的时候三棵树的转化关系。

Widget 树、Element 树和 RenderObject 树是 Flutter 中渲染原理中的三个重要概念。Widget 树用来描述 UI 界面的结构和状态，Element 树用来表示 Widget 树在运行时状态，RenderObject 树用来描述 UI 界面布局和绘制。

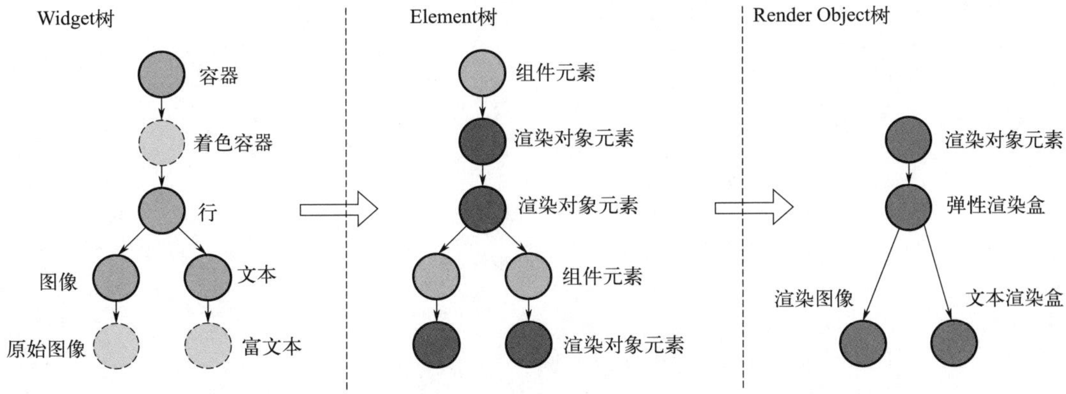

图 4-60　三棵树的转化

Element 树可以理解为 Widget 树的中间层，或者说是缓存层。想象一下，我们 Flutter 是声明式结构，每次 UI 的更新，都会重建很多的 Widget。但是对应到 UI 上，可能只需要更新很少的一部分。这时 Element 树就可以起到缓存的作用。虽然 Widget 都变了，但是对应的 Element 不是都需要改变的。对于那些不需要改变的节点，Element 可以保持不变，对应的 Render Object 也不需要更新。

Flutter 使用这三棵树来实现 UI 界面的渲染，当 UI 界面发生变化时，Flutter 会在这三棵树上进行对应的操作，以反映出 UI 界面的变化。

4.7.3.4　举例说明

为了更好地理解 Flutter 的三棵树渲染机制，我们可以通过一个具体的例子来说明。假设我们有一个简单的 Flutter 应用，包含一个按钮和一个文本，点击按钮时文本内容会发生变化。

```
Dart
import 'package:flutter/material.dart';

void main(){
  runApp(MyApp());
}

class MyApp extends StatelessWidget{
  @override
  Widget build(BuildContext context){
    return MaterialApp(
      home:HomePage(),
    );
  }
}

class HomePage extends StatefulWidget{
  @override
  _HomePageState createState()=>_HomePageState();
}
```

```
class _HomePageState extends State<HomePage>{
  String _text="Hello,Flutter!";

  void _updateText(){
    setState((){
      _text="Text Updated!";
    });
  }

  @override
  Widget build(BuildContext context){
    return Scaffold(
      appBar:AppBar(title:Text('Flutter 三棵树示例')),
      body:Center(
        child:Column(
          mainAxisAlignment:MainAxisAlignment.center,
          children:[
            Text(_text),
            ElevatedButton(
              onPressed:_updateText,
              child:Text('Update Text'),
            ),
          ],
        ),
      ),
    );
  }
}
```

三棵树的工作流程如下。

① Widget 树：

初始状态下，HomePage 包含一个 Text Widget 和一个 ElevatedButton Widget。

当用户点击按钮时，setState 被调用，触发 build 方法重建 HomePage 的 Widget 树。

新的 Widget 树中，Text Widget 的内容从"Hello，Flutter!" 变为"Text Updated!"。

② Element 树：

Element 树是 Widget 树的实例化对象，负责管理 Widget 的生命周期和渲染。

当 Widget 树重建时，Flutter 会对比新旧 Widget 树，发现 Text Widget 的 runtimeType 和 key 没有变化，因此对应的 Element 不需要重新创建。

Element 树中的 Text Element 保持不变，但会更新其关联的 Widget 的配置信息。

③ RenderObject 树：

RenderObject 树负责实际的布局和绘制工作。

由于 Text Element 没有重新创建，对应的 RenderParagraph 对象也不需要重新创建。

RenderParagraph 会根据新的 Widget 配置信息（即"Text Updated!"）重新绘制文本。

在这个例子中，尽管点击按钮后 HomePage 的 Widget 树被重建，但由于 Text Widget 的 runtimeType 和 key 没有变化，Flutter 通过 Element 树的缓存机制避免了不必要的 RenderObject 重建和重新布局。这大大提高了渲染效率，减少了性能开销。

4.7.4 布局约束

在前面的内容中，我们已经对从硬件层（如屏幕、GPU）到 Flutter 框架的工作原理进行了详细解析。接下来，我们将深入探讨 Flutter 框架中页面布局的实现原理。在实际开发中，开发者常常会遇到页面布局效果与预期不符的情况，这通常源于对布局原理的理解不够准确。因此，本节的内容至关重要，建议读者务必透彻理解这些原理，并结合后续的示例进行实践，以确保在实际开发中能够灵活应对各种布局问题。

前面我们讲过，Flutter 中有两种布局模型：基于 RenderBox 的盒模型布局和基于 RenderSliver 的按需加载列表布局。

可以理解为 RenderBox 布局用于搭建复杂的页面结构，而 RenderSliver 布局在此基础上实现了按需加载的功能。因此理解了 RenderBox 布局，就能理解一个 Flutter 页面的各个元素是如何摆放在页面指定位置以及如何确定自身大小，也能理解 Center、FittedBox、Column 等这些布局组件的底层工作原理。

4.7.4.1 布局约束基本原理

要理解布局原理，首先要熟记这条规则：首先，上层 Widget 向下层 Widget 传递约束条件；然后，下层 Widget 向上层 Widget 传递大小信息；最后，上层 Widget 决定下层 Widget 的位置。

更多细节如下：

① Widget 会通过它的父级获得自身的约束。约束实际上就是 4 个浮点类型的集合：最大/最小宽度，以及最大/最小高度。

② 然后，这个 Widget 将会逐个遍历它的 children 列表。向子级传递约束（子级之间的约束可能会有所不同），然后询问它的每一个子级需要用于布局的大小。

③ 然后，这个 Widget 就会对它子级的 children 逐个进行布局（水平方向是 x 轴，竖直是 y 轴）。

④ 最后，Widget 将会把它的大小信息向上传递至父 Widget（包括其原始约束条件）。

例如，如果一个 Widget 中包含了一个具有 padding 的 Column，并且要对 Column 的子 Widget 进行如图 4-61 所示的布局，那么谈判将会像这样：

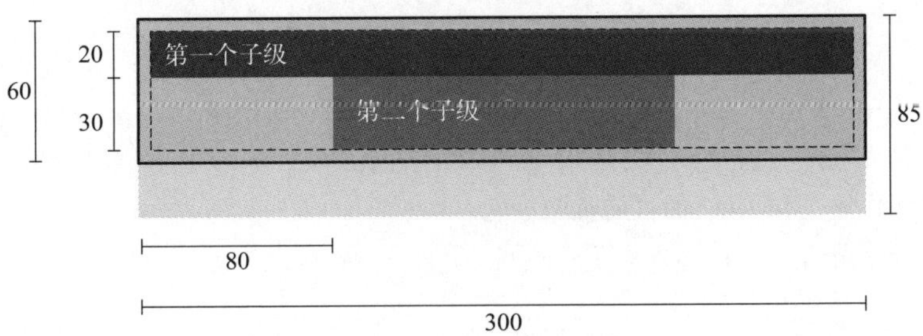

图 4-61　布局约束示例

Widget：“嘿！我的父级。我的约束是多少？”

Parent：“你的宽度必须在 80 到 300 个像素之间，高度必须在 30 到 85 个像素之间。”

Widget：“我想要 5 个像素的内边距，这样我的子级能最多拥有 290 个像素宽度和 75 个像素高度。”

Widget：“嘿，我的第一个子级，你的宽度必须要在 0 到 290 个像素，高度在 0 到 75 个像素之间。”

First child：“OK，那我想要 290 个像素的宽度，20 个像素的高度。”

Widget：“由于我想要将我的第二个子级放在第一个子级下面，所以我们仅剩 55 个像素的高度给第二个子级了。”

Widget：“嘿，我的第二个子级，你的宽度必须要在 0 到 290 个像素，高度在 0 到 55 个像素之间。”

Second child：“OK，那我想要 140 个像素的宽度，30 个像素的高度。”

Widget：“很好。我的第一个子级将被放在 x：5&y：5 的位置，而我的第二个子级将在 x：80&y：25 的位置。”

Widget：“嘿，我的父级，我决定我的大小为 300 个像素宽度，60 个像素高度。”

4.7.4.2 布局限制

Flutter 的布局引擎有一些重要限制。

① 一个 Widget 仅在其父级给其约束的情况下才能决定自身的大小。这意味着 Widget 通常情况下不能任意获得其想要的大小。

② 一个 Widget 无法知道，也不需要决定其在屏幕中的位置。因为它的位置是由其父级决定的。

③ 当轮到父级决定其大小和位置的时候，同样地也取决于它自身的父级。所以，在不考虑整棵树的情况下，几乎不可能精确定义任何 Widget 的大小和位置。

④ 如果父级没有足够的空间对其进行布局的话，子级的设置的大小可能会不生效。这时需明确指定它的对齐方式。

4.7.4.3 举例

下面列举一些约束布局的典型场景，并且通过 LayoutBuilder 组件，获取下面样例中父布局传递下来的约束信息，帮助大家理解。下面例子在模拟器运行，其屏幕的大小是 393×835。

样例 1：屏幕的约束

```
Dart
Container(color:red)
```

constraints：minWidth 393，maxWidth 393，minHeight 835，maxHeight 835。

整个屏幕作为 Container 的父级，并且强制 Container 变成和屏幕一样的大小。所以这个 Container 充满了整个屏幕，并绘制成红色。

样例 2：约束优先于自身大小

```
Dart
Container(width:100,height:100,color:red)
```

constraints：minWidth 393，maxWidth 393，minHeight 835，maxHeight 835。

红色的 Container 想要变成 100×100 的大小，但是它无法变成，因为屏幕强制它变成和屏幕一样的大小。所以 Container 充满了整个屏幕。

样例 3：普通布局组件的约束

```Dart
Center(
  child:Container(width:100,height:100,color:red),
)
```

Center 的约束如下。

constraints：minWidth 393，maxWidth 393，minHeight 835，maxHeight 835。

Container 的约束如下。

constraints：minWidth 0，maxWidth 393，minHeight 0，maxHeight 835。

效果如图 4-62 所示。

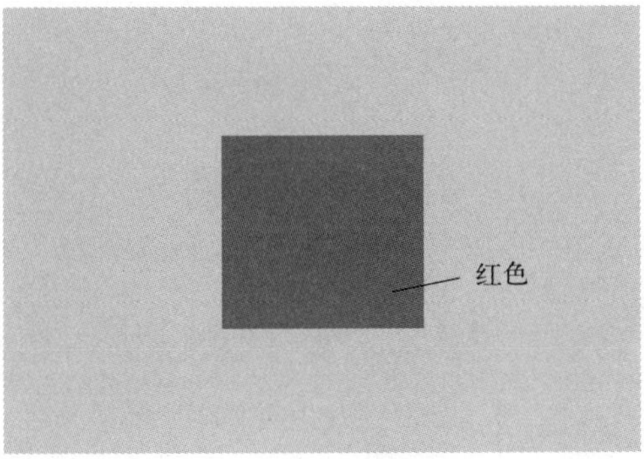

图 4-62　普通约束

屏幕强制 Center 变得和屏幕一样大，所以 Center 充满了屏幕。然后 Center 告诉 Container 可以变成任意大小，但是不能超出屏幕。现在，Container 可以真正变成 100×100 大小了。

样例 4：约束限制最大值

```Dart
Center(
  child:Container(
      width:double.infinity,height:double.infinity,color:red),
)
```

Center 的约束如下。

constraints：minWidth 393，maxWidth 393，minHeight 835，maxHeight 835。

Container 的约束如下。

constraints：minWidth 0，maxWidth 393，minHeight 0，maxHeight 835。

屏幕强制 Center 变得和屏幕一样大，所以 Center 充满屏幕。然后 Center 告诉 Container 可以变成任意大小，但是不能超出屏幕。现在，Container 想要无限大（double.infinity 代表无限大），但是由于它不能比屏幕更大，所以就仅充满屏幕。

样例 5：没有 child 的 Container

```Dart
Center(
  child:Container(color:red),
)
```

Center 的约束如下。

constraints：minWidth 393，maxWidth 393，minHeight 835，maxHeight 835。

Container 的约束如下。

constraints：minWidth 0，maxWidth 393，minHeight 0，maxHeight 835。

Container 中没有 child 的场景，屏幕强制 Center 变得和屏幕一样大，所以 Center 充满屏幕。然后 Center 告诉 Container 可以变成任意大小，但是不能超出屏幕。由于 Container 没有子级而且没有固定大小，所以它决定能有多大就有多大，所以它充满了整个屏幕。

但是，为什么 Container 做出了这个决定？非常简单，因为这个决定是由 Container widget 的创建者决定的。

样例 6：有 child 的 Container

```
Dart
Center(
  child:Container(
    color:red,
    child:Container(color:green,width:30,height:30),
  ),
)
```

Center 的约束如下。

constraints：minWidth 393，maxWidth 393，minHeight 835，maxHeight 835。

Container 的约束如下。

constraints：minWidth 0，maxWidth 393，minHeight 0，maxHeight 835。

效果如图 4-63 所示。

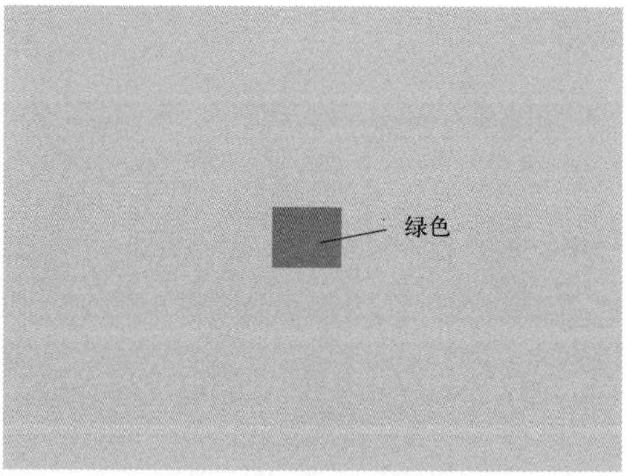

图 4-63　有 child 场景的约束

Container 中有 child 的场景，屏幕强制 Center 变得和屏幕一样大，所以 Center 充满屏幕。然后 Center 告诉红色的 Container 可以变成任意大小，但是不能超出屏幕。由于 Container 没有固定大小但是有子级，所以它决定变成它 child 的大小。然后红色的 Container 告诉它的 child 可以变成任意大小，但是不能超出屏幕。而它的 child 是一个想要 30×30 大小绿色的 Container。由于红色的 Container 和其子级一样大，所以也变为 30×30。由于绿色的 Container 完全覆盖了红色 Container，所以你看不见它了。

样例 7：Container 指定 padding

```
Dart
Center(
  child:Container(
    padding:const EdgeInsets.all(20.0),
    color:red,
    child:Container(color:green,width:30,height:30),
  ),
)
```

Center 的约束如下。

constraints：minWidth 393，maxWidth 393，minHeight 835，maxHeight 835。

红色 Container 的约束如下。

constraints：minWidth 0，maxWidth 393，minHeight 0，maxHeight 835。

绿色 Container 的约束如下。

constraints：minWidth 0，maxWidth 353，minHeight 0，maxHeight 795//减少了四边 20 的 padding。

效果如图 4-64 所示。

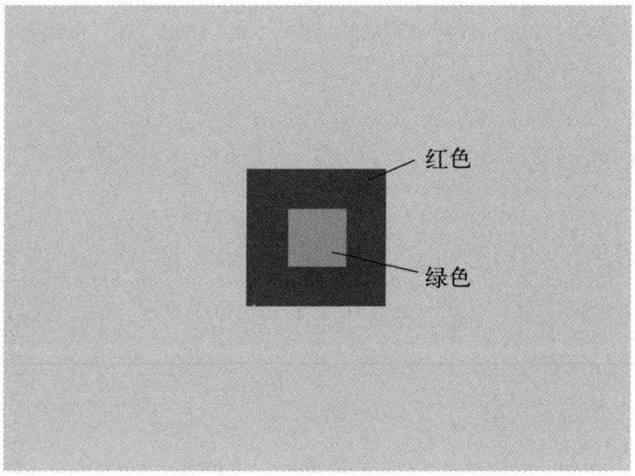

图 4-64　Container 指定 padding

红色 Container 变为其子级的大小，但是它将其 padding 带入了约束的计算中。所以它有一个 30×30 的外边距。由于这个外边距，所以现在你能看见红色了。而绿色的 Container 则还是和之前一样。

样例 8：ConstrainedBox

```
Dart
ConstrainedBox(
  constraints:const BoxConstraints(
    minWidth:70,
    minHeight:70,
    maxWidth:150,
    maxHeight:150,
  ),
  child:Container(color:red,width:10,height:10),
)
```

ConstrainedBox 的约束如下。

constraints：minWidth 393，maxWidth 393，minHeight 835，maxHeight 835。

Container 的约束如下。

constraints：minWidth 393，maxWidth 393，minHeight 835，maxHeight 835。

你可能会猜想 Container 的尺寸会在 70 到 150 个像素之间，但并不是这样。ConstrainedBox 仅对从其父级接收到的约束下缩小约束的范围，而不能超出父级的约束范围。如果父级指定的宽度是 0～100 个像素，ConstrainedBox 指定的宽度是 200 个像素，则按照 0～100 个像素传递。如果父级指定的范围是 0～100 个像素，ConstrainedBox 指定 50～50 个像素，则按照 50～50 个像素传递。在这里，屏幕迫使 ConstrainedBox 与屏幕大小完全相同，因此它告诉其子 Widget 也以屏幕大小作为约束，从而忽略了其 constraints 参数带来的影响。

思考：如果父级指定的宽度是 0～100 个像素，ConstrainedBox 指定的宽度是 50～150 个像素，最终传递给 Container 的约束是什么？

样例 9：ConstrainedBox 增加约束条件

```
Dart
Center(
  child:ConstrainedBox(
    constraints:const BoxConstraints(
      minWidth:70,
      minHeight:70,
      maxWidth:150,
      maxHeight:150,
    ),
    child:Container(color:red,width:10,height:10),
  ),
)
```

Center 的约束如下。

constraints：minWidth 393，maxWidth 393，minHeight 835，maxHeight 835。

ConstrainedBox 的约束如下。

constraints：minWidth 0，maxWidth 393，minHeight 0，maxHeight 835。

Container 的约束如下。

constraints：minWidth 70，maxWidth 150，minHeight 70，maxHeight 150。

效果如图 4-65 所示。

现在，Center 允许 ConstrainedBox 达到屏幕可允许的任意大小。ConstrainedBox 将 constraints 参数带来的约束附加到其子对象上。Container 必须介于 70 到 150 个像素之间。虽然它希望自己有 10 个像素大小，但最终获得了 70 个像素（最小为 70）。

思考：如果 Container 指定的宽高都是 1000 个像素，最终 Container 的大小是多少？如果 Container 指定的宽高都是 100 个像素，最终 Container 的大小是多少？

样例 10：UnconstrainedBox 突破父组件约束

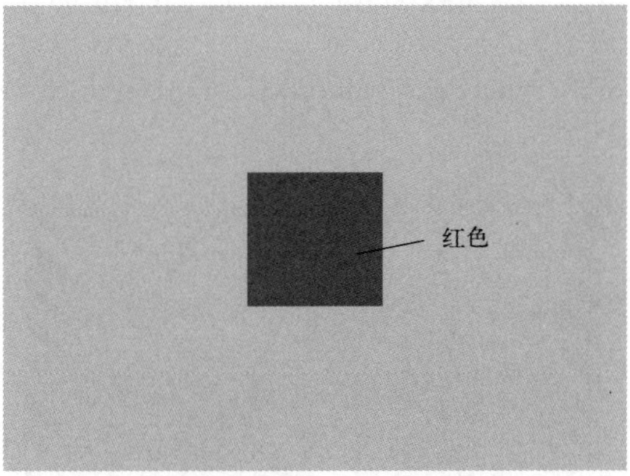

图 4-65　调整父组件约束

```Dart
UnconstrainedBox(
  child:Container(color:red,width:20,height:50),
)
```

UnconstrainedBox 的约束如下。

constraints：minWidth 393，maxWidth 393，minHeight 835，maxHeight 835。

Container 的约束如下。

constraints：minWidth 0，maxWidth Infinity，minHeight 0，maxHeight Infinity。

效果如图 4-66 所示。

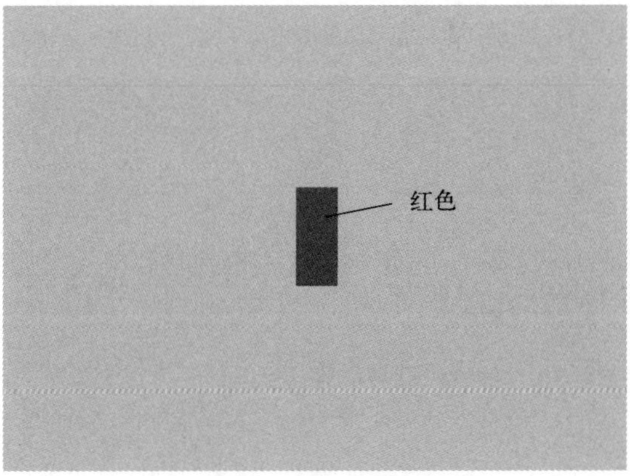

图 4-66　突破父组件约束

可以看出来 UnconstrainedBox 的作用是让 child 无拘无束。

样例 11：UnconstrainedBox 溢出

```Dart
UnconstrainedBox(
  child:Container(color:red,width:4000,height:50),
)
```

UnconstrainedBox 的约束如下。

constraints：minWidth 393，maxWidth 393，minHeight 835，maxHeight 835。

Container 的约束如下。

constraints：minWidth 0，maxWidth Infinity，minHeight 0，maxHeight Infinity。

效果如图 4-67 所示。

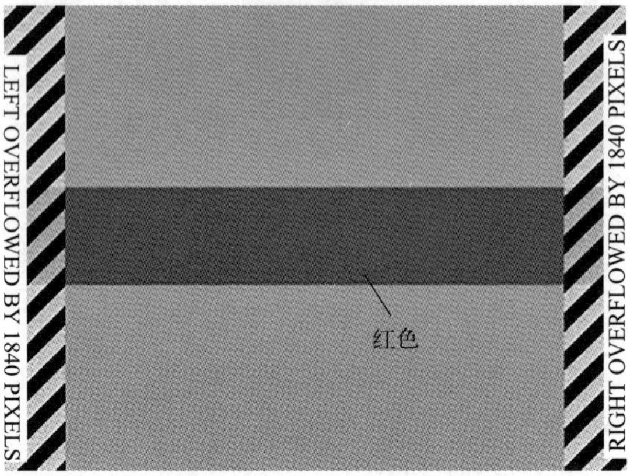

图 4-67　UnconstrainedBox 溢出

屏幕强制 UnconstrainedBox 变得和屏幕一样大，而 UnconstrainedBox 允许其子级的 Container 可以变为任意大小。不幸的是，在这种情况下，容器的宽度为 4000 个像素，这实在是太大，以至于无法容纳在 UnconstrainedBox 中（因为这时 UnconstrainedBox 和屏幕一样大），因此 UnconstrainedBox 将显示溢出警告（overflow warning）。也就是说，child 仍然不能超出 UnconstrainedBox 的范围。

样例 12：OverflowBox

如果就是想让子组件可以足够大，怎么办？

```dart
Dart
OverflowBox(
  minWidth:0.0,
  minHeight:0.0,
  maxWidth:double.infinity,
  maxHeight:double.infinity,
  child:Container(color:red,width:4000,height:50),
)
```

OverflowBox 的约束如下。

constraints：minWidth 393，maxWidth 393，minHeight 835，maxHeight 835。

Container 的约束如下。

constraints：minWidth 0，maxWidth Infinity，minHeight 0，maxHeight Infinity。

效果如图 4-68 所示。

屏幕强制 OverflowBox 变得和屏幕一样大，并且 OverflowBox 允许其子容器设置为任意大小。OverflowBox 与 UnconstrainedBox 类似，但不同的是，如果其子级超出该空间，它将不会显示任何警告。在这种情况下，容器的宽度为 4000 个像素，并且太大而无法容纳在 OverflowBox 中，但是 OverflowBox 会全部显示，而不会发出警告。

图 4-68　OverflowBox

样例 13：无限制的 box 中不能放无限大小的内容

```
Dart
OverflowBox(
  minWidth:0.0,
  minHeight:0.0,
  maxWidth:double.infinity,
  maxHeight:double.infinity,
  child:Container(color:red,width:double.infinity, height: 50),
)
```

OverflowBox 的约束如下。

constraints：minWidth 393，maxWidth 393，minHeight 835，maxHeight 835。

Container 的约束如下。

constraints：minWidth 0，maxWidth Infinity，minHeight 0，maxHeight Infinity。

效果如图 4-69 所示。

图 4-69　空页面

这将不会渲染任何东西，而且你能在控制台看到错误信息。OverflowBox 让它的子级决定成为任何大小，但是其子级是一个具有无限大小的 Container。Flutter 无法渲染无限大的东西，所以它抛出以下错误：BoxConstraints forces an infinite width.

样例 14：LimitedBox

前面的 UnconstrainedBox 可能让你迷惑，感觉没啥用，但是它和 LimitedBox 结合使用就能展示出实际的使用场景了。

```
Dart
UnconstrainedBox(
  child:LimitedBox(
    maxWidth:100,
    child:Container(
      color:Colors.red,
      width:double.infinity,
      height:100,
    ),
  ),
)
```

效果如图 4-70 所示。

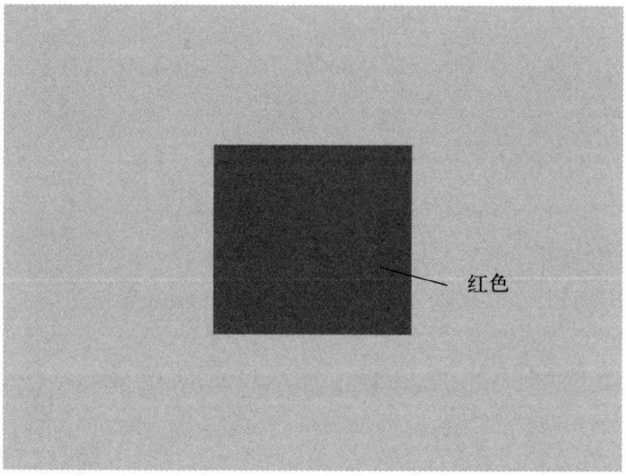

图 4-70　UnconstrainedBox 和 LimitedBox 组合

UnconstrainedBox 给 LimitedBox 一个无限的大小；但 LimitedBox 向其子级传递了最大为 100 个像素的约束。如果你将 UnconstrainedBox 替换为 Center，则 LimitedBox 将不再应用其限制（因为其限制仅在获得无限约束时才适用），并且容器的宽度允许超过 100 个像素。也就是说当父组件给的约束是一个具体的范围时，LimitedBox 不起作用，但是当父组件给的约束是无限大时，LimitedBox 会传递自身的 maxWidth 和 maxHeight 给子组件。这相当于给子组件确定了一个约束的默认值，如果父组件有其他约束值，则覆盖默认值。

样例 15：FittedBox

```
Dart
const FittedBox (
  child: Text ('Some Example Text.'),
)
```

FittedBox 的约束如下。

constraints：minWidth 393，maxWidth 393，minHeight 835，maxHeight 835。

Text 的约束如下。

constraints：minWidth 0，maxWidth Infinity，minHeight 0，maxHeight Infinity。

效果如图 4-71 所示。

图 4-71　FittedBox 放大

屏幕强制 FittedBox 变得和屏幕一样大，而 Text 则是有一个自然宽度（也被称作 intrinsic 宽度），它取决于文本数量、字体大小等因素。FittedBox 传递给 Text 的约束是任意大小。但是在 Text 告诉 FittedBox 其大小后，FittedBox 缩放文本直到填满所有可用宽度。

样例 16：FittedBox 不缩放

```
Dart
const Center(
  child:FittedBox (
    child: Text ('Some Example Text. '),
  ),
)
```

FittedBox 的约束如下。

constraints：minWidth 0，maxWidth 393，minHeight 0，maxHeight 835。

Text 的约束如下。

constraints：minWidth 0，maxWidth Infinity，minHeight 0，maxHeight Infinity。

效果如图 4-72 所示。

Center 将会让 FittedBox 能够变为任意大小，取决于屏幕大小。然后 FittedBox 会根据 Text 调整自己的大小，让 Text 可以变为所需的任意大小，由于二者具有同一大小，因此不会发生缩放。

思考：这里和样例 15 有什么区别？

样例 17：FittedBox 缩小

如果 FittedBox 位于 Center 中，但 Text 太大而超出屏幕，会发生什么？

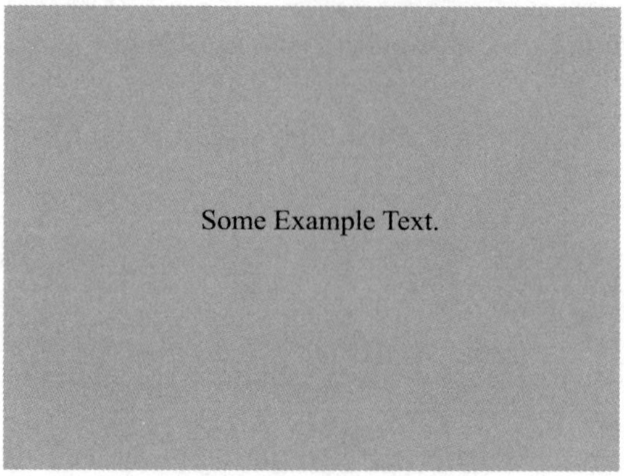

图 4-72　FittedBox 不缩放

```
Dart
const Center(
  child:FittedBox(
    child:Text(
        'This is some very very very large text that is too big to fit a regular screen in
a single line.'),
  ),
)
```

FittedBox 的约束如下。

constraints：minWidth 0，maxWidth 393，minHeight 0，maxHeight 835。

Text 的约束如下。

constraints：minWidth 0，maxWidth Infinity，minHeight 0，maxHeight Infinity。

效果如图 4-73 所示。

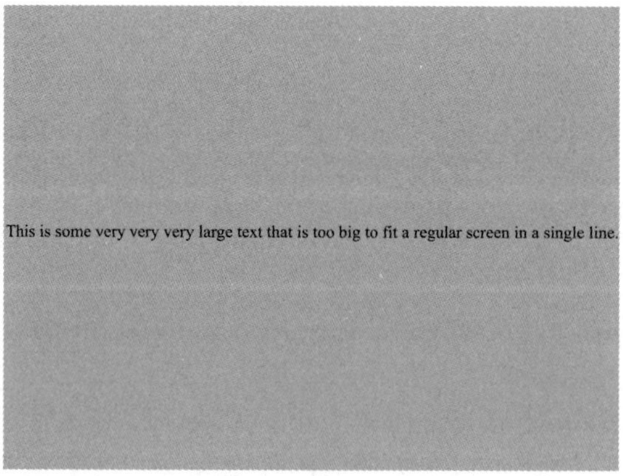

图 4-73　FittedBox 缩小

FittedBox 会尝试根据 Text 大小调整大小，但不能大于屏幕大小。然后假定屏幕大小，并调整 Text 的大小以使其也适合屏幕。

样例 18：删除 FittedBox

样例 17 中，如果删除了 FittedBox 会怎么样？

```
Dart
const Center(
  child:Text(
      'This is some very very very large text that is too big to fit a regular screen in a
single line.'),
)
```

Text 的约束如下。

constraints：minWidth 0，maxWidth 393，minHeight 0，maxHeight 835。

效果如图 4-74 所示。

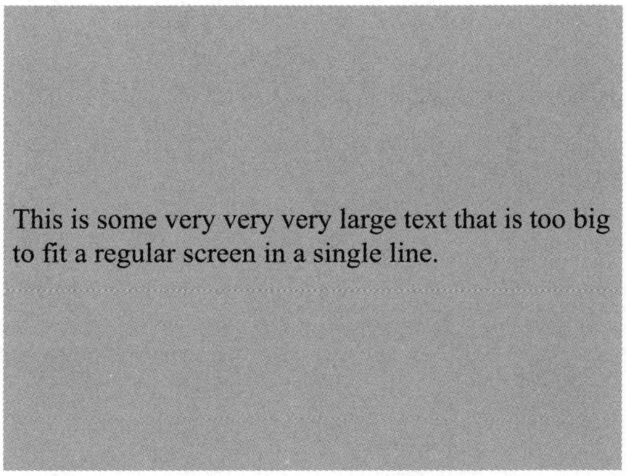

图 4-74　Text 自适应

Text 则会从屏幕上获取其最大宽度，并在合适的地方换行。

思考：综合前面的 4 个样例，总结 FittedBox 的使用场景，何时 FittedBox 会放大或者缩小其子组件，何时 FittedBox 会跟随子组件设置自身大小？

样例 19：Row

```
Dart
Row(
  children:[
    Container(color:red,child:const Text('Hello!',style:big)),
    Container(color:green,child:const Text('Goodbye!',style:big)),
  ],
)
```

Row 的约束如下。

constraints：minWidth 393，maxWidth 393，minHeight 835，maxHeight 835。

红色 Container 的约束如下。

constraints：minWidth 0，maxWidth Infinity，minHeight 0，maxHeight 835//Row 不限制宽度，但是限制高度。

绿色 Container 的约束如下。

constraints：minWidth 0，maxWidth Infinity，minHeight 0，maxHeight 835。

效果如图 4-75 所示。

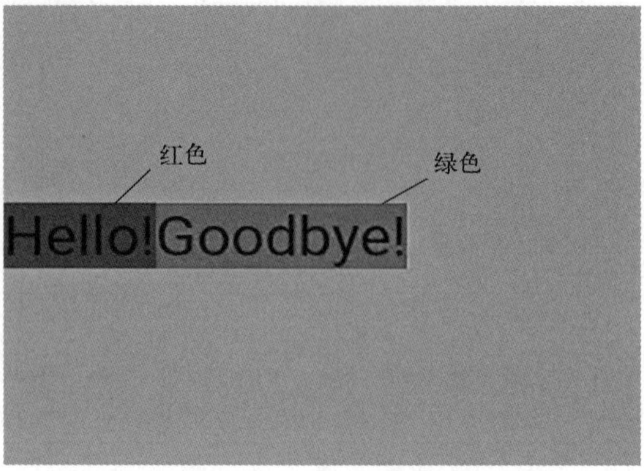

图 4-75　Row 默认约束

屏幕强制 Row 变得和屏幕一样大，所以 Row 充满屏幕。和 UnconstrainedBox 一样，Row 也不会对其子代施加任何约束，而是让它们成为所需的任意大小。然后 Row 将它们并排放置，任何多余的空间都将保持空白。

样例 20：Row 内容溢出

```
Dart
Row(
  children:[
    Container(
      color:red,
      child:const Text(
        'This is a very long text that '
        'won\'t fit the line. ',
        style:big,
      ),
    ),
    Container(color:green,child:const Text('Goodbye!',style:big)),
  ],
)
```

效果如图 4-76 所示。

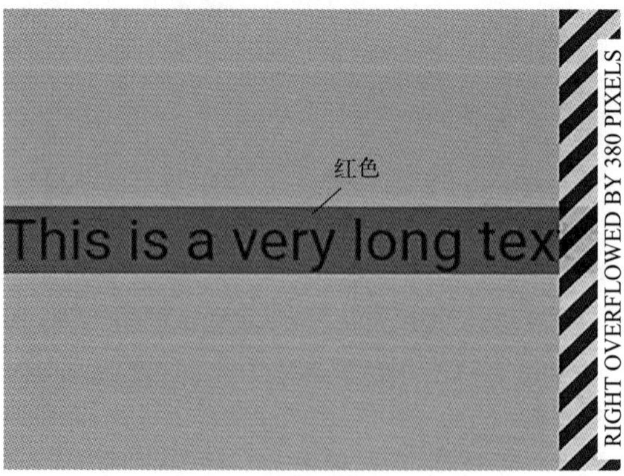

图 4-76　Row 内容溢出

由于 Row 不会对其子级施加任何约束，因此它的 children 很有可能太大而超出 Row 的可用宽度。在这种情况下，Row 会和 UnconstrainedBox 一样显示溢出警告。

样例 21：Expanded

```
Dart
Row(
  children:[
    Expanded(
      child:Center(
        child:Container(
          color:red,
          child:const Text(
            'This is a very long text that won\'t fit the line.',
            style:big,
          ),
        ),
      ),
    ),
    Container(color:green,child:const Text('Goodbye!',style:big)),
  ],
)
```

Row 的约束如下。

Row constraints：minWidth 393，maxWidth 393，minHeight 835，maxHeight 835。

Container 的约束如下。

Container constraints：minWidth 0，maxWidth Infinity，minHeight 0，maxHeight 835

//先给绿色 Container 约束，并获取其大小。

Center 的约束如下。

Center constraints：minWidth 248，maxWidth 248，minHeight 0，maxHeight 835

//把剩余空间都作为强制约束给了 Expanded 的 child。

效果如图 4-77 所示。

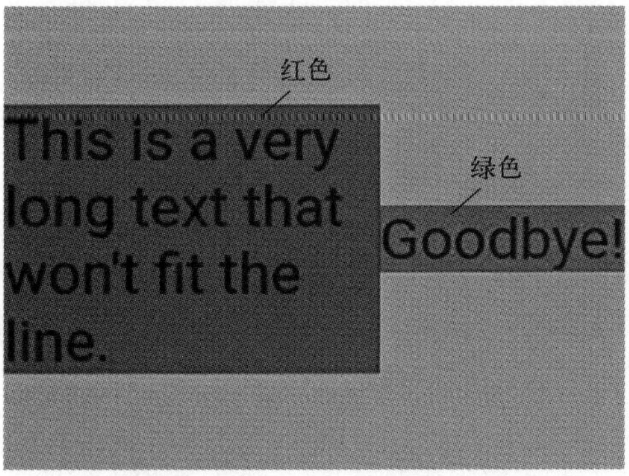

图 4-77　Expanded

当 Row 的子级被包裹在了 Expanded Widget 后，Row 将不会再让其决定自身的宽度了。取而代之的是，Row 会根据所有 Expanded 的子级来计算其该有的宽度。换句话说，一旦你使用 Expanded，子级自身的宽度就变得无关紧要，直接会被忽略掉。

样例 22：多 Expanded 约束

```
Dart
Row(
  children:[
    Expanded(
      child:Container(
        color:red,
        child:const Text(
          'This is a very long text that won\'t fit the line.',
          style:big,
        ),
      ),
    ),
    Expanded(
      child:Container(
        color:green,
        child:const Text(
          'Goodbye!',
          style:big,
        ),
      ),
    ),
  ],
)
```

Row 的约束如下。

Row constraints：minWidth 393，maxWidth 393，minHeight 835，maxHeight 835。

红色 Container 的约束如下。

Container constraints：minWidth 196，maxWidth 196，minHeight 0，maxHeight 835 //红色。

绿色 Container 的约束如下。

Container constraints：minWidth 196，maxWidth 196，minHeight 0，maxHeight 835 //绿色。

效果如图 4-78 所示。

红色和绿色的元素一样宽。如果所有 Row 的子级都被包裹了 Expanded Widget，每一个 Expanded 大小都会与其 flex 因子成比例，并且 Expanded Widget 将会强制其子级具有与 Expanded 相同的宽度。换句话说，Expanded 忽略了其子 Widget 想要的宽度。

样例 23：Flexible

```
Dart
Row(
  children:[
    Flexible (
      child: Container (
```

```
        color:red,
        child:const Text(
          'This is a very long text that won\'t fit the line.',
          style:big,
        ),
      ),
    ),
    Flexible (
      child: Container (
        color: green,
        child: const Text (
          'Goodbye!',
          style: big,
        ),
      ),
    ),
  ],
)
```

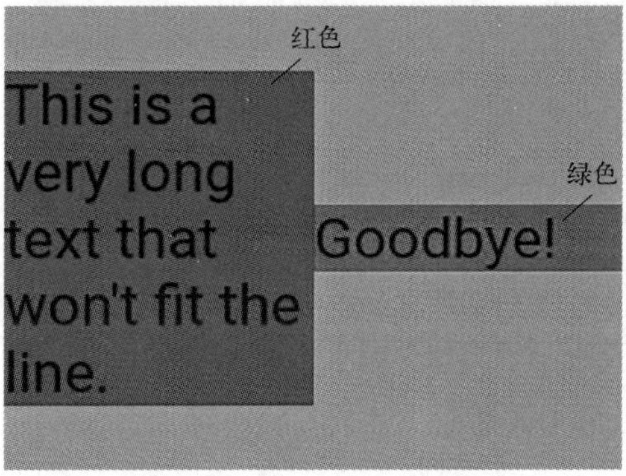

图 4-78　多 Expanded 约束

Row 的约束如下。

Row constraints：minWidth 393，maxWidth 393，minHeight 835，maxHeight 835。

红色 Container 的约束如下。

Container constraints：minWidth 0，maxWidth 196，minHeight 0，maxHeight 835。

绿色 Container 的约束如下。

Container constraints：minWidth 0，maxWidth 196，minHeight 0，maxHeight 835。

效果如图 4-79 所示。

对比 Flexible 和 Expanded，Expanded 强制指定了子组件的固定宽度，而 Flexible 指定了子组件的最大宽度，子组件可以更小。但无论是 Expanded 还是 Flexible，在它们决定子级大小时都会忽略其本身的宽度。

样例 24：固定子组件约束范围

我们普通的布局组件，比如 Center、Scaffold 等，对其子组件的约束都是一个范围，比如 0 到屏幕大小。如果希望为子组件指定固定的大小约束，可以使用前面介绍的 ConstrainedBox，写一个固定值，也可以使用 SizedBox. expand。

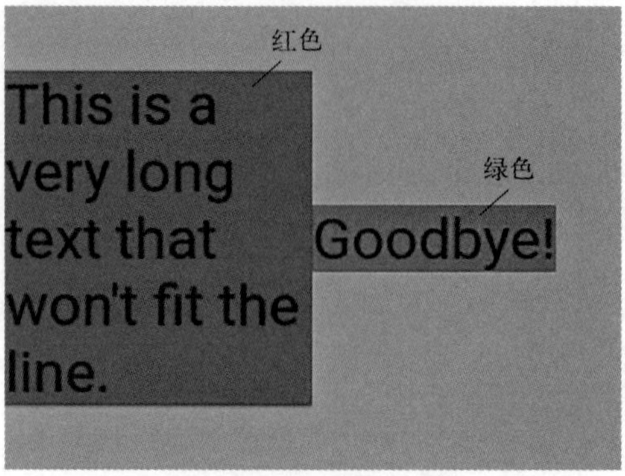

图 4-79　Flexible 限制子组件最大宽度

```
Dart
Scaffold(
  body:SizedBox.expand (
    child: Container (
      color: blue,
      child: Column (
        children: const [
          Text ('Hello!'),
          Text ('Goodbye!'),
        ],
      ),
    ),
  ),
)
```

Scaffold 的约束如下。

Scaffold constraints：minWidth 393，maxWidth 393，minHeight 835，maxHeight 835。

Container 的约束如下。

Container constraints：minWidth 393，maxWidth 393，minHeight 835，maxHeight 835。

效果如图 4-80 所示，占满整个屏幕。

图 4-80　SizedBox. expand

SizedBox 给了 Container 一个和其父组件大小相同的固定约束。导致 Container 的大小被外部约束确定，和本身大小无关。

4.8 自定义组件

在前面我们讲过基于 StatelessWidget 和 StatefulWidget 来自定义组件。这些方式本质上都是把现有的组件通过一些布局方式组合起来，来形成新的组件。这种通过组合的方式定义新组件的方法，其实是我们日常开发中最常使用的方法，也是最推荐大家使用的方法。但是这种组合的方式是有一定的局限性的，如果通过现有的组件组合无法实现我们的需求，我们就只能基于渲染机制的底层原理，来实现真正意义上的自定义组件。

前面渲染原理的部分（4.7 节）我们讲到，大部分的 UI 框架都会抽象出一个 Canvas 用来代表底层的硬件。而 UI 框架中的各种组件其实本质上都是在 Canvas 上进行绘制。所以我们要实现真正意义上的自定义组件，就需要自己在 Canvas 上实现组件的绘制过程。Flutter 为我们提供了 CustomPaint 这个组件，可以将 Canvas 暴露给开发者，让我们自己决定组件的绘制过程。

4.8.1 CustomPaint 组件

CustomPaint 是 Flutter 提供的一个小部件，它允许开发者在指定的区域内进行自定义绘制。CustomPaint 的核心是提供了一个 Canvas，开发者可以通过 Canvas 的 API 来绘制各种形状、图案等。

```
Dart
CustomPaint({
  Key key,
  this.painter,
  this.foregroundPainter,
  this.size=Size.zero,
  this.isComplex=false,
  this.willChange=false,
  Widget child,
})
```

构造函数参数详解如下。

① painter：绘制器。绘制器是一个实现 CustomPainter 接口的对象，用来定义我们要绘制的形状、线条、图案等。在 CustomPaint 构造函数中，我们需要传递一个绘制器对象，以指定要绘制的内容。

② foregroundPainter：前景绘制器。前景绘制器是一个绘制在 painter 之上的绘图器，它可以用来添加额外的绘制内容，例如高亮线条、标签等。与 painter 不同，前景绘制器绘制在 painter 之上，因此可以覆盖 painter 的部分内容。

③ size：大小。指定 CustomPaint 小部件的大小。可以使用 size 对象或宽高值（double 类型）指定大小。如果没有指定大小，则 CustomPaint 将尽可能地填充可用空间。

④ isComplex：是否复杂。指定 CustomPaint 小部件是否复杂。如果为 true，则表示绘图内容比较复杂，需要较长的时间来绘制。Flutter 将对这些小部件进行特殊处理，以避免卡顿和性能问题。

⑤ willChange：是否会发生变化。指定 CustomPaint 小部件的绘制内容是否会发生变化。如果为 true，则表示绘制内容可能会发生变化，Flutter 会在每次重绘时调用绘制器的 paint 方法来重新绘制内容。

⑥ child：子元素。在 CustomPaint 小部件的绘制区域之上添加子元素。这些子元素可以是其他小部件，例如文本、图像等。

4.8.2 CustomPainter 绘制器

CustomPaint 作为一个 Widget 只是为我们提供了指定大小的 Canvas。真正的绘制过程是由 CustomPainter 这个绘制器实现的。CustomPainter 是一个抽象类，开发者需要实现 paint 和 shouldRepaint 方法来完成自定义绘制。下面是绘制同心圆的示例。

```dart
Dart
import 'package:flutter/material.dart';

class CirclePainter extends CustomPainter{
  final int circlesCount;
  final Color color;

  CirclePainter({this.circlesCount=3,this.color=Colors.black});

  @override
  void paint(Canvas canvas,Size size){  // 这里的 Canvas 是 CustomPaint 组件提供的
    final center=Offset(size.width / 2,size.height / 2);
    final radius=size.width / 2;

    final paint=Paint()// 画笔,定义绘制线条的颜色、粗细等信息
      ..color=color
      ..strokeWidth=2
      ..style=PaintingStyle.stroke;

    for(int i=1;i<=circlesCount;i++){
      // 这里是真正完成绘制的地方,使用 Canvas 提供的绘制接口,绘制指定的图形
      canvas.drawCircle(center,radius/circlesCount * i,paint);
    }
  }

  @override
  bool shouldRepaint(CirclePainter oldDelegate){
    return oldDelegate.circlesCount!=circlesCount||
        oldDelegate.color!=color;
  }
}

class SunPage extends StatelessWidget{
  const SunPage({Key? key}):super(key:key);
```

```
  @override
  Widget build(BuildContext context){
    return Scaffold(
      appBar:AppBar(title:const Text('同心圆')),
      body:Center(
        child:SizedBox(
          width:200,
          height:200,
          child:CustomPaint(// 大小为 200×200,为 CirclePainter 提供画布
            painter:CirclePainter(),
          ),
        ),
      ),
    );
  }
}
```

效果如图 4-81 所示。

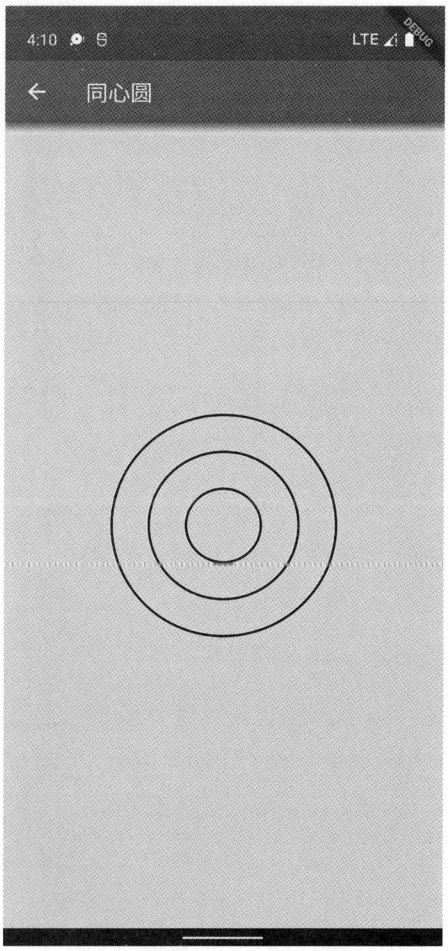

图 4-81　自定义绘制同心圆

在这个例子中，CirclePainter类接收一个circlesCount参数，用于确定要绘制的同心圆的数量，以及一个color参数，用于确定要绘制的同心圆的颜色。在paint方法中，我们使用一个循环来绘制指定数量的同心圆，每个圆的半径都是前一个圆半径的1/circlesCount倍。最后，我们根据shouldRepaint方法的逻辑来决定是否重新绘制该组件。

常用的Canvas绘制方法列举如下。

① drawLine()：绘制一条直线；

② drawRect()：绘制一个矩形；

③ drawCircle()：绘制一个圆形；

④ drawArc()：绘制一段圆弧；

⑤ drawPath()：根据给定的路径绘制图形；

⑥ drawImage()：将图片绘制在Canvas上；

⑦ drawText()：绘制一段文本；

⑧ drawPoints()：绘制多个点；

⑨ drawOval()：绘制一个椭圆形；

⑩ drawRRect()：绘制一个圆角矩形；

⑪ drawShadow()：绘制一个带阴影的形状；

⑫ drawVertices()：根据给定的顶点集合绘制形状。

4.8.3 包含child的场景

CustomPaint可以包含子组件，绘制内容会覆盖在子组件之上。来看一个child的背景与前景绘制的例子。

```dart
Dart
CustomPaint(
  painter:BackgroundPainter(),  //蓝色背景绘制器
  foregroundPainter:ForegroundPainter(),  //绿色前景绘制器
  child:Container(  //这里就是一个圆形图片
    width:400,
    height:400,
    decoration:BoxDecoration(
      shape:BoxShape.circle,
      image:DecorationImage(
        image:AssetImage('assets/images/person.png'),
      ),
    ),
  ),
)

class BackgroundPainter extends CustomPainter{
  @override
  void paint(Canvas canvas,Size size){
    Paint paint=Paint()
      ..color=Colors.blue
      ..style=PaintingStyle.fill;
```

```
    canvas.drawCircle(Offset(size.width / 2,size.height / 2),200,paint);
  }

  @override
  bool shouldRepaint(CustomPainter oldDelegate){
    return false;
  }
}

class ForegroundPainter extends CustomPainter{
  @override
  void paint(Canvas canvas,Size size){
    Paint paint=Paint()
      ..color=Colors.green
      ..style=PaintingStyle.fill;

    canvas.drawCircle(Offset(size.width / 2,size.height / 2),50,paint);
  }

  @override
  bool shouldRepaint(CustomPainter oldDelegate){
    return false;
  }
}
```

效果如图 4-82 所示。

在上述代码中，我们首先定义了一个 CustomPaint 组件，同时传入了 BackgroundPainter 和 ForegroundPainter 两个参数，分别用于为图片增加背景和前景。在 BackgroundPainter 和 ForegroundPainter 两个类中，我们分别实现了 CustomPainter 接口，并在 paint 方法中分别绘制了背景和前景。在这里，我们使用了 Canvas 的 drawCircle 方法绘制了圆形，并使用了 Paint 类定义了画笔的属性，如颜色和样式。最后，在 CustomPaint 的 child 参数中，我们传入了一个 Container 组件，并将其装饰为一个圆形，同时设置了 DecorationImage 属性，用于显示人的图片。

图 4-82　自定义绘制背景、前景

4.8.4 使用 RepaintBoundary 避免重绘

在 Flutter 中，CustomPaint 自定义的绘制过程可能开销较大。特别是在组件出现不必要的重绘时，会产生无谓的资源开销，导致性能降低。当一个 CustomPaint 有子节点时，Flutter 会对 CustomPaint 的绘制过程进行优化，只有在 CustomPaint 本身或者其子节点发生变化时才会进行重绘，这种优化称为“重绘裁剪（repaint clipping）”。但是，如果 CustomPaint 的子节点没有被裁剪，那么每次重绘都会导致子节点的重绘，即使子节点的变化对 CustomPaint 本身没有影响。这样就会导致不必要的重绘，降低性能。为了解决这个问题，可以使用 RepaintBoundary 组件来包装 CustomPaint 的子节点。

使用场景：

① 当 CustomPaint 的子节点发生变化时，RepaintBoundary 可以将子节点包含在一个新的绘制层中，避免不必要的重绘。

② 如果 CustomPaint 本身因为外部原因产生多余的重绘，也可以使用 RepaintBoundary 包裹 CustomPaint。

注意事项：过多的 RepaintBoundary 会增加内存占用，因此应谨慎使用。

4.9 网络请求

在 Flutter 中，网络请求是开发移动应用程序时常见的需求。Flutter 提供了多种方式来处理 HTTP 请求，其中最常用的是第三方的 dio 库。此外，解析从服务器返回的 JSON 数据也是开发中的重要环节。

4.9.1 dio 库

其实 Flutter 官方有一个 HTTP 库，但是由于功能比较简单，无法满足客户端中多样化的需求，因此在实际开发中大多使用第三方的 dio 库。dio 是一个功能强大的第三方 HTTP 客户端库，支持拦截器、文件上传、请求取消等高级功能。

4.9.1.1 dio 库的使用

① 在 pubspec. yaml 中添加依赖：

```yaml
YAML
dependencies:
  flutter:
    sdk: flutter
  dio: ^4.0.4
```

运行 flutter pub get 安装依赖。

② 编写请求代码：

```dart
Dart
import 'package:dio/dio.dart';

void main() async {
  final dio = Dio();
  final response = await dio.get('https://jsonplaceholder.typicode.com/posts/1');
  print(response.data);
}
```

可以给这些请求配置相关的参数，比如在请求的 header 中添加参数，或者配置超时时间等本地参数。

```dart
import 'package:dio/dio.dart';

void main()async{
  final dio=Dio();
  dio.options.headers['User-Agent']='dio';
  dio.options.headers['api-key']='YOUR_API_KEY';
  dio.options.connectTimeout=5000;// 设置连接超时时间为 5s
  dio.options.receiveTimeout=5000;// 设置接收超时时间为 5s
  final response=await dio.get('https://jsonplaceholder.typicode.com/posts/1');
  print(response.data);
}
```

4.9.1.2 dio 全局配置

在实际开发中，服务端接口通常要求传递大量的公共请求参数（如用户令牌、设备信息等），同时超时时间等本地配置也通常是统一的。为了避免每次请求都重复配置这些参数，可以使用 dio 的全局配置功能来统一管理这些公共参数和配置。

dio 提供了 BaseOptions 类来设置全局配置，包括基础 URL、请求头、超时时间、公共请求参数、拦截器。

以下是一个完整的示例，展示如何配置 dio 的全局参数：

① 全局配置 dio。

```dart
import 'package:dio/dio.dart';

class ApiService{
  static final Dio _dio=Dio();

  static void init(){
    // 全局配置
    _dio.options=BaseOptions(
      baseUrl:'https://api.example.com',// 基础 URL
      connectTimeout:5000,// 连接超时时间(ms)
      receiveTimeout:5000,// 接收超时时间(ms)
      headers:{
        'Content-Type':'application/json',// 默认请求头
      },
    );

    // 添加拦截器
    _dio.interceptors.add(InterceptorsWrapper(
      onRequest:(options,handler){
        // 在请求发送前添加公共请求参数
        options.queryParameters.addAll({
          'token':'your_token_here',// 公共请求参数
          'deviceId':'your_device_id_here',
```

```
        });
        return handler.next(options);// 继续请求
      },
      onResponse:(response,handler){
        // 对响应数据进行处理
        return handler.next(response);
      },
      onError:(DioError error,handler){
        // 对错误进行处理
        return handler.next(error);
      },
    ));
  }

  static Future<Response> get(String path,{Map<String,dynamic>? queryParameters})
async{
    return _dio.get(path,queryParameters:queryParameters);
  }

  static Future<Response> post(String path,{dynamic data})async
{
    return _dio.post(path,data:data);
  }
}
```

② 初始化 dio。

在应用程序启动时（如 main 函数中）初始化 dio。

```Dart
void main(){
  ApiService.init();// 初始化 dio
  runApp(MyApp());
}
```

③ 发送请求。在需要发送请求的地方调用 ApiService 的方法：

```Dart
Future<void> fetchData()async{
  try{
    final response=await ApiService.get('/posts/1');
    print('Response data:${response.data}');
  }catch(e){
    print('Error:$e');
  }
}

Future<void> sendData()async{
  try{
```

```
    final response=await ApiService.post('/posts',data:{
      'title':'foo',
      'body':'bar',
      'userId':1,
    });
    print('Response data:${response.data}');
  }catch(e){
    print('Error:$e');
  }
}
```

代码解释如下。

① 全局配置：使用 BaseOptions 设置基础 URL、超时时间、默认请求头等。这些配置会应用到所有通过该 dio 实例发起的请求。

② 拦截器：使用 InterceptorsWrapper 添加拦截器，在请求发送前动态添加公共请求参数。拦截器还可以用于统一处理响应和错误。

③ 公共请求参数：在 onRequest 拦截器中，将公共请求参数添加到 queryParameters 或 data 中。

④ 请求方法封装：将 get、post 等请求方法封装到 ApiService 中，方便调用。

4.9.2 搭建 mock 服务器

理想的开发状态是写代码的时候，服务器的接口都已经准备好了，我们可以直接调用调试。但实际情况往往是我们在开发的时候服务器的接口也在开发中，没办法投入使用。这时候如果是大公司有相应的测试平台，那么就可以通过测试平台进行接口模拟，方便客户端的调试。但是如果公司没有测试平台或者是个人开发者进行学习，那么这个时候可以搭建一个自己的服务器 API mock 平台帮助开发和测试。

所谓的 mock 平台就是能响应你的接口请求，并根据请求中的不同信息返回不同的 json 数据。以下是一些常见的 HTTP mock 服务器库。

mockttp：用于 Node.js 的基于 Express 的 HTTP mock 服务器。

WireMock：用于 Java 的基于 JUnit 的 HTTP mock 服务器。

Flask API：用于 Python 的基于 Flask 的 HTTP mock 服务器。

json-server：用于模拟 REST API 的 JavaScript 库。

这里以跨平台的 Mockoon 为例进行介绍，其他软件的使用方式大同小异。

① 下载并安装 Mockoon：在 Mockoon 官网下载 Mockoon 的安装包，并按照安装向导进行安装。

② 创建 API 路由：在 Mockoon 中，需要先创建 API 路由，然后再为每个路由定义响应数据。在 Mockoon 主界面中，点击“Add API”按钮创建一个新的 API 路由。在创建 API 路由时，需要指定路由的名称、请求方法和路径。参考图 4-83。

③ 定义响应数据：创建 API 路由后，需要为每个路由定义响应数据。在 API 路由中，点击“Add Route Response”按钮创建一个新的响应数据。在创建响应数据时，可以定义响应的状态码、头部信息和响应体数据。Mockoon 支持多种响应体数据格式，如 JSON、XML 和 HTML 等。响应数据可以进行简单的编程处理，参考图 4-84。

④ 运行 Mockoon 服务器：创建了 API 路由和响应数据后，可以点击 Mockoon 主界面中的“Play”按钮，运行 Mockoon 服务器。Mockoon 将会生成一个本地 URL，可以将其用作 Flutter 应用程序中的 mock 服务器地址。参考图 4-85。

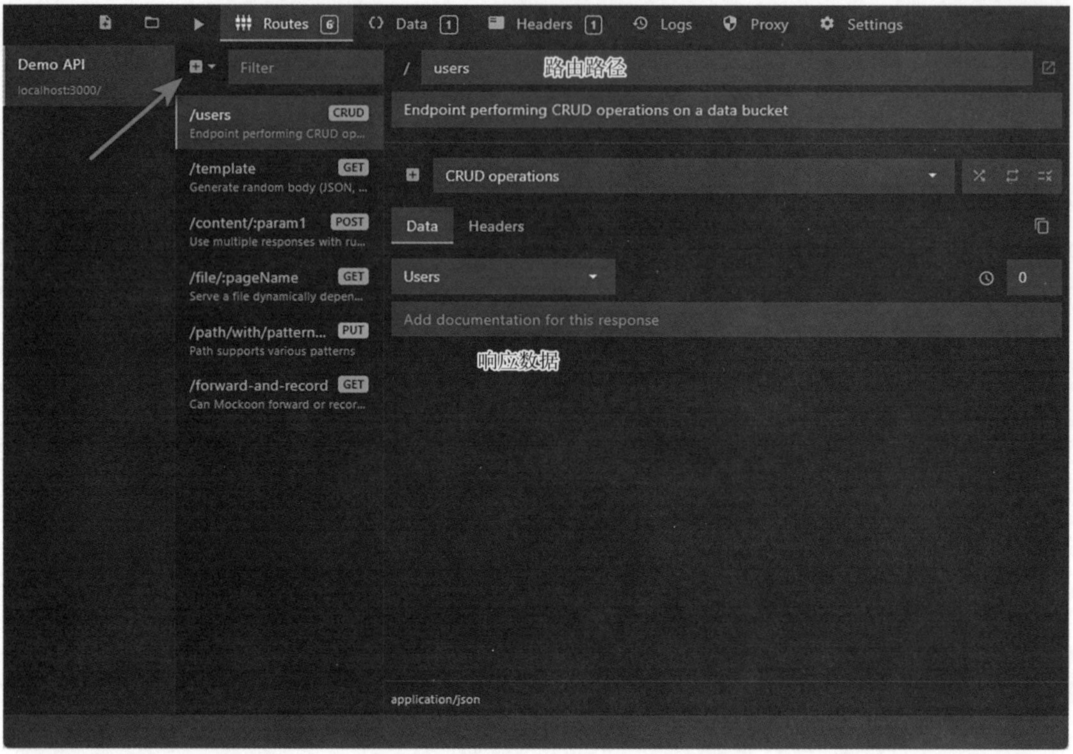

图 4-83　Mockoon 创建新路由

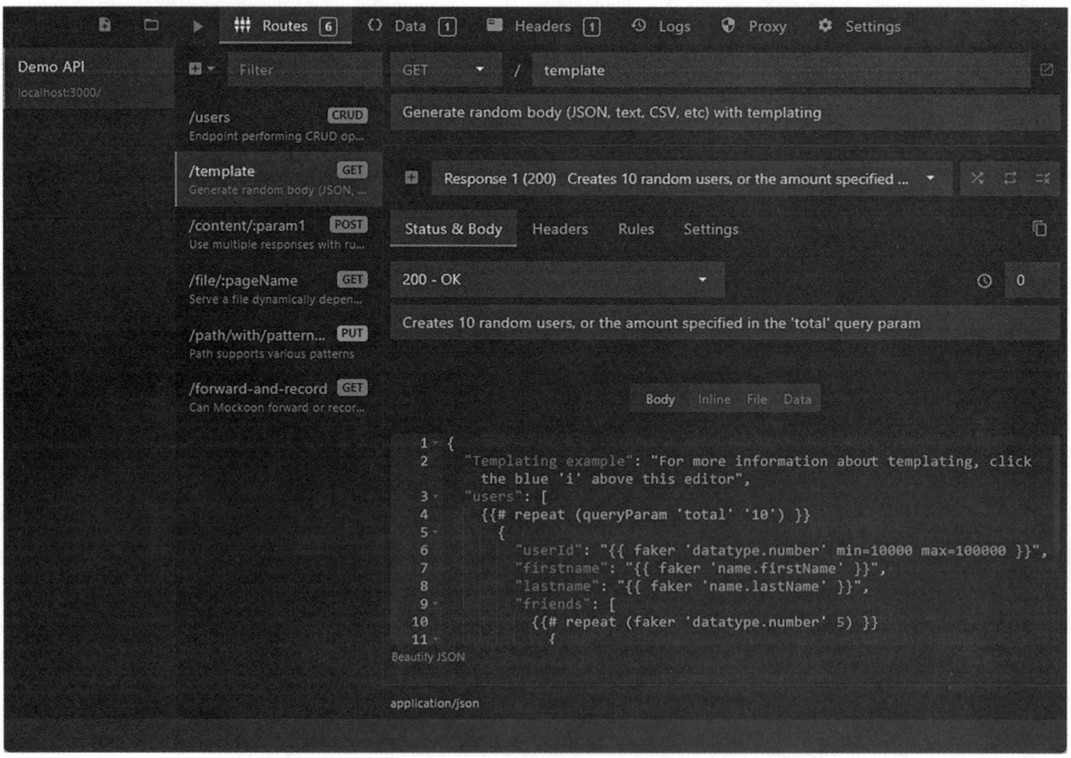

图 4-84　Mockoon 指定响应

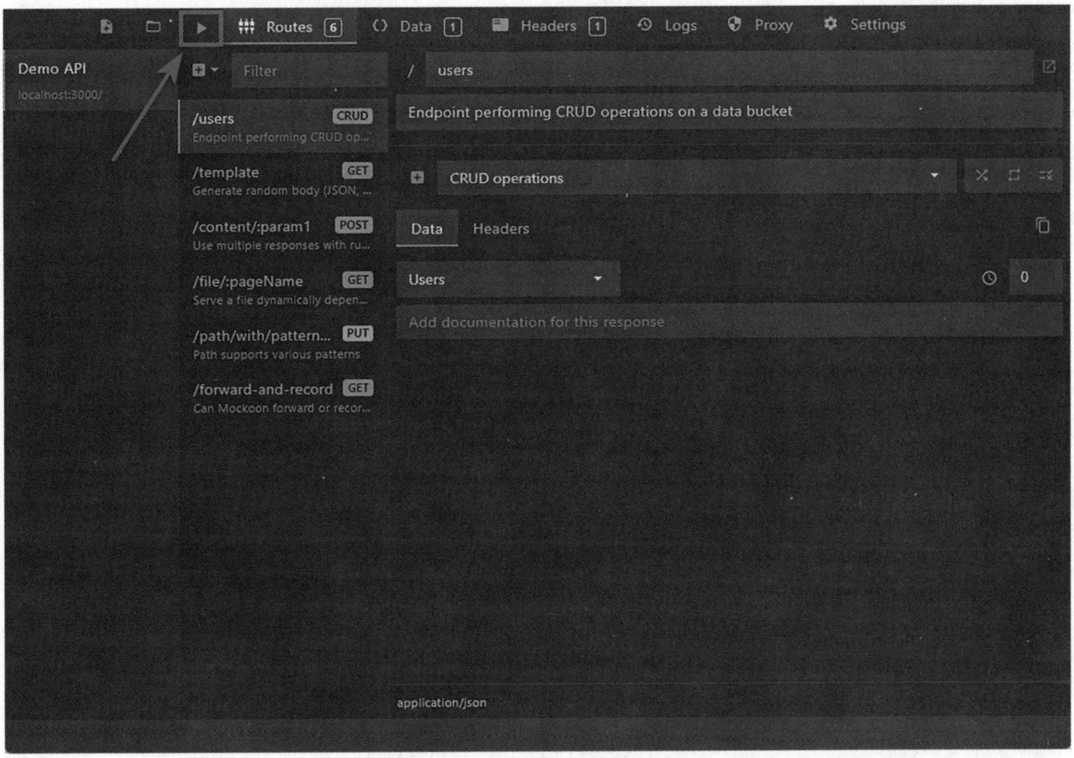

图 4-85　运行 Mockoon 服务器

假设你的 PC 的 IP 地址是 192.168.1.100，那么可以在 Flutter 应用程序中使用 http：//192.168.1.100：3000 作为 mock 服务器地址。这样，Flutter 应用程序将能够访问在 PC 端运行的 mock 服务器，并获取模拟数据。

4.9.3　json 数据解析

在现代应用程序中，通常使用 RESTful API 来从服务器获取数据。服务器将数据以 JSON 格式返回，客户端需要将 JSON 数据解析并转换为本地的数据结构，这些数据结构通常被称为 Bean。比如服务端返回的是用户数据，本地把用户数据转换为 User 类的对象，这个对象就是一个 Bean。所以 JSON 数据解析其实就是如何把 JSON 数据转换为 Bean 的过程。如果是手工把 JSON 数据转换为对应的 Dart 数据结构是一件非常耗时且容易出错的事情，因此我们通常使用自动化工具完成 JSON 数据到 Bean 的转换工作。下面介绍两种常用的 JSON 转换为 Bean 的方法。

4.9.3.1　json_serializable 库

在 Flutter 中，可以使用 Dart 语言自带的 json_serializable 库来实现 JSON 数据到 Bean 的转换。使用该库可以简化将 JSON 数据转换为 Dart 对象的过程，并且不需要手动编写大量的序列化和反序列化代码。

可以定义一个类，其中包含与 JSON 数据相对应的属性和方法。在类的文件中使用 @JsonSerializable 注释进行标注，以便在运行 build_runner 命令时生成必要的序列化和反序列化代码。之后就可以使用该类中的 fromJson() 和 toJson() 方法来完成数据的转换。

下面是一个简单的示例，演示了如何将服务器返回的 JSON 数据转换为一个 User 类的对象。

```Dart
import 'package:json_annotation/json_annotation.dart';

part 'user.g.dart';  // 这个文件是 build_runner 命令自动生成的

@JsonSerializable()
class User{
  final int id;
  final String name;
  final String email;

  User(this.id,this.name,this.email);

  factory User.fromJson(Map<String,dynamic> json)=>_$UserFromJson(json);  // 自动生成的文件中生成的方法
  Map<String,dynamic> toJson()=>_$UserToJson(this);
}
```

在该示例中，我们定义了一个 User 类，其中包含 id、name 和 email 三个属性。我们使用@JsonSerializable 注释对该类进行标注，这样在运行 build _ runner 命令时，将会自动生成必要的序列化和反序列化代码。

接下来，我们可以使用 fromJson () 方法将 JSON 数据转换为 User 对象：

```Dart
String jsonStr='{"id":1,"name":"John Doe","email":"johndoe@example.com"}';
Map<String,dynamic> jsonMap=json.decode(jsonStr);
User user=User.fromJson(jsonMap);
```

user 对象就包含了从 JSON 数据中解析出来的属性值。

使用 toJson() 方法，可以将 User 对象转换为 JSON 数据：

```Dart
Map<String,dynamic> userMap=user.toJson();
String jsonStr=json.encode(userMap);
```

jsonStr 字符串包含了 User 对象的 JSON 表示形式。

4.9.3.2 使用 IDE 插件

json _ serializable 虽然是官方提供的方案，但是一方面是通过命令行执行的，略有不便，另一方面自动生成的代码每次都会被覆盖，没办法增加自己的逻辑。所以这里再提供一个方案供大家选择。

我们可以利用 IDE 的插件实现从 json 到数据结构的自动化创建，图 4-86 展示了从插件商店搜索相关插件的过程。

注意：类似的插件有很多，可以根据需要自行选择，但是选择时要确认两点：①支持空安全；②支持对 json 内容的判空，也就是当对应的 json 字段不存在时生成 Bean 的过程不能出错。

图 4-86 搜索 json 插件

第 5 章

实战项目说明

在前面的章节中，我们系统地学习了 Flutter 的组件体系、状态管理、网络请求等技术细节，但开发一个完整的应用程序绝非简单的知识点堆砌。真实的工程化开发需要具备以下能力。

① 系统思维：将分散的技术模块（UI、数据、交互）串联为可运行的整体。

② 工程化能力：即从需求分析→架构设计→功能实现→调试优化的全流程把控能力。

③ 问题拆解：面对复杂功能时，合理划分模块、设计数据流转路径。

从本章开始将以一个实际的项目为蓝本，带你体验从零搭建商业级应用的全过程。我们将亲历模块拆分、技术选型、代码分层、Bug 分析等关键环节，逐步掌握独立开发复杂应用的能力。

本实战项目是开发一款阅读类综合应用。之所以选择这类应用作为实战载体，主要基于以下考量：相较于功能维度单一的电商类应用，阅读类 App 天然融合了商品展示（书籍商城）、内容消费（电子书阅读）、社交互动（书友圈）等多重业务场景。这种复合型产品架构既能训练商品列表、详情页等经典电商功能开发能力，又能涵盖阅读器实现、内容分页渲染等特色功能开发，更涉及用户体系搭建、跨页面状态管理等综合技术实践。

通过完整实现书籍商城、阅读核心场景、个人中心等核心模块，我们将系统掌握复杂 UI 构建技巧、高性能滚动列表优化、多源数据整合等 Flutter 高阶开发能力。接下来让我们从项目架构设计开始，逐步拆解这款综合应用的开发全流程。

5.1 项目 UI

在真实的企业级应用开发中，UI 设计稿是功能实现的基础。为模拟专业团队协作场景，书中将给出相关页面的 UI 样式及 UI 细节的标注。在实际开发中通常不会采用这种原始的标注形式，而是利用更智能化的设计工具交付给开发人员。但是因为书籍载体的限制，本书中仍然采用在 UI 图片中进行标注的形式。

5.1.1 发现页

图 5-1 展示了发现页 UI 的各种细节，包括各个 UI 元素的大小、位置和

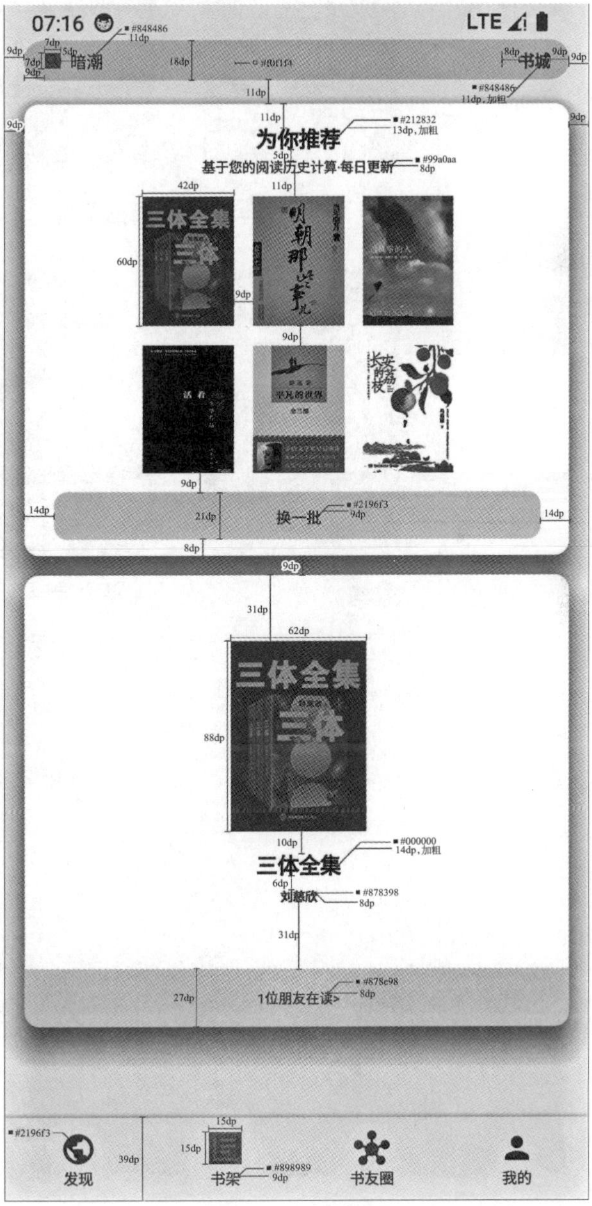

图 5-1　发现页标注

颜色等信息。

5.1.2 书架页

图 5-2 展示了书架页 UI 的相关细节。

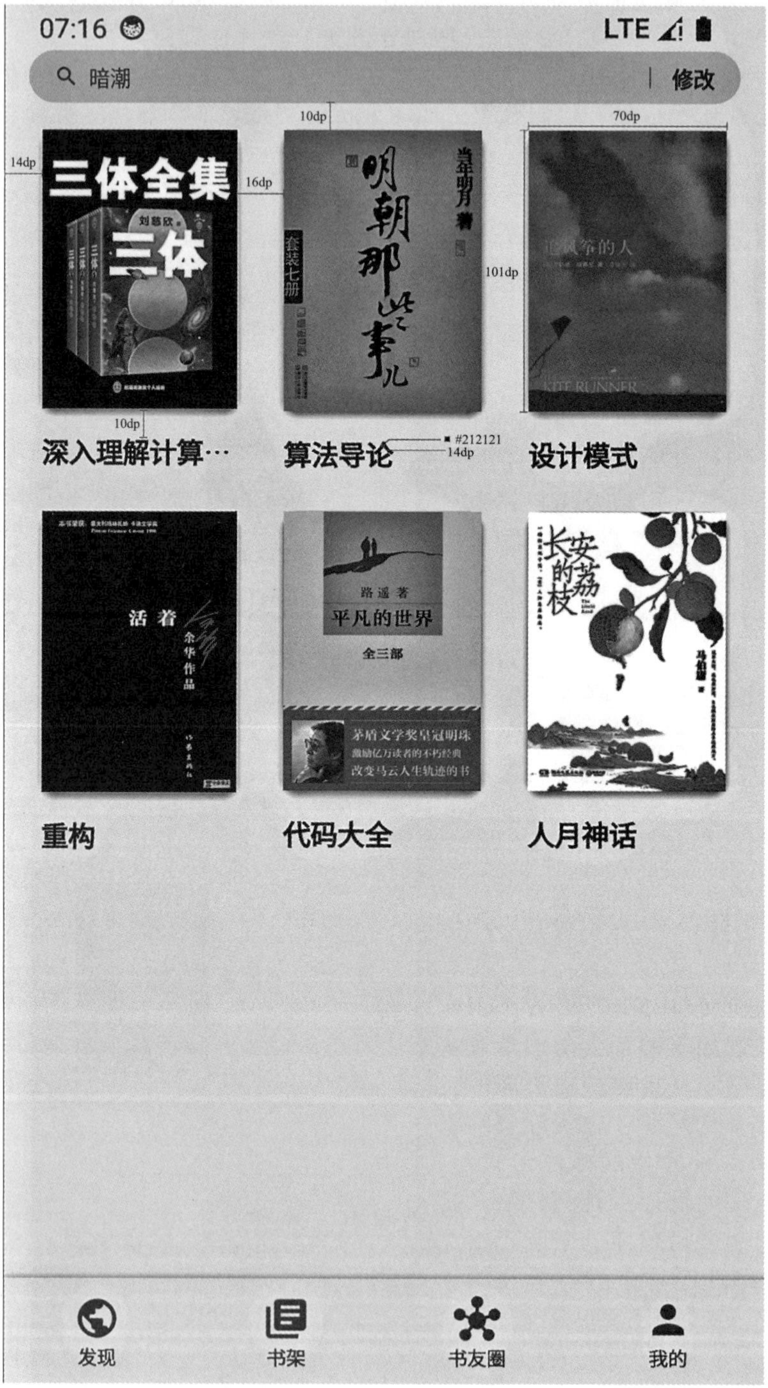

图 5-2　书架页标注

5.1.3 个人中心页

图 5-3 展示了个人中心页面在用户登录后的 UI 细节。接下来我们来讲解一下 UI 标注中的细节，帮助大家更精准地理解 UI 设计图。

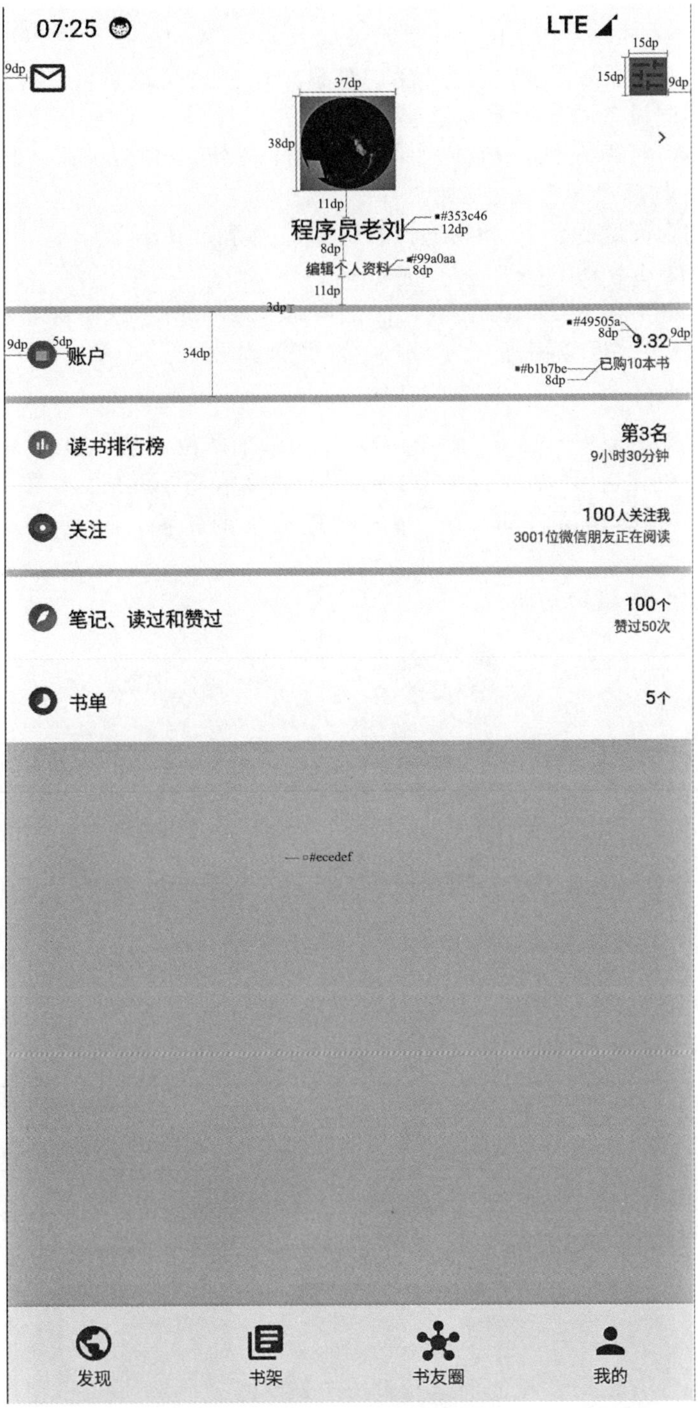

图 5-3　个人中心页标注

5.2 标注讲解

5.2.1 密度无关像素：dp

dp(Density-independent Pixels，密度无关像素）是 Android 系统提出的屏幕适配基础单位，专为解决多设备屏幕密度差异导致的 UI 显示不一致问题而生。为何要专门定义一个 dp 出来？这要从不同设备的显示差异说起。

物理像素（px）的局限性：相同尺寸的 100px 按钮，在 320dpi（高清屏）和 160dpi（标清屏）设备上，物理尺寸会相差 2 倍。

dp 如何解决这个问题呢？dp 和物理像素的对应关系如下：

1dp=(屏幕密度 dpi/160)px

例如：160dpi 的屏幕 1dp=1px；320dpi 的屏幕 1dp=2px。这意味着在不同密度的屏幕上，1dp 对应的物理尺寸近似相等（约 1/160 英寸[1]）。

5.2.1.1 Flutter 中的 dp

Flutter 虽使用逻辑像素（Logical Pixels）作为基础单位，其数值与 dp 实质等价。

① 代码映射：Flutter 中 width：100 即声明元素宽度为 100dp。

② 自动适配：框架底层自动计算 dp→物理像素的转换，开发者无需手动处理屏幕密度。

例如下面代码用 dp 指定边距。

```
Dart
Padding(
  padding:EdgeInsets.symmetric(
    horizontal:24,// 左右 24dp 边距
    vertical:16    // 上下 16dp 边距
  ),
)
```

5.2.1.2 与 iOS pt 单位的对比

表 5-1 比较了 Android 和 iOS 上像素计算单位的差异。

表 5-1 dp 和 pt 对比

单位	系统	计算规则
dp	Android	基于屏幕密度动态换算
pt	iOS	固定 1pt=1/163 英寸(非动态)

二者本质都是设备无关的抽象单位，但换算逻辑不同（pt 基于物理尺寸，dp 基于密度比例）。

5.2.1.3 常见误区与解决方案

表 5-2 列出了 UI 开发中常见的问题及解决方案。

[1] 1 英寸等于 2.54 厘米。

表 5-2　UI 标注常见问题

问题场景	错误做法	正确方案
设计师使用 px 单位标注	直接使用 px 数值开发	要求提供 dp 标注(px 值/dpi=dp)
需要精确到 0.5dp 的边框	使用 width：1	使用 width：0.5（支持小数）
忽略高密度屏的细节差异	所有设备使用相同图片	提供@2×/@3×多分辨率资源

5.2.2　字体尺寸的处理

Flutter 的 Text 组件的字体默认跟随系统字体缩放，举例如下。

```
Plain Text
// 默认行为 √
Text("默认跟随系统缩放",style:TextStyle(fontSize:16))
// 实际渲染尺寸=16 * MediaQuery.textScaleFactorOf(context)
```

5.2.2.1　获取系统字体缩放比例

代码如下。

```
dart
// 在任意 Widget 中获取
final double scaleFactor=MediaQuery.textScaleFactorOf(context);

// 打印调试
print('当前系统字体缩放比例:$scaleFactor');// 输出示例:1.2
```

数据来源如下。

① Android 系统：来自“设置→无障碍→字体大小”的调节值。

② iOS 系统：来自“设置→辅助功能→更大字体（Dynamic Type）”的配置。

③ 默认值：1.0（不缩放），用户未调整字体大小时保持此值。

MaterialApp 会自动获取系统的字体缩放比例，代码如下。

```
Dart
MaterialApp(
  // 自动创建包含系统缩放因子的 MediaQuery
  home:Scaffold(...)
)
```

5.2.2.2　覆盖系统默认比例

代码如下。

```
Dart
// 局部禁用缩放(如按钮文字)
MediaQuery(
  data:MediaQuery.of(context).copyWith(textScaleFactor:1.0),// 强制比例为 1
  child:Text("固定尺寸文本",style:TextStyle(fontSize:16)),
)
```

```
// 全局禁用缩放(慎用！破坏无障碍支持)
MaterialApp(
  builder:(context,child)=>MediaQuery(
    data:MediaQuery.of(context).copyWith(textScaleFactor:1.0),
    child:child!,
  ),
)
```

5.2.3 颜色代码

标注中“#9900aa”代表组件的颜色，其实是“#ff9900aa”，标注中省略了透明度。数据结构解释如下。

Flutter 使用 32 位 ARGB 整型存储颜色，内存结构如下。

```
Dart
0xAARRGGBB  // 十六进制表示
```

表 5-3 详细说明了一个颜色数据中每个字节的作用。

表 5-3 ARGB 分段说明

分段	位数	作用域	说明
AA	8 位	0x00～0xFF(0～255)	透明度(Alpha 通道)
RR	8 位	0x00～0xFF	红色分量(Red)
GG	8 位	0x00～0xFF	绿色分量(Green)
BB	8 位	0x00～0xFF	蓝色分量(Blue)

代码表示如下。

```
Dart
// 不透明度 FF(不透明)的紫色
Color(0xFF9900AA)
// 等价于 ARGB(255,153,0,170)
```

表 5-4 对比了 Android、iOS 和 Web 端颜色描述方案与 Flutter 的转换关系。

表 5-4 不同平台颜色方案

平台/技术	颜色格式	示例	与 Flutter 的转换关系
Android	ARGB 8 位十六进制	#FF9900AA	直接对应 0xFF9900AA
iOS	RGBA 8 位十六进制	0x9900AAFF	需交换 Alpha 通道位置
CSS	RGBA	rgba(153,0,170,1)	调整顺序并转换透明度

本章主要为读者介绍实战项目的情况，通过解析 UI 设计标注，系统讲解开发中的细节：dp 单位、颜色值的 ARGB 格式以及字体尺寸如何响应系统缩放（textScaleFactor 机制）。接下来的章节中我们会根据本章的 UI 设计逐步实现这个 App。

第6章

架构设计

在正式开发前面介绍的 App 前，我们先把这个项目的基本架构确定一下。在应用系统开发中，架构设计就好像建筑的蓝图，决定了工程的扩展性、可维护性与团队协作效率。对于 Flutter 开发者而言，优秀的架构不仅能让代码逻辑清晰，更能让跨平台特性真正发挥价值——用一套代码实现多端一致的高性能体验。

架构的核心目标在于应对复杂度。随着功能迭代，应用逻辑会像藤蔓般蔓延生长。若缺乏分层设计，业务代码、UI 渲染、数据请求将纠缠成“意大利面式”的代码迷宫。例如，一个电商 App 的购物车功能可能涉及商品状态同步、库存校验、优惠计算等多重逻辑。若将这些逻辑直接嵌入 UI 组件，不仅难以复用，还会导致调试时牵一发而动全身。Flutter 的响应式框架特性（如 Widget 树重建机制）要求开发者必须通过合理状态管理规避性能陷阱，这正是架构设计的用武之地。

对初学者而言，初期的小型项目可能仅需几个 Widget 组合即可运行。但当应用拓展至十万行代码量级时，缺乏架构约束的项目会面临三重困境：代码重复（相同逻辑散落各处）、修改风险（修复 Bug 引发连锁问题）、协作低效（多人开发难以并行）。Flutter 官方推荐的层次化框架（如 Material/Cupertino 组件库与 Dart 业务逻辑分离）正是为此而生。此外，良好的架构还能降低测试成本——独立的业务逻辑层可直接进行单元测试，无需依赖 UI 渲染。

架构的本质是约束与抽象。通过分层（如表现层、业务逻辑层、数据层），开发者能够实现“高内聚、低耦合”的理想状态。以 Flutter 的嵌入层（Embedder）为例，它将平台相关的渲染、输入事件抽象为统一接口，使核心业务代码无需关心 Android 或 iOS 的差异。这种设计哲学延伸至应用层，意味着开发者可以隔离易变的 UI 界面与稳定的业务规则，例如将网络请求封装为独立的 ApiService 模块，便于未来替换 API 实现或增加缓存策略。

本章将深入剖析如何基于 Flutter 特性设计健壮的架构。从状态管理方案选型到模块化拆分，从分层通信机制到性能优化实践，读者将通过实际案例理解架构设计如何将“能用”的代码转化为“易维护、可扩展”的工业级应用。

6.1 业务逻辑分层

分层架构是一个在实际开发中最经典也最普遍的架构设计模型。采用分层的架构设计有以下几个好处。

① 分离责任：分层架构将应用程序的不同功能和责任分离到不同的层级中，例如 UI 层、业务逻辑层、数据访问层等。这样每个层级都专注于自己的职责，使得代码更加清晰、可读性更高，并且便于团队协作和维护。

② 可维护性：分层架构使得代码分散在不同的层级中，每个层级都有清晰的职责和接口。这样当需求变化或有 Bug 需要修复时，可以更容易地定位和修改相应的代码，而不会对整个应用程序产生过多的影响。

③ 可测试性：分层架构提供了良好的测试边界。每个层级可以独立地进行单元测试，以验证其功能的正确性。这样可以更快地编写和执行测试，并更容易模拟不同的场景和数据，提高测试覆盖率和代码质量。

④ 可扩展性：分层架构使得应用程序的不同层级可以独立扩展。例如，当需求需要新增功能时，可以在业务逻辑层进行扩展，而不会对 UI 层或数据访问层产生影响。这样可以提高应用程序的可扩展性，使其更容易适应未来的变化和扩展需求。

⑤ 可重用性：分层架构鼓励将通用的功能和组件封装到可重用的模块中。这样可以避免重复编写相同的代码，提高代码的复用性和效率。例如，业务逻辑层可以提供通用的服务

和方法，供不同的 UI 模块调用，避免了重复实现相同的业务逻辑。

总之，采用分层的架构设计有助于提高代码的清晰性、可维护性、可测试性、可扩展性和可重用性。它帮助团队更好地组织和管理代码，降低开发和维护的复杂度，同时也为应对变化和需求扩展提供了灵活性和可靠性。

在工程实践中有很多经典的分层设计方法，比如领域驱动设计（DDD）引入应用层、领域层、基础设施层，强调业务逻辑与技术的分离。在客户端 App 的设计中，不管使用哪种分层设计方案，通常都至少会包含图 6-1 中展示的三个层次。

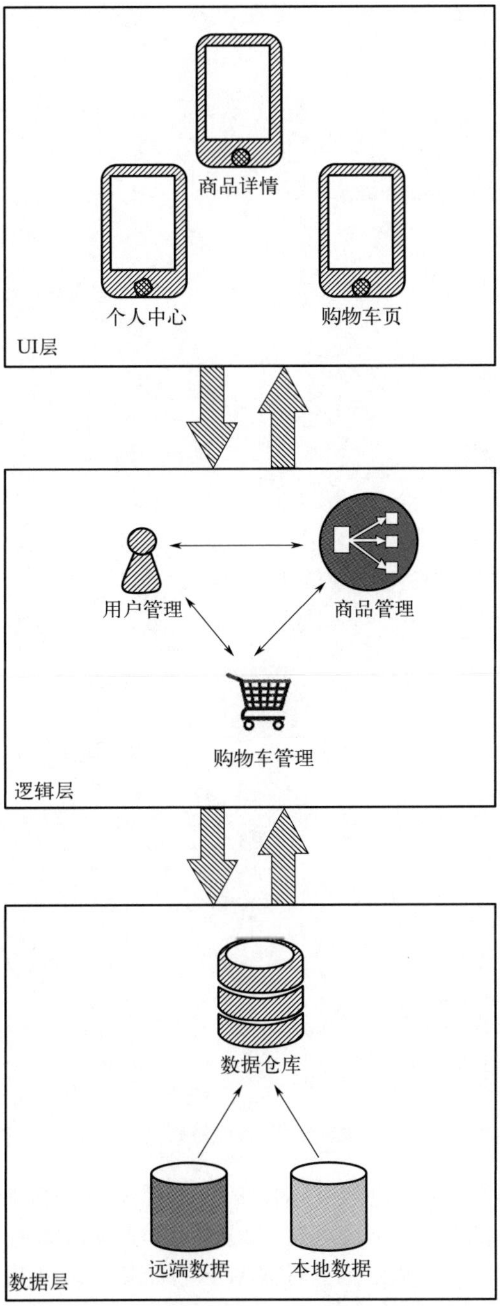

图 6-1 分层架构

6.1.1 数据层：构建可靠的数据基础设施

6.1.1.1 数据仓库设计

在软件开发中，同时使用多个数据来源（如 REST API、GraphQL、本地数据库、缓存文件）是常态。数据仓库（Repository）模式的核心价值在于通过抽象接口屏蔽底层数据源的实现细节，让业务逻辑无需关心数据究竟来自网络请求还是本地存储。以下是一个简单的示例设计：

创建一个数据仓库类（Repository），实现数据仓库接口，并在其中实现从服务器和本地数获取数据的具体逻辑。

```
Dart
class Repository{
  final KeyValueStorage keyValueStorage=KeyValueStorage();
  final ApiService apiService=ApiService();

  void init(){
    // 初始化数据
  }

  Future<dynamic> getData(String path)async{
    return await apiService.getData(path);
  }

  Future<dynamic> getConfigData(String key)async{
    return await keyValueStorage.getString(key);
  }
}
```

在应用程序的其他层（例如业务逻辑层）中，使用数据仓库接口进行数据访问。

```
Dart
class UserService{
  Repository repository;

  UserService(this.repository);

  Future<List<User>>getUserInfo(){
    return repository.getData('/user_info');
  }
}
```

通过这种方式，应用程序的其他部分不需要关心具体的数据来源（服务器还是本地数据库），只需要通过数据仓库接口来访问数据。数据仓库根据具体的实现逻辑，选择合适的数据来源并返回相应的数据。这样就实现了对数据层的抽象，使得应用程序在访问数据时更加灵活和可扩展。

实际开发场景中，当需要增加新的数据源（如新增一个文件缓存）时，只需修改 Repository 实现，业务层代码无需变动。在编写单元测试时，可以轻松 Mock Repository 接口，避免真实网络请求。

6.1.1.2 网络请求封装

网络请求是移动应用的命脉，一个健壮的 ApiService 需要处理以下核心问题。

① 统一错误处理：集中捕获和处理各类网络异常，将原始错误信息转换为用户友好的提示。

② 数据解析抽象：实现 JSON 到 Bean 的自动转换。

③ 状态码映射：根据 HTTP 状态码识别特殊场景。例如 401 未授权，触发全局登录失效处理。

在实际开发中，通常同一个服务端的所有接口都遵循统一的数据返回格式返回 json 数据，下面以用户登录为例进行讲解。

成功：服务端所有接口成功调用返回的数据可能都包含"success" 和"data" 两个字段，只不过不同接口"data" 字段的内容不一样。比如登录接口"data" 字段返回的是用户信息，商品详情接口"data" 字段返回的就是商品信息。代码如下。

```
JSON
{
  "success":true,
  "data":{
    "username":"john_doe",
    "nickname":"John Doe",
    "userId":"123456789",
    "avatarUrl":"https://example.com/avatar.jpg",
    "purchasedBooksCount":10,
    "followersCount":100,
    "readingCount":50,
    "notesCount":20,
    "booksReadCount":30,
    "likesCount":50,
    "booklistsCount":5
  }
}
```

失败：接口调用失败通常会返回失败的 code 和一个错误描述。代码如下。

```
JSON
{
  "success":false,
  "errorCode":1001,
  "errorMessage":"用户名或密码错误"
}
```

以下是一个完整的基于 dio 的封装 ApiService 示例，其中包括统一处理成功和失败、设置公共参数等。

```
Dart

import 'package:dio/dio.dart';

class ApiService{
  static const String baseUrl='https://api.example.com';

  late Dio _dio;

  ApiService(){
    _dio=Dio(BaseOptions(baseUrl:baseUrl));
    // 在此处进行一些 Dio 实例的配置,如设置超时时间等
  }

  // 发送 GET 请求
  Future<dynamic> _get(String url)async{
    final options=Options(method:'GET');
    return _sendRequest(url,null,options);
  }

  // 发送 POST 请求
  Future<dynamic> _post(String url,dynamic data)async{
    final options=Options(method:'POST');
    return _sendRequest(url,data,options);
  }

  // 发送请求
  Future<dynamic> _sendRequest(String url,dynamic data,Options options)async{
    _addCommonParams(options);// 添加公共参数

    try{
      final response=await _dio.request(url,data:data,options:options);
      // 处理服务端返回的数据

      if(response.statusCode==200){
        final responseData=response.data;
        if(responseData['success']==true){ // 这里处理返回 json 的公共部分
          return responseData['data'];// 成功时将 data 部分返回给调用者
        }else{
          // 失败时抛出异常
          throw ApiException(responseData['errorCode'],responseData['errorMessage']);
        }
      }else{
        // 非 200 状态码,抛出异常
        throw ApiException(response.statusCode?? -1,'网络请求失败');
      }
    }catch(error){
```

```
      throw ApiException(-1,'网络请求失败');// 网络请求失败时抛出异常
    }
  }

  // 添加公共参数
  void _addCommonParams(Options options){
    final timestamp=DateTime.now().millisecondsSinceEpoch.toString();
    final token='your_user_token';// 假设这是用户的 token
    final sign=_generateSign(timestamp,token);
    final deviceId='your_device_id';// 假设这是设备的唯一标识
    final clientVersion='1.0.0';// 假设这是客户端的版本号

    options.headers?? ={};
    options.headers?.addAll({
      'timestamp':timestamp,
      'token':token,
      'sign':sign,
      'device_id':deviceId,
      'client_version':clientVersion,
    });
  }

  // 生成数据签名
  String_generateSign(String timestamp,String token){
    // 这里根据实际业务逻辑生成数据签名
    // 示例中只是简单地拼接时间戳和用户 token,实际情况中可能需要更复杂的加密算法
    return timestamp+token;
  }


  // 下面是一些实际接口调用的例子
  Future<dynamic> login(String username,String password)async{
    const url='/login';
    final data={'username':username,'password':password};

    return _post(url,data);
  }

  Future<dynamic> getUser(String userId)async{
    final url='/user/$userId';

    return _get(url);
  }
}

class ApiException implements Exception{
  final int errorCode;
```

```
  final String errorMessage;

  ApiException(this.errorCode,this.errorMessage);
}
```

6.1.1.3 本地存储方案选型

在移动应用、桌面软件和 Web 开发中，本地数据存储是构建高效、可靠且用户体验良好的应用程序的核心技术之一。无论是保存用户配置、缓存网络请求结果，还是支持离线场景下的数据访问，合理选择和管理本地存储方案都直接影响着应用的性能、安全性和可维护性。接下来我们先来看看客户端常见的本地化数据都有哪些场景。

(1) 客户端常见存储场景

① 用户配置数据　例如开关状态（如深色模式开关）、语言设置、权限偏好等小型数据。这种场景要求的特点是快速读写、低存储开销。

② 半结构化数据　例如聊天记录（包含文本、时间戳、状态）、用户行为日志、动态表单输入等 JSON 或嵌套对象。这种场景需要支持复杂数据结构、灵活查询、快速序列化。

③ 结构化数据　例如订单信息（包含用户 ID、商品 ID、金额）、商品目录（分类关联查询）、用户关系图谱等关系型数据。这类场景的需求是事务支持、复杂 SQL 查询、索引优化。

④ 大文件存储　例如图片/视频缓存、离线地图包、日志文件等非结构化数据。需要分块读写、流式处理、存储空间管理。

⑤ 临时会话数据　例如表单草稿、页面滚动位置、未提交的评论等短期状态。需要进行会话级生命周期管理、轻量级存储。

⑥ 离线缓存　例如新闻内容缓存、商品详情预加载、API 响应备份等网络依赖数据。需要支持缓存过期策略、与云端数据同步。

⑦ 敏感信息存储　常见的例如用户令牌（Token）、加密密钥等高安全性数据。这部分最重要的是加密存储防止信息泄露。

上面罗列的是客户端开发中常见的本地化场景，大多数的 App 可能会用到其中的一种或几种。接下来我们就基于 Flutter 平台给大家推荐不同场景下的解决方案。

(2) Flutter 场景化存储方案推荐

基于上述场景，在 Flutter 生态中都能找到比较合适的技术方案支持。

① 用户配置数据。

推荐方案：shared_preferences 或 Hive。

shared_preferences：基于平台原生 API（Android 的 SharedPreferences/iOS 的 UserDefaults），适合简单键值对，读写延迟低于 1ms。

Hive：NoSQL 数据库，支持自定义对象序列化（通过@HiveType 注解），性能比 shared_preferences 高 3 倍（Benchmark 测试）。

② 半结构化数据。

推荐方案：Hive 或 Sembast。

Hive：通过 HiveList 支持嵌套对象，内置 LZ4 压缩，适合高频读写（如聊天记录滚动加载）。

Sembast：基于 IndexedDB 的 NoSQL 方案，支持动态查询（如过滤特定时间段的日志）。

③ 结构化数据。

推荐方案：sqflite+Drift。

sqflite：直接操作 SQLite，支持事务和复杂的关联查询（如订单与商品关联查询）。

Drift：ORM 框架，通过 Dart 代码生成 SQL，提供类型安全的查询 API（例如 select(users). where((u)=>u. age>18))。

④ 大文件存储。

推荐方案：path_provider+dart:io。

结合 flutter_cache_manager 实现 LRU 缓存淘汰（例如保留最近 1GB 的图片缓存）。

⑤ 临时会话数据。

推荐方案：Hive 内存盒或 get_storage。

Hive 内存盒（Hive. openBox（'temp'，inMemory：true））数据不落盘，适合草稿类临时数据。

get_storage：轻量级键值库，无原生依赖，适合 Web 和桌面端。

⑥ 离线缓存。

推荐方案：sqflite（结构化）或 Hive（半结构化）。

使用 cloud_firestore 的离线持久化功能，自动同步到本地 SQLite/Hive。

⑦ 敏感信息存储。

推荐方案：FlutterSecureStorage 或 Hive 加密盒。

FlutterSecureStorage：基于平台安全存储（Android Keystore/iOS Keychain），适合令牌和密码。

Hive 加密盒：通过 AES-256 加密整个数据库（如 Hive. openBox（'secrets'，encryptionKey：key））。

上述的解决方案都是一些基于日常开发实践的建议。在 Flutter 生态中还有很多非常好的解决方案供开发者选择。在技术选型中，数据特性（结构复杂度、安全性）和操作需求（读写频率、查询复杂度）是选型的核心依据。只要把握住这个核心原则，就不难选择适合自己项目的解决方案。

6.1.2 逻辑层

在 App 架构中，逻辑层充当了连接 UI 层和数据层的桥梁。它负责接收 UI 层发来的用户操作行为，如点击登录按钮，并通过调用数据层提供的方法来实现具体的业务逻辑。比如调用 ApiService 发送登录请求，如果登录成功，逻辑层将获取到的用户数据发送给 UI 层，通知其进行相应的更新。如果登录失败，逻辑层可以处理错误情况，并通知 UI 层显示错误信息。逻辑层充当了业务逻辑的承载者，负责处理用户操作行为和数据交互，使整个应用的结构更清晰和可扩展。

在 Flutter 中，逻辑层与数据层的交互通常通过调用数据仓库的方法并获取返回结果来实现。逻辑层与 UI 层的交互通常通过状态管理来实现。Flutter 提供了多种状态管理的方案，如 StatefulWidget、Provider、GetX、Bloc 等，开发者可以根据项目的需求选择合适的状态管理方式。通过状态管理，逻辑层和 UI 层可以进行双向的数据交互。逻辑层处理业务逻辑，并更新状态，而 UI 层根据状态的变化来更新界面。

接下来我们以官方推荐的 Bloc 为例，介绍 Flutter 体系架构中的逻辑层如何设计封装。

6.1.2.1 Bloc 原理

Bloc(Business Logic Component) 是一种在 Flutter 中用于管理应用程序的业务逻辑和状态的状态管理库。它遵循了单向数据流的思想，将应用程序的状态和用户操作进行分离，使代码的组织和测试变得更加简单和可预测。

Bloc 的核心概念包括以下几个要素。

① 事件（Event）：事件代表用户的操作或其他引发状态变化的动作，比如按钮点击、网络请求完成等。事件作为输入被发送到 Bloc 中进行处理。

② 状态（State）：状态代表应用程序的状态，比如登录成功、加载中、错误等。Bloc 根据事件的处理逻辑，将当前状态转换为新的状态，并作为输出发送给 UI 层进行更新。

③ 处理器（Bloc）：处理器是核心的业务逻辑部分，它负责接收事件并根据当前状态进行相应的处理。处理器可以执行异步操作、调用数据层的方法，处理业务逻辑并发送新的状态。

④ 订阅者（UI 层）：订阅者是 Bloc 的消费者，通常是界面层，它订阅 Bloc 的状态更新，并根据新的状态来更新用户界面。

如图 6-2 所示，其使用方法如下：

① 定义一个 Bloc 类，继承自 Bloc 或 Cubit，并指定初始状态。

② 在 Bloc 类中重写 mapEventToState 方法，根据接收到的事件和当前状态，执行相关的业务逻辑代码比如调用登录接口等，并根据执行结果返回新的状态。另一种方案是 Bloc 类直接提供响应某一操作的方法，UI 调用这个方法触发业务逻辑，例如提供 login 方法实施登录动作。

③ 在 UI 层，订阅 Bloc 的状态更新，通常使用 BlocBuilder 来实现界面的响应。

④ 在 UI 层触发事件，通过 Bloc 提供的方法将事件发送给 Bloc 进行处理。

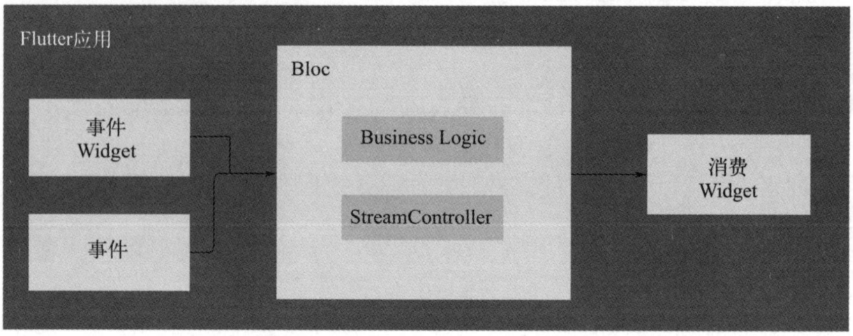

图 6-2　Bloc 工作流程

Bloc 的特点如下。

① 单向数据流：UI 层发送事件→Bloc 处理→ 生成新状态→UI 刷新，形成闭环。

② 不可变状态：每个状态都是新对象，避免意外修改。

③ 关注点分离：事件处理函数专注于业务逻辑，不涉及 UI 细节。

6.1.2.2　Bloc 封装与使用

在实战项目中，通常我们会对 Bloc 做一个封装，添加针对项目特有的一些操作。例如每次 Bloc 中状态变化时记录日志、统计信息或者调试信息。以下是封装的演示：

```
Dart
import 'package:flutter_bloc/flutter_bloc.dart';

abstract class BaseBloc<State> extends Cubit<State> {
  BaseBloc(State initialState):super(initialState);  // 初始状态
```

```
  // 通知 UI 层最新状态变化
  void emitState(State state){
    // 此处可以对状态做一些统一处理,如添加公共参数、记录调试信息等
    emit(state);
  }

  @override
  void onChange(Change<State> change){
    super.onChange(change);
    // 可以在这里处理日志、统计等操作
  }
}
```

以下是以计数器的页面为例使用 BaseBloc 的例子：

```Dart
class CounterState{
  final int count;

  CounterState(this.count);
}

// 定义 Bloc 类,继承自 BaseBloc
class CounterBloc extends BaseBloc<CounterState>{
  CounterBloc():super(CounterState(0));

  void increment(){
    emitState(CounterState(state.count+1));
  }
}
```

代码解释如下。

在本例中我们继承了封装好的 BaseBloc，并对外提供了 increment() 方法用于给计数器增加计数。这里的 increment() 方法其实就是页面的业务逻辑，这个业务逻辑和 UI 无关。计数器计数增加后通过调用 emitState 方法通知 UI 层更新 UI。

通常 Bloc 响应 UI 层的事件有两种方法，一种是通过统一的 add 方法，由 UI 层代码向 Bloc 发送一个预先定义好的事件对象。另一种是本例使用的直接对 UI 层提供一个 increment() 方法。一般开发中我们更推荐本例中的方式。原因是这样对开发者更简洁清晰。如果碰到 Bloc 用于多个不同的页面，同时向多个模块提供服务的场景，需要 Bloc 与使用者之间更高程度的解耦，则可以考虑第一种方法。

6.1.3 UI 层

UI 层是与用户交互的桥梁。在我们的架构体系中 UI 层职责就是响应逻辑层的状态变化，更新 UI 的展示。

6.1.3.1 响应式 UI

可以通过 BlocProvider 和 BlocBuilder 两个组件的组合使用来完成响应 Bloc 状态变化的功能。BlocProvider 和 BlocBuilder 的设计本质上是关注点分离（Separation of Concerns）的典型实践。它们通过明确的分工，将 Flutter 应用中的状态管理逻辑与 UI 渲染逻辑解耦。它们的具体分工如下。

（1）BlocProvider：依赖注入与状态管理的隔离

BlocProvider 作为依赖注入容器，专注于创建、持有并向下传递 Bloc 实例，确保子组件无需自行管理 Bloc 的生命周期（如初始化、关闭）。举例如下。

```Dart
// 示例:在页面根节点注入 Bloc
BlocProvider(
  create:(context)=>CounterBloc(),  // 创建 Bloc 实例
  child:Page(),
)
```

BlocProvider 会在需要时创建 Bloc，并将 Bloc 实例注入 Widget 树中，使子组件可通过 context.read＜T＞() 或 BlocProvider.of＜T＞(context) 获取该实例。当页面关闭时，BlocProvider 会自动调用 Bloc 的 close 方法清理占用的资源，并释放 Bloc，避免内存泄漏。

（2）BlocBuilder：状态驱动 UI 更新

BlocBuilder 作为状态监听器，仅关注如何根据 Bloc 的最新状态动态构建 UI，不涉及状态计算或事件处理。举例如下。

```Dart
BlocBuilder<CounterBloc,int>(
  builder:(context,count)=>Text("$count"),  // 纯 UI 渲染
)
```

这里根据泛型类型 CounterBloc，就可以从父节点的 BlocProvider 中获取到注入组件树的 CounterBloc 实例，并监听该 Bloc 的状态变化。每当 Bloc 中的状态发生变化时，会调用 builder 方法重建 UI。开发者可以通过 buildWhen 参数控制更新条件，例如有些状态变化不需要更新 UI 则可以忽略，进而避免不必要的 UI 刷新，提升性能。

以下是在页面中组合使用这两个组件展示计数器页面的示例：

```Dart
class CounterPage extends StatelessWidget{
  @override
  Widget build(BuildContext context){
    return BlocProvider(
      create:(_)=>CounterBloc(),
      child:CounterWidget(),
    );
  }
}


class CounterWidget extends StatelessWidget{
```

```
  @override
  Widget build(BuildContext context){
    return Center(
      child:Column(
        mainAxisAlignment:MainAxisAlignment.center,
        children:[
          BlocBuilder<CounterBloc,CounterState>(
            builder:(context,state){
              return Text(
                state.count.toString(),
                style:TextStyle(fontSize:24),
              );
            },
          ),
          SizedBox(height:16),
          ElevatedButton(
            onPressed:(){
              context.read<CounterBloc>().increment();
            },
            child:Text('Increment'),
          ),
        ],
      ),
    );
  }
}
```

6.1.3.2 封装页面基类

前面例子中组合使用 BlocProvider 和 BlocBuilder 虽然在设计上有效解耦了 UI 层的不同功能逻辑，但是使用起来略显繁琐，而且每个页面都需要添加这样模板化的重复代码。因此在实战中，我们通常会封装一个 BasePage 类作为所有页面的基类，将 BlocProvider 封装进去，这样 Bloc 就可以作为所有页面的默认状态管理器。下面是封装的示例：

```Dart
abstract class BasePage<B extends BaseBloc> extends StatelessWidget{
  @override
  Widget build(BuildContext context){
    // BlocProvider 作为页面的根节点
    return BlocProvider<B>(
      create:createBloc,
      child:buildPage(context),
    );
  }

  // 子类实现该方法用于创建 bloc
  B createBloc(BuildContext context);
```

```
  // 子类实现该方法创建页面内容
  Widget buildPage(BuildContext context);
}
```

在 BasePage 中，除了封装 BlocProvider，还可以考虑封装其他常用的功能和通用的代码，以提高代码的复用性和可维护性。以下是一些常见的可以在 BasePage 中进行封装的内容。

① 页面路由和导航：可以封装常用的路由跳转方法，简化页面之间的导航操作。

② 共享数据管理：如果你有需要在多个页面之间共享的数据，可以在 BasePage 中封装相关的状态管理逻辑，如使用 Provider 或 Riverpod 等进行状态管理。

③ 主题和样式：如果你有需要在多个页面中统一的主题和样式，可以在 BasePage 中定义主题和样式相关的配置，并在子页面中继承使用。

④ 错误处理和异常捕获：可以在 BasePage 中统一处理错误和异常，例如显示错误提示、记录日志等。

⑤ 国际化和本地化：如果你的应用需要支持多语言和本地化，可以在 BasePage 中进行相关的配置和切换逻辑。

⑥ 生命周期管理：如果你需要在页面生命周期的不同阶段执行特定的操作，可以在 BasePage 中封装对应的生命周期回调方法。

以上仅是一些常见的内容示例，实际开发中可以根据项目需求来决定需要封装哪些功能和代码。

到目前为止，我们已经完成了架构体系中业务逻辑分层的各个层次的封装。如果说架构是一个软件系统的骨架，那么业务逻辑分层就是架构体系的骨架。但是架构体系中除了骨架还有血肉附着其上，我们可以把这些功能统称为辅助功能。

6.2 辅助功能

辅助功能通常不是用户能直接用到的功能，而是用于辅助开发者监控、优化 App 运行的一些功能模块。在常规的客户端项目中，辅助功能可以有很多，但是最常见的是以下三种：日志管理、路由管理和异常捕获。

6.2.1 日志管理模块

6.2.1.1 集成日志库

Flutter 生态中日志管理功能已经非常完备，建议直接采用第三方库如 logger 或 logger_easier 来完成日志记录功能，它们通常支持以下功能：

分级日志（Verbose/Debug/Error 等）：通过不同颜色区分严重程度。

结构化输出：自动添加时间戳、调用堆栈、设备信息等元数据。

举例如下。

```
Dart
// 示例:使用 logger_easier 的多级日志
final logger=Logger();
logger.info('用户登录成功',extra:{'user_id':123});
```

6.2.1.2 日志持久化

如果需要将日志持久化保存，可以结合 path_provider 和 logrotate 实现将日志写入本地文件实现持久化存储。举例如下。

```
Dart
class FileLogMiddleware extends LogMiddleware{
  @override
  void log(LogEvent event)async{
    final dir=await getApplicationDocumentsDirectory();
    final file=File('${dir.path}/app.log');
    await file.writeAsString('${DateTime.now()}-${event.message}\n',
                            mode:FileMode.append);
  }
}
```

为了避免文件写入造成 App 卡顿，可以将日志写入优化到 Isolate 中进行。

（1）异步日志写入

使用 Isolate 防止大量日志阻塞 UI 线程：

```
Dart
void logAsync(String message)async{
  await Isolate.run(()=>_writeToFile(message));
}
```

（2）日志自动清理

实现定期删除过期日志：

```
Dart
void rotateLogs()async{
  final logFile=File('app.log');
  if(await logFile.length()>10 * 1024 * 1024){
    await logFile.delete();
  }
}
```

当然也可以配合服务端接口实现日志的上传服务器存储。

6.2.1.3 添加日志过滤机制

根据环境动态调整日志级别（开发环境输出 Debug，生产环境仅 Error）：

```
Dart
Logger.init(
  level:kReleaseMode? Level.error :Level.verbose,
  middlewares:[ConsoleMiddleware(),FileLogMiddleware()]
);
```

6.2.2 路由管理增强

在前面路由管理部分我们已经详细介绍了路由管理的各种方法和特点。在实战中通常推荐采用命名路由或者动态管理路由为主的路由方案。在此基础上通常还需要增加对路由切换的监控和异常路由处理。

(1) 路由日志信息

通过 Flutter 提供的 NavigatorObserver，可以监听并记录完整路由信息。

首先继承 NavigatorObserver 实现自己的路由监听器，代码如下。

```
Dart
import 'package:flutter/material.dart';

class LoggerNavigatorObserver extends NavigatorObserver{
  @override
  void didPush(Route<dynamic> route,Route<dynamic>? previousRoute){
    // 在新路由被推入导航器时调用
    print('New route pushed:${route.settings.name}');
  }

  @override
  void didPop(Route<dynamic> route,Route<dynamic>? previousRoute)
{
    // 当一个路由从导航器中弹出时调用
    print('Route popped:${route.settings.name}');
  }
}
```

然后在 MaterialApp 中注册监听器：

```
Dart
MaterialApp(
  title:'我爱读书',
  navigatorObservers:[LoggerNavigatorObserver()],
  initialRoute:"/",// 首页名称
  routes:{    //注册路由表
    "/":(context)=> const HomePage(),//注册首页
  },
)
```

(2) 异常路由处理

添加未知路由的兜底处理：

```
Dart
MaterialApp(
  onUnknownRoute:(settings)=>MaterialPageRoute(
    builder:(_)=>ErrorPage(routeInfo:settings.name),
  ),
)
```

6.2.3 异常捕获体系

对一个软件系统来说，产生异常是很正常的事情，在 Flutter 的客户端实战中，我们通

常采用分级的异常捕获体系。

分级异常处理策略分析如下。

业务流程异常：关键流程添加 try-catch 块。

Flutter 框架异常：使用 FlutterError.onError 拦截异常。

全局异常：通过 runZonedGuarded 处理未捕获异常。

示例代码如下：

```
Dart
FlutterErrorDetails makeDetails(Object error,StackTrace stackTrace){
  // 构建错误信息
  return FlutterErrorDetails(stack:stackTrace,exception:error);
}

void handleGlobalError(FlutterErrorDetails details){
  print("全局异常:${details.exceptionAsString()}");
  print("堆栈信息:${details.stack.toString()}");
  // ... 其他操作,如日志记录和错误上报
}

void main(){
  FlutterError.onError=(FlutterErrorDetails details){
    // 捕获 Flutter 框架异常
    handleGlobalError(details);
  };

  runZonedGuarded(
    ()=>runApp(MyApp()),  // 主代码块
    (error,stackTrace){
      // 捕获业务逻辑代码异常
      handleGlobalError(makeDetails(error,stackTrace));
    },
  );
}
```

在 Flutter/Dart 中，runZonedGuarded 是用于创建隔离执行环境并捕获未处理异常的核心机制。它会创建一个隔离的代码执行区域（Zone），捕获该区域内所有未处理的同步和异步异常。此外 Zone 内代码的全局行为（如 print、计时器）可通过 zoneSpecification 自定义。

异常捕获通常配合日志模块使用，将异常信息通过日志记录在本地或者上传服务器。

第7章

实战项目启动

从本章开始我们就正式进入实战项目的开发，建议读者自己创建一个 Flutter 项目，然后跟随书中的内容完成项目代码编写。由于书中无法将所有的代码全部展示，所以我们会以展示关键代码为主，其他部分的代码和运行效果读者一定要在实际环境中验证。编程是一项操作类的技能，只看讲解和自己动手实战将会产生完全不同的学习效果。

7.1 项目初始化

创建好项目后我们需要先做一些简单的调整，为后续的开发铺平道路。

7.1.1 目录结构设计

在项目的开始阶段文件和代码都很少，因此目录结构就容易被很多开发者忽略，文件随意堆放，给后期的项目规模扩大造成影响。因此，建议开发者在创建项目的时候就想好自己项目的目录结构该如何设计。根据项目的规模和复杂度，我们可以采用不同的目录结构设计方式。以下是两种常见的目录结构设计方式及其适用场景。

7.1.1.1 分层目录结构（适合小型项目）

分层目录结构是一种经典的架构设计方式，将项目代码按照功能职责划分为不同的层次。常见的分层包括以下几种。

① UI 层：负责页面和组件的展示。

② 逻辑层：负责业务逻辑的处理。

③ 数据层：负责数据的获取和存储。

目录结构示例：

```
Plain Text
lib/
├─ui/
│   ├─pages/           # 页面组件
│   ├─widgets/         # 可复用的 UI 组件
│   └─themes/          # 主题和样式
├─logic/
│   ├─providers/       # 状态管理(如 Provider)
│   ├─blocs/           # BLoc 模式相关
│   └─services/        # 业务逻辑服务
└─data/
    ├─models/          # 数据模型
    ├─repositories/    # 数据仓库
    └─api/             # 网络请求相关
```

对于小型项目或初学者快速上手，这种划分方式结构清晰、职责明确。但是随着项目规模增大，模块之间的耦合度升高，目录层级可能变得复杂，不利于模块化开发。

7.1.1.2 模块化目录结构（适合中大型项目）

模块化目录结构是一种以功能模块为核心的设计方式，每个模块包含自己的 UI、逻辑和数据层。这种方式适合中大型项目，能够有效降低模块之间的耦合度。

目录结构示例：

```
Plain Text
lib/
├─modules/
|   ├─discovery/          # 发现模块
|   |   ├─ ui/            # 发现模块的 UI 层
|   |   ├─ logic/         # 发现模块的逻辑层
|   |   └─ data/          # 发现模块的数据层
|   ├─ shelf/             # 书架模块
|   |   ├─ ui/            # 书架模块的 UI 层
|   |   ├─ logic/         # 书架模块的逻辑层
|   |   └─ data/          # 书架模块的数据层
|   └─ profile/           # 个人中心模块
|      ├─ ui/             # 个人中心模块的 UI 层
|      ├─ logic/          # 个人中心模块的逻辑层
|      └─ data/           # 个人中心模块的数据层
├─ core/                  # 核心功能(如路由、主题、工具类)
|   ├─ routes/            # 路由配置
|   ├─ themes/            # 全局主题
|   └─ utils/             # 工具类
└─ main.dart              # 应用入口
```

这种方式对于小型项目可能显得过于复杂。但是适合中大型项目，易于扩展和维护，便于团队协作开发。当然如果你想项目规模不是特别大，比如我们这个实战练习项目，也可以省略 modules/这一层，直接将各个模块放在 lib 下。

7.1.2 命名路由配置

```
Dart
// main.dart
MaterialApp(
  routes:{ // routes 参数指定路由表
    '/':(context)=>HomePage(),
    '/discovery':(context)=>DiscoveryPage(),
    //... 其他路由
  },
)
```

如果是大型项目，多人协作开发，通常会将路由表放在单独的文件中，甚至可能需要封装添加路由条目的方法。主要目的都是避免多个开发者同时修改 main 文件。

7.1.3 设置状态栏样式

大家仔细观察 UI 设计图可以发现，设计中的页面状态栏是透明的，而不是默认的半透明效果。这是一种目前比较流行的 App 设计方案。在 Flutter 中，状态栏（Status Bar）和导航栏（Navigation Bar）的样式可以通过 SystemChrome.setSystemUIOverlayStyle 方法来设置。如果你想在无 AppBar 的场景下取消状态栏的半透明效果，可以通过以下步骤实现。

在你的 main.dart 文件中，使用 SystemChrome.setSystemUIOverlayStyle 方法设置状

态栏的样式。为了取消状态栏的半透明效果，可以将 statusBarColor 设置为不透明的颜色（例如白色或黑色）。

以下是代码示例：

```
Dart
import 'package:flutter/material.dart';
import 'package:flutter/services.dart';// 引入 SystemChrome

void main(){
  runApp(const MyApp());

  // 定义状态栏和导航栏样式
  SystemUiOverlayStyle systemUiOverlayStyle=SystemUiOverlayStyle(
    statusBarColor:Colors.white,// 设置状态栏颜色为不透明
    statusBarBrightness:Brightness.light,// 状态栏亮度(针对 iOS)
    statusBarIconBrightness:Brightness.dark,// 状态栏图标颜色(深色)
    systemNavigationBarColor:Colors.white,// 导航栏颜色
    systemNavigationBarDividerColor:Colors.transparent,// 导航栏分割线颜色
    systemNavigationBarIconBrightness:Brightness.dark,// 导航栏图标颜色
  );

  // 应用样式
  SystemChrome.setSystemUIOverlayStyle(systemUiOverlayStyle);
}
```

代码解释如下。

① statusBarColor：设置状态栏的背景颜色。将其设置为不透明的颜色（例如 Colors.white）可以取消半透明效果。

② statusBarIconBrightness：设置状态栏图标的颜色。Brightness.dark 表示深色图标（适合浅色背景），Brightness.light 表示浅色图标（适合深色背景）。

③ systemNavigationBarColor：设置导航栏的背景颜色。

④ systemNavigationBarIconBrightness：设置导航栏图标的颜色。

好的，到这里我们就完成了项目的初始化工作，接下来就开始着手开发 App 的首页。

7.2 App 首页框架

通过观察设计图可以发现进入 App 后首页的框架是底部 4 个导航按钮，每个导航按钮分别对应发现页、书架页、看一看和个人中心页面。这是一个很多 App 都会采用的经典首页布局。在 Flutter 中我们可以直接选择 Scaffold 组件作为整个页面框架，通过 BottomNavigationBar 为 Scaffold 设置底部导航栏。这四个页面内容部分可以通过 PageView 管理。

Scaffold、BottomNavigationBar 和 PageView 的使用方法我们在第 4 章已经介绍过，这里就不重复说明了。

实现代码如下：

```
Dart
HomePage.dart
import 'package:flutter/material.dart';

import 'DiscoveryPage.dart';
import 'LookPage.dart';
import 'MyselfPage.dart';
import 'ShelfPage.dart';

class HomePage extends StatelessWidget{
  const HomePage({Key? key}):super(key:key);

  @override
  Widget build(BuildContext context){
    int currentIndex=0;
    PageController controller=PageController();

    return Scaffold(
      body:PageView(
        controller:controller,
        children:const [
          DiscoveryPage(),
          ShelfPage(),
          LookPage(),
          MyselfPage(),
        ],
      ),
      bottomNavigationBar:StatefulBuilder(
        builder:(context,setState){
          return BottomNavigationBar(
            currentIndex:currentIndex,
            items:const[
              BottomNavigationBarItem(icon:Icon(Icons.public),label:'发现'),
              BottomNavigationBarItem(
                  icon:Icon(Icons.library_books),label:'书架'),
              BottomNavigationBarItem(icon:Icon(Icons.hub),label:'看一看'),
              BottomNavigationBarItem(icon:Icon(Icons.person),label:'我'),
            ],
            selectedItemColor:Colors.blue,
            unselectedItemColor:Colors.black45,
            type:BottomNavigationBarType.fixed,
            selectedFontSize:10,
            unselectedFontSize:10,
            iconSize:24,
            onTap:(int index){
              setState((){
                currentIndex=index;
```

```
                controller.jumpToPage(currentIndex);
              });
            },
          );
        },
      ),
    );
  }
}
```

代码说明如下。

页面的整体结构非常简单：

```java
class HomePage extends StatelessWidget{
  const HomePage({Key? key}):super(key:key);

  @override
  Widget build(BuildContext context){
    //... 变量定义 ...
    return Scaffold(
      body:PageView(...),        // 主页面内容
      bottomNavigationBar:...   // 底部导航栏
    );
  }
}
```

① StatefulBuilder：在 StatelessWidget 中创建一个局部状态，允许通过 setState 更新 currentIndex，触发导航栏和页面的联动。

② HomePage 并没有继承在架构设计中封装的 BasePage 类，也没有使用 Bloc。可以这样理解，首页的框架不包含任何业务逻辑，只是一个封装了底部导航栏和 PageView 的组件，具体的业务逻辑封装在 4 个具体的页面中。这种设计思路符合关注点分离也就是我们常说的解耦思想。很多 App 在 HomePage 里面塞进了太多和首页 UI 无关的业务逻辑，比如提示用户升级、促销活动提示等。当发生首页的大规模改版时，那些胡乱填充到 HomePage 中的业务代码就是培养 Bug 的温床。

③ DiscoveryPage 等四个页面还没有开发，这里可以先将四个页面定义出来，内容简单填一个 Text 组件即可。这样我们就可以在手机上验证页面的显示和点击效果了。

思考：上面代码有一个小 Bug 不知道各位读者发现了没有？用户通过左右滑动 PageView 切换页面，但此时底部导航栏不会自动同步。请大家根据前面学过的知识自己实现监听 PageView 滑动事件。

7.3 搜索栏组件

首页框架有了，接下来可以按照顺序开发 4 个首页中的具体内容页面。观察页面设计，发现页和书架页都包含一个顶部的搜索栏，其样式和点击后跳转的页面都是一样的。因此我们这里可以先将搜索栏单独封装为一个组件。

代码如下：

```
Dart
SearchBar.dart
import 'package:flutter/material.dart';

class SearchBar extends StatelessWidget{
  final Widget rightButton;

  const SearchBar({Key? key,required this.rightButton}):super(key:key);

  @override
  Widget build(BuildContext context){
    return Container(
      width:double.infinity,
      height:61,
      padding:const EdgeInsets.only(left:13,right:13,top:24,bottom:10),
      child:Container(
        height:26,
        decoration:BoxDecoration(
          borderRadius:BorderRadius.circular(20),
          color:const Color(0xfff0f1f4),
        ),
        child:Row(
          children:[
            const SizedBox(
              width:13,
            ),
            const Icon(
              Icons.search,
              size:13,
              color:Colors.black45,
            ),
            const SizedBox(
              width:5,
            ),
            const Text(
              '暗潮',
              style:TextStyle(
                fontSize:11,
                color:Colors.black45,
              ),
            ),
            const Expanded(child:SizedBox(height:1,),),
            Container(
              width:0.5,
              height:11,
```

```
            color:const Color(0xffb5b5b8),
          ),
          const SizedBox(
            width:11,
          ),
          rightButton,
          const SizedBox(
            width:13,
          ),
        ],
      ),
    ),
  );
  }
}
```

代码解释如下。

搜索栏中右侧的按钮在不同页面会有不同的提示，并且点击后的动作也不一样，因此这里将整个右侧的按钮封装为搜索栏组件的一个参数。由使用搜索栏的地方传入按钮组件。这个按钮组件有自己的 UI 和点击事件。

思考：细心的读者应该发现了，其实搜索栏本身的提示词也是可以变换的。请读者参考前面的代码，将提示词也封装成搜索栏的参数。

7.4 发现页

发现页的 UI 并不复杂，就是列表展示几种不同类型的卡片。因为卡片是有可能重复出现的，因此我们先封装这几种卡片组件，然后用一个 ListView 展示搜索栏和卡片列表。

7.4.1 卡片封装

封装卡片前先观察卡片的样式，找出其中的共同点。不同的卡片都有相同的样式，比如高度、背景色、圆角、阴影、边距等。因此会很容易想到两种封装方案：①把卡片共同的样式定义在卡片基类中，然后通过继承这个基类，用不同的子类实现不同的具体卡片类型；②把卡片共同的样式定义为一个容器组件，然后每个具体的卡片类型在这个容器中添加不同的内容。

这里我们选择第二种方案，定义一个公用的卡片容器：

```
Dart
class DiscoveryCard extends StatelessWidget{
  final Widget child;
  const DiscoveryCard({Key? key,required this.child}):super(key:key);

  @override
  Widget build(BuildContext context){
    return SizedBox(
      width:double.infinity,
```

```
      height:318.0,
      child:Card(
        color:Colors.white,
        shape:RoundedRectangleBorder(
          borderRadius:BorderRadius.circular(10.0),
        ),
        elevation:13.0,
        margin:const EdgeInsets.only(left:13,right:13,top:6,bottom:7),
        child:child,
      ),
    );
  }
}
```

代码解释如下。

这里我们通过 Flutter 的 Card 组件定义卡片背景色、圆角、阴影、边距等样式。有了这个容器，填充里面的内容就很简单了，我们以图 7-1 为例。

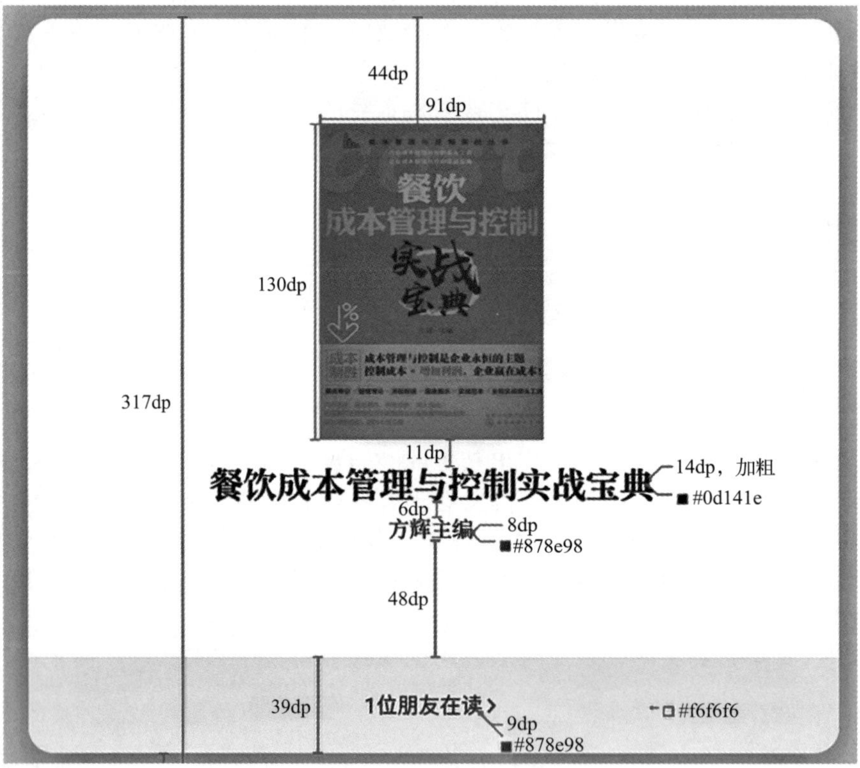

图 7-1　发现页卡片

代码如下：

```
Dart
class OneBookCard extends StatelessWidget{
  const OneBookCard({Key? key}):super(key:key);
```

```
@override
Widget build(BuildContext context){
  return DiscoveryCard(
    child:Column(
      children:[
        const SizedBox(height:44),
        SizedBox(
          width:90,
          height:130,
          child:Image.asset('assets/images/book_cover1.jpg'),
        ),
        const SizedBox(height:11),
        const Text(
          '三体全集',
          style:TextStyle(
              fontSize:14,fontWeight:FontWeight.bold,color:Colors.black),
        ),
        const SizedBox(height:6),
        const Text(
          '刘慈欣',
          style:TextStyle(
              fontSize:8,
              fontWeight:FontWeight.bold,
              color:Color(0xff878398)),
        ),
        const Expanded(
            child:SizedBox(
          width:1,
        )),
        Container(
          width:double.infinity,
          height:39,
          decoration:const BoxDecoration(
            borderRadius:BorderRadius.only(
              bottomLeft:Radius.circular(10),
              bottomRight:Radius.circular(10),
            ),
            color:Color(0xfff6f6f6),
          ),
          child:const Center(
            child:Text(
              '1 位朋友在读>',
              style:TextStyle(
                fontSize:9.0,
                color:Color(0xff878e98),
              ),
            ),
```

```
            ),
          ),
        ],
      ),
    );
  }
}
```

代码解释如下。

每种具体的卡片都是一个 Statelesswidget，在组件的 build 方法中返回一个 DiscoveryCard 将卡片的具体内容通过 child 添加到 DiscoveryCard 中。

7.4.2 发现页面

注意不要忘了在顶部添加搜索栏。代码如下：

```
Dart
class DiscoveryPage extends StatelessWidget{
  const DiscoveryPage({Key? key}):super(key:key);

  @override
  Widget build(BuildContext context){
    return ListView(
      children:const [
        SearchBar(
          rightButton:Text(
            '书城',
            style:TextStyle(
                fontSize:11,
                color:Colors.black45,
                fontWeight:FontWeight.bold),
          ),
        ),
        RecommendCard(),
        OneBookCard(),
      ],
    );
  }
}
```

代码解释如下。

在发现页的 SearchBar 组件中，rightButton 的点击事件需要跳转到尚未开发的“书城页面”。为避免后续开发遗漏此功能，可以通过以下方式标记。

添加 TODO 注释：在 DiscoveryPage 中调用 SearchBar 的位置，通过注释明确标记待办事项。

```
Dart
SearchBar(
```

```
  rightButton:GestureDetector(// 包装为可点击组件
    onTap:(){
      // TODO:跳转到书城页面(待开发)
      print('功能待实现:跳转书城');
    },
    child:const Text(
      '书城',
      style:TextStyle(
        fontSize:11,
        color:Colors.black45,
        fontWeight:FontWeight.bold,
      ),
    ),
  ),
),
```

TODO 注释：IDE（如 AndroidStudio、VS Code）会自动识别// TODO：注释，并在任务列表中高亮显示。

在本章中，我们完成了实战项目的工程创建、首页框架搭建以及发现页的开发。通过这一过程，不仅实现了具体的功能，还展示了如何通过组件化设计将复杂问题拆解为多个子问题，并通过封装和组合逐步解决。例如，将搜索栏、卡片容器和具体卡片分别封装为独立的组件，既提高了代码的复用性，也使得后续的维护和扩展更加便捷。

在开发过程中，我们故意没有引入状态管理（如 Bloc）和动态数据绑定，目的是突出组件封装的开发思想。通过这种方式，开发者可以更专注于如何将 UI 拆分为可复用的组件，而不是过早陷入复杂的状态管理和数据交互中。这种思维方式是开发工作的核心：将复杂问题拆解为多个子问题，通过封装和组合逐步解决，最终构建出完整的应用。

在下一章中，我们将开发个人中心页面，并展示如何从服务端获取数据并动态更新页面内容。

第8章 个人中心页面

在本章中，我们将开发一个典型的个人中心页面。该页面会在启动时调用服务端接口获取用户信息，并根据接口返回的数据更新 UI。我们将使用 Bloc 状态管理库，并基于 BasePage 和 BaseBloc 的封装来实现这一功能。此外，我们还会使用 Mockoon 来模拟接口数据。

8.1 个人中心页面工作流程

8.1.1 工作流程描述

工作流程描述如下。

① 页面启动时，显示 Loading 状态。

② 调用服务端接口 http://localhost/user_info 获取用户信息。

③ 接口返回数据后，更新页面 UI，展示用户信息（如头像、昵称、阅读统计等）。

8.1.2 使用 Mockoon 模拟接口

这里我们假设服务端接口还没有开发完成，所以使用 Mockoon 模拟服务端接口。Mockoon 的详细使用方法我们已经在前面的章节中介绍过，这里只简单展示定义接口的过程。

返回数据格式，代码如下。

```json
JSON
{
  "success":true,
  "data":{
    "username":"laoliu",
    "nickname":"程序员老刘",
    "userId":"123456789",
    "avatarUrl":"http://localhost/images/user_avator.jpg",
    "token":"c7c538208288e6357cd29b34595c5a7a",
    "purchasedBooksCount":10,
    "followersCount":100,
    "readingCount":50,
    "notesCount":20,
    "booksReadCount":30,
    "likesCount":50,
    "booklistsCount":5
  }
}
```

创建 Mock 接口，步骤如下。

① 在 Mockoon 中，点击＋按钮创建一个新的环境。

② 点击＋按钮添加一个新的路由，设置如下。

Method：GET。

Route：/user_info。

Response Body：粘贴上述接口返回的 JSON 数据。

③ 启动 Mock 服务。

测试接口：使用浏览器访问 http://localhost/user_info，确保接口返回正确的数据。

8.2 开发个人中心页面

8.2.1 创建用户模型

我们可以根据服务端返回的 Json 数据生成本地的用户信息数据结构。这里选择了 AndroidStudio 中的一个 JsonToDart 插件。生成的 User 数据结构如下：

```dart
Dart
class User{
  User({
      this.username,
      this.nickname,
      ...
      this.booklistsCount,});

  User.fromJson(dynamic json){
    username=json['username'];
    nickname=json['nickname'];
    ...
    booklistsCount=json['booklistsCount'];
  }
  String? username;
  String? nickname;
  ...
  num? booklistsCount;

  Map<String,dynamic> toJson(){
    final map=<String,dynamic>{};
    map['username']=username;
    map['nickname']=nickname;
    ...
    map['booklistsCount']=booklistsCount;
    return map;
  }
}
```

8.2.2 定义页面状态

在开发个人中心页面时，我们需要明确页面的状态流转，以便更好地管理页面的显示逻辑和数据加载过程。对于大多数需要调用服务端接口获取数据的页面来说，页面状态通常可以归纳为以下三种。

① 初始状态（Loading）：页面启动时，尚未获取到数据，此时需要显示加载动画或占位符，提示用户数据正在加载中。

② 获取数据成功（Data）：当服务端接口成功返回数据后，页面需要更新UI，展示具体的内容。

③ 获取数据失败（Error）：如果接口调用失败，页面需要显示错误信息，提示用户加载失败并提供重试选项。

为了便于复用和统一管理，我们可以将这三种状态抽象为基类及其子类，供多个页面共同使用。以下是状态类的定义示例。

```dart
Dart
//定义状态基类
class BaseBlocState{}

//初始状态:加载中
class StateLoading extends BaseBlocState{}

//获取数据成功状态
class StateData extends BaseBlocState{}

//获取数据失败状态
class StateError extends BaseBlocState{
  final String msg;//错误信息
  StateError(this.msg);
}
```

代码解释如下。

① 代码位置　上述代码可以放在一个单独的文件中（例如base_bloc_state.dart），也可以直接放在BaseBloc文件中。这样做的目的是方便大多数Bloc和Page使用这些状态类。

② BaseBlocState的作用　定义BaseBlocState的主要目的是为了统一管理Bloc中的状态。在封装BaseBloc时，我们通常会使用一个泛型参数来定义状态类型，例如：

```dart
Dart
abstract class BaseBloc<State> extends Cubit<State>{
  BaseBloc(State initialState):super(initialState);
}
```

有了BaseBlocState基类后，我们可以将不同Bloc的泛型参数统一设置为BaseBlocState。这样，当一个Bloc需要增加新的状态时，只需继承BaseBlocState即可，而不需要修改BaseBloc的定义。例如，需要增加一个“空数据”状态，只需定义一个新的子类：

```dart
Dart
class StateEmpty extends BaseBlocState{}
```

8.2.3 定义个人中心页面 Bloc

在明确了页面状态后，接下来我们可以定义个人中心页面对应的Bloc。Bloc负责管理页面的状态流转，并在适当的时候触发状态更新。以下是个人中心页面Bloc的实现代码：

```Dart
class SelfPageBloc extends BaseBloc<BaseBlocState>{
  late User user;

  SelfPageBloc():super(StateLoading());

  void loadData()async{
    try{
      var path='/user_info';
      var userData=await globalRepository.getData(path);
      user=User.fromJson(userData);
      emitState(StateData());
    }catch(e){
      emitState(StateError('Failed to load user data:$e'));
    }
  }
}
```

代码解释如下。

① globalRepository 是数据中心的实例，作为整个 App 的基础设施，它负责与后端接口进行交互。为了便于使用，通常将其设计为单例或全局变量。在 loadData 方法中，我们通过 globalRepository.getData(path) 调用接口获取用户数据。

② 是否需要封装 UserService 取决于用户接口或用户信息的使用范围：如果用户接口被多个页面或模块使用，建议封装 UserService，以便集中管理用户相关的逻辑，避免代码重复；如果用户接口仅在个人中心页面使用，可以直接在 Bloc 中调用接口，维护用户数据。

③ 初始状态：StateLoading 是 Bloc 的初始状态，通过 SelfPageBloc()：super(StateLoading())设定。

页面启动时，SelfPageBloc 就会发出 StateLoading 状态，页面显示加载动画。接口调用成功时，SelfPageBloc 会发出 StateData 状态，页面更新并显示用户信息。接口调用失败时，SelfPageBloc 会发出 StateError 状态，页面显示错误信息。

8.2.4 实现个人中心页面

在定义完 Bloc 和页面状态后，接下来我们实现个人中心页面的 UI 部分。个人中心页面需要根据 Bloc 的状态动态更新 UI，例如在加载时显示加载动画，在数据加载成功后展示用户信息。以下是个人中心页面的实现代码：

```Dart
class SelfPage extends BasePage<SelfPageBloc>{
  SelfPage({super.key});

  @override
  Widget buildPage(BuildContext context){
    var bloc=context.read<SelfPageBloc>();
    bloc.loadData();

    return BlocBuilder<SelfPageBloc,BaseBlocState>(
      builder:(context,state){
```

```
        if(state is StateLoading){
          return const LoadingWidget();
        }else if(state is StateData){
          return getBody(bloc);
        }else if(state is StateError){
          return ErrorWidget(message:state.msg,onRetry:()=>bloc.loadData());
        }else{
          return const Center(child:Text('Unknown state'));
        }
      },
    );
  }

  @override
  SelfPageBloc createBloc(BuildContext context){
    return SelfPageBloc();
  }
}
```

代码解释如下。

① 状态管理　基于 BasePage 的封装，我们不需要提供 BlocProvider，只需要实现 createBloc 方法即可。

页面加载后 buildPage 会被调用，这时通过主动调用 bloc.loadData() 方法触发 Bloc 去加载用户数据。同时 BlocBuilder 会根据 Bloc 的当前状态绘制 UI。当前 Bloc 的初始状态是 StateLoading，因此会展示 LoadingWidget 也就是加载动画。

② 错误状态处理　当 Bloc 发出 StateError 状态时，页面会显示错误信息，并提供一个重试按钮。点击重试按钮会再次调用 bloc.loadData() 方法，重新加载数据。

③ ErrorWidget 实现　ErrorWidget 是一个公共组件，用于显示错误信息和重试按钮，使用者可以传入重试按钮的行为。以下是其实现代码：

```dart
class ErrorWidget extends StatelessWidget{
  final String message;
  final VoidCallback onRetry;

  const ErrorWidget({required this.message,required this.onRetry});

  @override
  Widget build(BuildContext context){
    return Center(
      child:Column(
        mainAxisAlignment:MainAxisAlignment.center,
        children:[
          Text('Error:$message',style:TextStyle(color:Colors.red,fontSize:16)),
          SizedBox(height:16),
          ElevatedButton(
```

```
            onPressed:onRetry,
            child:Text('Retry'),
          ),
        ],
      ),
    );
  }
}
```

④ getBody 方法实现　getBody 方法用于构建页面的主体内容，展示用户信息。这里细心的读者可能会发现，我们在其他状态都直接返回一个 Widget，但是获取数据成功的状态我们调用了一个方法。首先，因为页面内容较为复杂，可以想象 getBody 的内容会比较多。如果在判断状态的分支中直接放入 getBody 的内容明显是不合理的编码方式。所以这里用一个方法调用或者直接用一个 Widget 都是合理的。通常类似于 LoadingWidget 或者 ErrorWidget 这样的公共组件，封装为一个组件的方式更直观。但是一个页面的一部分，不会在其他地方复用的时候，使用一个方法进行封装会显得更简洁。

在本章中，我们通过实现 SelfPage，完成了个人中心页面的开发。该页面基于 Bloc 状态管理，能够根据不同的状态（加载中、数据加载成功、数据加载失败）动态更新 UI，确保用户在各类场景下都能获得流畅且友好的体验。

本章内容不仅展示了个人中心页面的开发过程，还提供了一个调用接口获取数据并根据接口返回更新 UI 的标准模板。这一模板具有高度的通用性和可扩展性，适用于大多数需要从服务端获取数据并展示的页面场景。在实际开发中，可以基于这一标准模板，进一步扩展页面的业务逻辑。例如：增加下拉刷新功能，让用户能够手动更新数据；实现数据缓存，提升页面加载速度并优化用户体验；添加更多状态（如空数据状态），以覆盖更复杂的业务场景。

第 9 章 书架页面

在上一章中，我们跳过了书架页面，直接开发了个人中心页面，主要是为了展示一个典型的从网络获取数据并展示的页面开发流程。本章我们将回归正轨，开发书架页面。书架页面的特点是不仅依赖网络数据，还需要支持本地缓存。这样，即使在没有网络的情况下，用户仍然可以查看书籍列表；而在有网络时，页面会进行后台的增量更新，确保数据的实时性。

9.1 书架页面业务逻辑

在书架页面的开发中，由于业务逻辑较为简单且仅用于当前页面，我们决定不单独封装 BookshelfService，而是直接将网络请求和本地缓存的逻辑放在 BookshelfBloc 中。这样设计可以让读者更直观地和前一章中的 UserService 进行对比，并理解不同场景下的实现方式。

9.1.1 书架页数据结构

以下是服务端返回的一本书的数据结构示例：

```json
json
{
  "id":"12345",
  "name":"Flutter 开发实战",
  "author":"老刘",
  "description":"本书全面介绍了 Flutter 开发的核心知识,包括 Widget、状态管理、网络请求、动画等内容,适合初学者和进阶开发者阅读。",
  "coverUrl":"https://example.com/images/flutter_book_cover.jpg",
  "publishDate":"2023-01-01",
  "pages":320,
  "rating":4.8,
  "isbn":"978-7-122-12345-6",
  "publisher":"化学工业出版社"
}
```

可以通过 IDE 插件或者 json _ serializable 工具将这个 Json 数据转换为本地的 Book 对象。

9.1.2 本地缓存方案

在书架页面的开发中，针对本地数据存储的技术选型，我们需要根据实际需求进行权衡。如果本地缓存的书籍数量较大（例如几万本），并且需要对书籍进行筛选、排序等操作，那么选择本地数据库（如 SQLite）是更合适的方案。如果书籍数量有限，且不需要复杂的数据库操作，则可以选择更轻量级的存储方案，例如 Hive 或 SharedPreferences。

在本例中，我们假设书籍数量有限，且不需要复杂的筛选和排序操作，因此选择 SharedPreferences 作为本地存储方案。为了简化操作并提高代码的可维护性，我们对 SharedPreferences 进行了一个简单的封装。

以下是 SharedPreferences 的封装类 KeyValueStorage 的实现：

```dart
Dart
import 'package:shared_preferences/shared_preferences.dart';
```

```
class KeyValueStorage{
  late SharedPreferences _preferences;
  late Future<void> _finishInit;

  KeyValueStorage(){
    _finishInit=initialize();
  }

  Future<void> initialize()async{
    _preferences=await SharedPreferences.getInstance();
  }

  Future<void> setString(String key,String value)async{
    await _finishInit;
    await _preferences.setString(key,value);
  }

  Future<String?>getString(String key)async{
    await _finishInit;
    return _preferences.getString(key);
  }

  Future<void> remove(String key)async{
    await _finishInit;
    await _preferences.remove(key);
  }
}
```

代码解释如下。

延迟初始化：通过_finishInit 确保 SharedPreferences 在首次使用前完成初始化，避免了潜在的异步问题。

可扩展性：如果需要支持更多数据类型（如 int、bool、List 等），可以轻松扩展 KeyValueStorage 类。

9.1.3 在书架页面中使用 KeyValueStorage

在书架页面中，我们使用 KeyValueStorage 来存储和读取本地缓存的书籍数据。以下是 BookshelfBloc 中的相关逻辑：

```
Dart
class BookshelfBloc extends BaseBloc<BaseBlocState>{
  final KeyValueStorage _storage=KeyValueStorage();
  List<Book> books=[];

  BookshelfBloc():super(StateLoading());

  void loadBooks()async{
```

```
    // 从本地缓存加载数据
    books=await _getLocalBooks();
    emitState(StateData());

    try{
      // 从网络获取最新数据
      books=await _fetchRemoteBooks();

      // 保存合并后的数据到本地缓存
      await _saveLocalBooks(books);

      emitState(StateData());
    }catch(e){
      emit(StateError('Failed to load books:$e'));
    }
  }

  // 从本地缓存获取书籍列表
  Future<List<Book>>_getLocalBooks()async{
    final booksJson=await _storage.getString('books');
    if(booksJson !=null){
      final List<dynamic>jsonList=jsonDecode(booksJson);
      return jsonList.map((json)=>Book.fromJson(json)).toList();
    }
    return [];
  }

  // 保存书籍列表到本地缓存
  Future<void>_saveLocalBooks(List<Book>books)async{
    final booksJson=jsonEncode(books.map((book)=>book.toJson()).toList());
    await _storage.setString('books',booksJson);
  }

  // 从网络获取书籍列表
  Future<List<Book>>_fetchRemoteBooks()async{
    var path='/shelf_books';
    var jsonBooks=await globalRepository.getData(path);
    return jsonBooks.map((json)=>Book.fromJson(json)).toList();
  }
}
```

代码解释如下。

① 从本地缓存加载数据：调用_getLocalBooks()方法获取本地缓存的书籍列表，并更新状态。

② 从网络获取最新数据：调用_fetchRemoteBooks() 方法从网络获取最新书籍列表。

③ 保存数据到本地缓存：调用_saveLocalBooks() 方法将网络数据保存到本地缓存。

④ 错误处理：如果加载数据失败，抛出异常并更新状态为 StateError。

这里要注意一点，Bloc 的状态变化为 StateError 不代表页面一定要显示错误页。UI 页面可以忽略这个异常状态，或者通过 Toast 提示用户网络数据加载失败。还有一种向 UI 层返回错误的方式是通过 loadBooks() 方法的返回值返回错误信息。

到这里，我们已经完整实现了书架页面的业务逻辑。虽然从分析的角度来看，这个过程可能显得有些复杂，但实际实现起来却非常简单——不到 50 行代码，就完成了网络请求与本地缓存的核心功能。这正是清晰的架构设计所带来的优势：开发者只需专注于业务逻辑的实现，而无需过多关注底层细节，因为所有的基础操作都已经被封装好了。

9.2 书架页面 UI 开发

书架页面的 UI 设计相对简单，主要包括以下两个部分。

① 顶部搜索栏：一个固定的搜索栏，用户可以输入关键字搜索书籍。

② 书籍列表：使用 GridView 展示书籍列表，每个 GridItem 展示一本书的封面、标题和作者等信息。

核心代码如下：

```typescript
class BookshelfPage extends BasePage<BookshelfBloc>{
  BookshelfPage({super.key});

  @override
  Widget buildPage(BuildContext context){
    var bloc=BlocProvider.of<BookshelfBloc>(context);

    return Scaffold(
      body:Column(
        children:[
          const SearchBar(),
          Expanded(
            child:BlocConsumer<BookshelfBloc,BaseBlocState>(
              listener:(context,state){
                if(state is StateError){
                  ScaffoldMessenger.of(context).showSnackBar(
                    SnackBar(content:Text('加载失败:${state.msg}')),
                  );
                }
              },
              buildWhen:(previous,current)=>current is!StateError,
              builder:(context,state){
                if(state is StateLoading){
                  return const LoadingWidget();
                }else if(state is StateData){
                  return _buildBooksGrid(bloc.books);
                }else{
                  return const Center(child:Text('Unknown state'));
                }
              },
```

```
            ),
          )
        ],
      ),
    );

    @override
    BookshelfBloc createBloc(BuildContext context){
      return BookshelfBloc();
    }

    ...
  }
```

代码解释如下。

① 页面继承与泛型绑定　本页面继承自 BasePage，并通过泛型绑定 BookshelfBloc，将页面与 Bloc 状态管理逻辑关联起来。在 createBloc 方法中，实现了 BookshelfBloc 的创建。BookshelfBloc 的生命周期管理（如回收）由基类自动处理，开发者无需额外关注。

② 页面内容结构　页面内容分为两部分。

顶部搜索栏：固定显示在页面顶部，提供搜索功能。

书籍列表区域：由 BlocConsumer 管理，负责动态更新书籍列表内容。

③ BlocConsumer 的使用　BlocConsumer 是页面内容动态更新的核心组件，其功能通过以下参数实现。

builder 参数：负责根据当前状态构建页面内容。例如，当状态为 StateLoading 时显示加载动画，当状态为 StateData 时显示书籍列表。

buildWhen 参数：用于控制页面内容的更新条件。在本例中，如果状态为 StateError，则不会更新页面内容，避免因错误状态导致 UI 频繁刷新。

listener 参数：监听状态变化，当接收到 StateError 状态时，通过 SnackBar 向用户显示一条错误提示信息。如果需要，也可以将 SnackBar 替换为 Toast，以适配不同的 UI 设计需求。

④ 状态管理与用户体验　在实际开发中我们经常会同时使用 BlocBuilder 和 BlocListener 两个组件，部分状态更新 UI 部分状态不会更新 UI 只提示用户。BlocConsumer 其实就是把两者的功能组合起来的复合组件。

本章通过开发书架页面，深入探讨了如何将网络数据与本地缓存相结合，从而实现一个功能完备且用户体验良好的页面。书架页面的核心逻辑主要包括以下两点。

① 本地缓存：通过本地存储机制（如 SharedPreferences），确保在无网络环境下仍能展示书籍列表，提升应用的可用性。

② 增量更新：在有网络时，从服务器获取最新数据，并与本地缓存进行智能合并，确保数据的实时性和一致性。

本章的核心思想在于，无论底层数据源有多少种（如网络数据、本地缓存等），这些差异性都应当在业务逻辑层（如 Bloc）或更底层的 Service 中进行统一处理和屏蔽。对于 UI 层而言，它只需关注 Bloc 提供的数据，并根据这些数据动态更新界面。这种分层设计不仅简化了 UI 层的逻辑，还提高了代码的可维护性和扩展性。

至此，我们已经完成了 App 首页相关功能的开发。通过发现页，我们学习了如何对 UI

进行组件化拆分，提升代码的复用性和可读性；通过个人中心页面，我们掌握了如何从服务端获取数据并展示在页面中；而本章的书架页面则展示了如何处理既有服务端数据又有本地数据的复杂逻辑。这三种页面的开发模式基本涵盖了普通 App 中的大多数页面场景。大家可以将这些页面作为模板，在实际开发中根据需求灵活增减功能。

在接下来的章节中，我们将基于书籍阅读页面，学习如何选择合适的三方库，并对其进行合理的封装，以进一步提升开发效率和代码质量。

第10章

阅读页面

在本章中，我们将实现一个功能完善的电子书阅读器，支持 EPUB 格式的书籍。阅读页面的核心功能包括以下几个方面。

① 查看目录：用户可以快速跳转到指定章节，提升阅读效率。

② 修改文字大小：用户可以根据个人阅读习惯灵活调整字体大小，优化阅读体验。

③ 修改背景颜色：用户可以选择适合的阅读背景颜色，例如护眼模式或夜间模式，减少视觉疲劳。

图 10-1 和图 10-2 是阅读页面的主要 UI 设计。

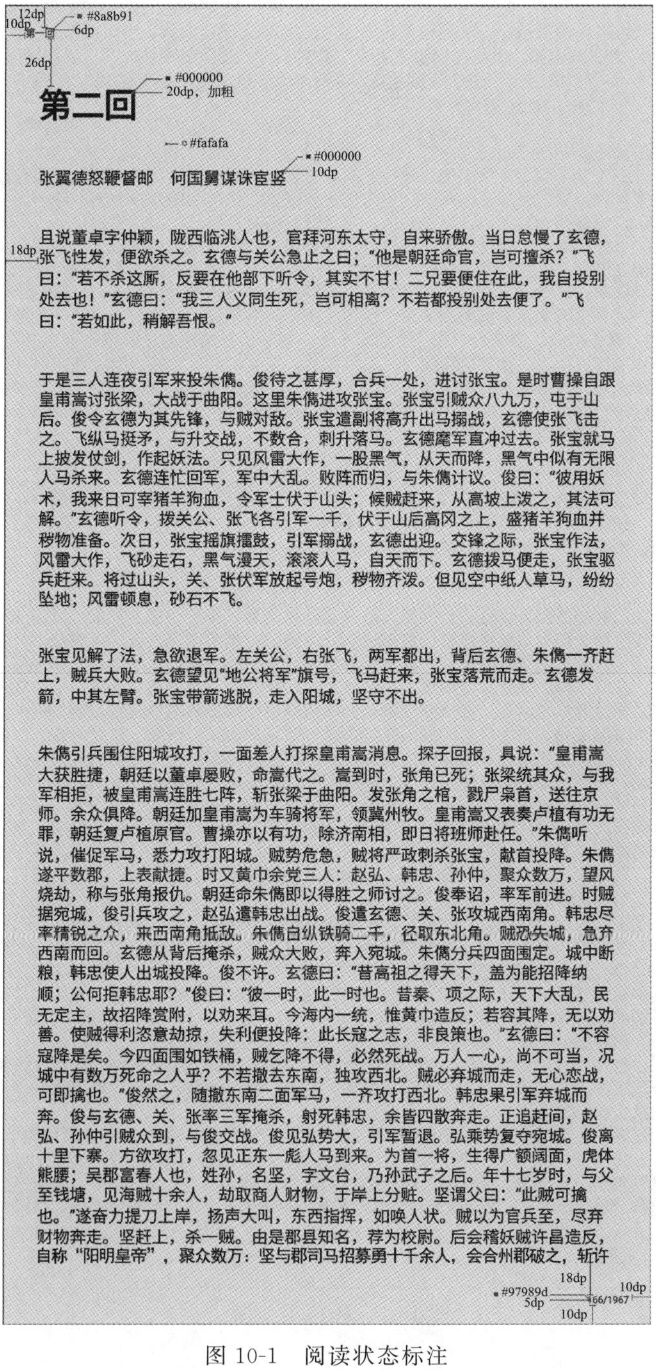

图 10-1　阅读状态标注

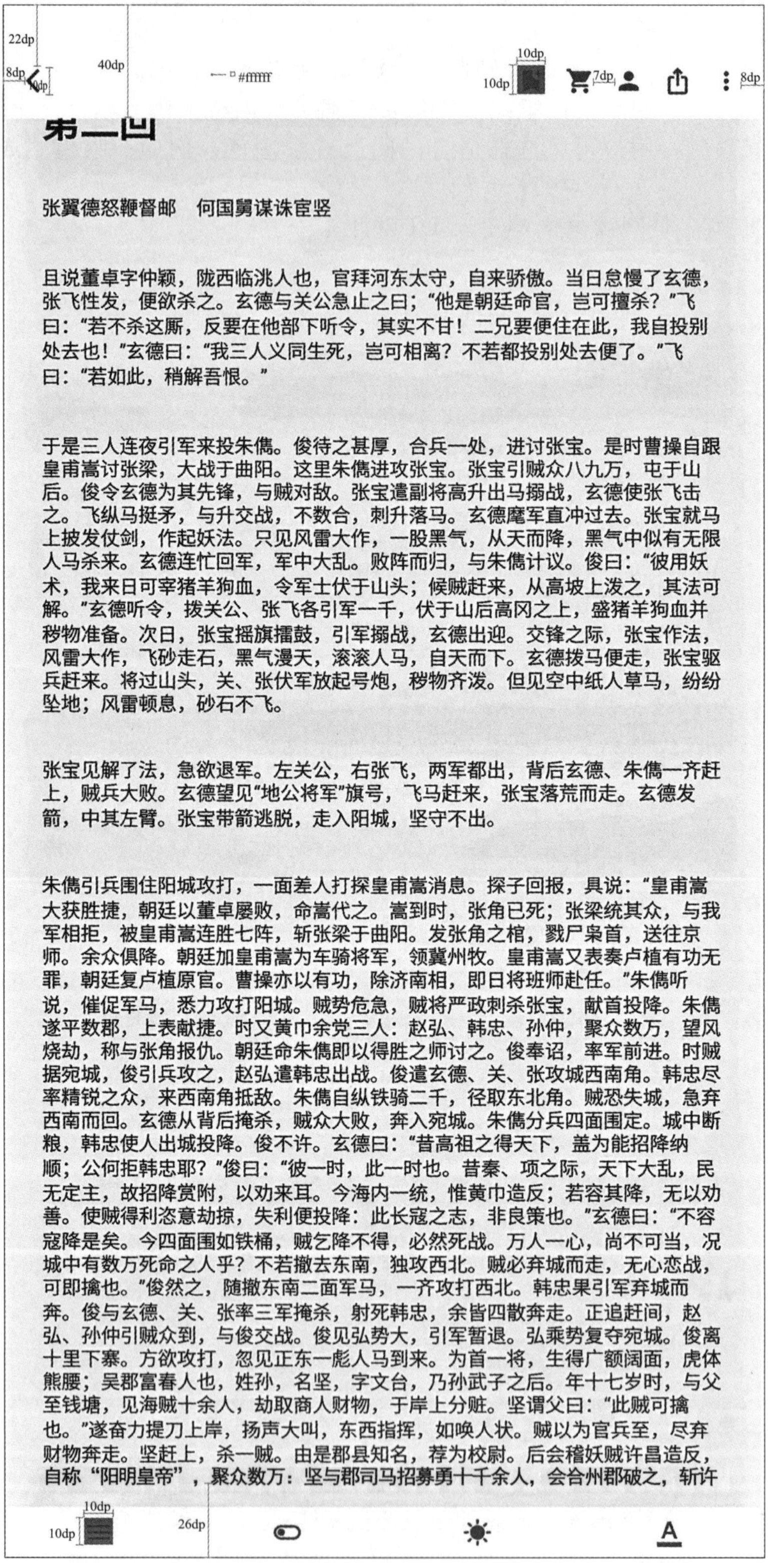
22dp
8dp
10dp
40dp
#ffffff
10dp
10dp
7dp
8dp
第二回
张翼德怒鞭督邮　何国舅谋诛宦竖
且说董卓字仲颖，陇西临洮人也，官拜河东太守，自来骄傲。当日怠慢了玄德，张飞性发，便欲杀之。玄德与关公急止之曰：“他是朝廷命官，岂可擅杀？”飞曰：“若不杀这厮，反要在他部下听令，其实不甘！二兄要便住在此，我自投别处去也！”玄德曰：“我三人义同生死，岂可相离？不若都投别处去便了。”飞曰：“若如此，稍解吾恨。”
于是三人连夜引军来投朱儁。儁待之甚厚，合兵一处，进讨张宝。是时曹操自跟皇甫嵩讨张梁，大战于曲阳。这里朱儁进攻张宝。张宝引贼众八九万，屯于山后。儁令玄德为其先锋，与贼对敌。张宝遣副将高升出马搦战，玄德使张飞击之。飞纵马挺矛，与升交战，不数合，刺升落马。玄德麾军直冲过去。张宝就马上披发仗剑，作起妖法。只见风雷大作，一股黑气，从天而降，黑气中似有无限人马杀来。玄德连忙回军，军中大乱。败阵而归，与朱儁计议。儁曰：“彼用妖术，我来日可宰猪羊狗血，令军士伏于山头；候贼赶来，从高坡上泼之，其法可解。”玄德听令，拨关公、张飞各引军一千，伏于山后高冈之上，盛猪羊狗血并秽物准备。次日，张宝摇旗擂鼓，引军搦战，玄德出迎。交锋之际，张宝作法，风雷大作，飞砂走石，黑气漫天，滚滚人马，自天而下。玄德拨马便走，张宝驱兵赶来。将过山头，关、张伏军放起号炮，秽物齐泼。但见空中纸人草马，纷纷坠地；风雷顿息，砂石不飞。
张宝见解了法，急欲退军。左关公，右张飞，两军都出，背后玄德、朱儁一齐赶上，贼兵大败。玄德望见“地公将军”旗号，飞马赶来，张宝落荒而走。玄德发箭，中其左臂。张宝带箭逃脱，走入阳城，坚守不出。
朱儁引兵围住阳城攻打，一面差人打探皇甫嵩消息。探子回报，具说：“皇甫嵩大获胜捷，朝廷以董卓屡败，命嵩代之。嵩到时，张角已死；张梁统其众，与我军相拒，被皇甫嵩连胜七阵，斩张梁于曲阳。发张角之棺，戮尸枭首，送往京师。余众俱降。朝廷加皇甫嵩为车骑将军，领冀州牧。皇甫嵩又表奏卢植有功无罪，朝廷复卢植原官。曹操亦以有功，除济南相，即日将班师赴任。”朱儁听说，催促军马，悉力攻打阳城。贼势危急，贼将严政刺杀张宝，献首投降。朱儁遂平数郡，上表献捷。时又黄巾余党三人：赵弘、韩忠、孙仲，聚众数万，望风烧劫，称与张角报仇。朝廷命朱儁即以得胜之师讨之。儁奉诏，率军前进。时贼据宛城，儁引兵攻之，赵弘遣韩忠出战。儁遣玄德、关、张攻城西南角。韩忠尽率精锐之众，来西南角抵敌。朱儁自纵铁骑二千，径取东北角。贼恐失城，急弃西南而回。玄德从背后掩杀，贼众大败，奔入宛城。朱儁分兵四面围定。城中断粮，韩忠使人出城投降。儁不许。玄德曰：“昔高祖之得天下，盖为能招降纳顺；公何拒韩忠耶？”儁曰：“彼一时，此一时也。昔秦、项之际，天下大乱，民无定主，故招降赏附，以劝来耳。今海内一统，惟黄巾造反；若容其降，无以劝善。使贼得利恣意劫掠，失利便投降：此长寇之志，非良策也。”玄德曰：“不容寇降是矣。今四面围如铁桶，贼乞降不得，必然死战。万人一心，尚不可当，况城中有数万死命之人乎？不若撤去东南，独攻西北。贼必弃城而走，无心恋战，可即擒也。”儁然之，随撤东南二面军马，一齐攻打西北。韩忠果引军弃城而奔。儁与玄德、关、张率三军掩杀，射死韩忠，余皆四散奔走。正追赶间，赵弘、孙仲引贼众到，与儁交战。儁见弘势大，引军暂退。弘乘势复夺宛城。儁离十里下寨。方欲攻打，忽见正东一彪人马到来。为首一将，生得广额阔面，虎体熊腰；吴郡富春人也，姓孙，名坚，字文台，乃孙武子之后。年十七岁时，与父至钱塘，见海贼十余人，劫取商人财物，于岸上分赃。坚谓父曰：“此贼可擒也。”遂奋力提刀上岸，扬声大叫，东西指挥，如唤人状。贼以为官兵至，尽弃财物奔走。坚赶上，杀一贼。由是郡县知名，荐为校尉。后会稽妖贼许昌造反，自称“阳明皇帝”，聚众数万：坚与郡司马招募勇士千余人，会合州郡破之，斩许
10dp
10dp
26dp
A

图 10-2　阅读菜单标注

实现一个完整的 EPUB 阅读器功能涉及复杂的解析、渲染和交互逻辑，开发工作量巨大。为了提升开发效率，同时确保功能的稳定性和兼容性，我们选择使用成熟的三方库来完成核心功能。本章的重点就是如何选择合适的三方库以及对三方库的封装。

10.1 如何找到合适的三方库

pub.dev 是 Dart 和 Flutter 的官方包管理平台，提供了丰富的三方库资源。以下是选择合适三方库的步骤。

① 搜索关键词：在搜索框中输入相关关键词，例如“epub”。图 10-3 展示了在 pub 网站上搜索三方库能看到的信息。

② 评估库的质量：在选择三方库时，评估其质量是至关重要的一步。以下是几个关键维度，可帮助全面了解库的可靠性、适用性和维护状态。

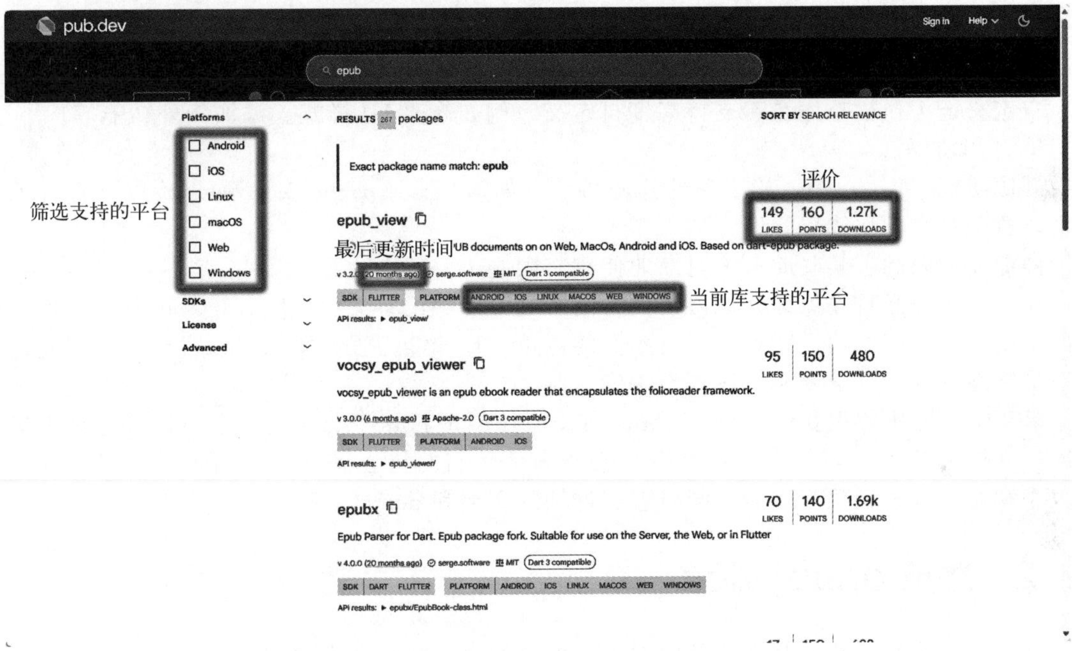

图 10-3　pub 查找三方库

a. 支持的平台。

平台兼容性：确保库支持项目所需的所有平台（如 iOS、Android、Web、Windows、macOS、Linux 等）。

b. 库的评价。

下载次数（Downloads）：下载量越高，说明库的使用范围越广，通常意味着更高的可靠性和社区支持。

评分（Score）：pub. dev 上的评分反映了库的整体质量，评分越高，库的稳定性和用户体验通常越好。

用户反馈：查看库的评论区或 GitHub Issues，了解其他开发者的使用体验和反馈，尤其是是否存在重大缺陷或问题。

c. 最后更新时间以及更新频率。

最后更新时间（Last Updated）：检查库的最后更新时间，确保其仍在积极维护。长期未更新的库可能存在兼容性问题或安全隐患。

更新频率（Update Frequency）：频繁更新的库通常意味着开发者对问题的响应速度较快，能够及时修复漏洞和添加新功能。

版本稳定性：查看库的版本号（如 1.0.0），稳定版本（如 1.x.x）通常比预发布版本（如 0.x.x）更可靠。

d. 文档和示例。

文档和示例代码通常是非常重要的指标，因为这关系到后续集成的难易程度。同时也能从侧面反映出作者的用心程度。

文档完整性：检查库是否有详细的文档，包括安装说明、API 参考和使用示例。良好的文档能够显著降低集成难度。

示例代码：查看库是否提供示例代码或 Demo 项目，可帮助快速上手并验证功能是否符合需求。

e. 功能覆盖。

功能完整性：确保库提供的功能能够满足核心需求，例如支持 EPUB 格式、目录导航、字体调整和背景颜色切换等。

自定义能力：检查库是否支持高度自定义，例如修改 UI 样式、添加额外功能等。

f. 开源协议。

开源协议（License）：检查库的开源协议（如 MIT、Apache 2.0 等），确保其符合项目需求，避免潜在的法律风险。

商业使用限制：某些库可能对商业使用有限制，需特别注意。

在选择时务必首先保证开源协议的合法合规，确保没有法律风险，再考虑其他维度。剩下的维度根据不同的项目特点可以有不同的侧重。比如能力强的团队可以优先关注功能，降低对稳定性的要求，必要时可以自己深度定制。

基于以上原则假设我们选择了 epub_view。原因是 epub_view 是一个轻量级且易于集成的库，支持 EPUB 格式的解析和渲染，能够满足我们的核心需求，包括查看目录、调整字体大小和修改背景颜色等功能。同时它有详细的文档和 demo 示例。

10.2 集成 epub_view

一般来说按照库的说明文档集成即可，但是通常我们要考虑根据自己项目的需求配置不同的权限。接下来看看 epub_view 的详细集成步骤。

步骤 1：添加依赖。

在 pubspec.yaml 文件中添加 epub_view 依赖：

```yaml
YAML
dependencies:
  flutter:
    sdk:flutter
  epub_view:^3.2.0 # 请根据最新版本号更新
```

运行 flutter pub get 下载并安装依赖。

步骤 2：配置权限。

epub_view 库本身并不要求存储权限，但是如果你需要打开手机本地存储的 EPUB 书籍，就需要在 App 申请相关的权限。如果只在内存中打开书籍可以忽略这一步。

在 AndroidManifest. xml 和 Info. plist 中配置必要的权限，以确保能够读取本地 EPUB 文件。

① Android　在 android/app/src/main/AndroidManifest. xml 中添加以下权限：

```xml
XML
<uses-permission android:name="android.permission.READ_EXTERNAL_STORAGE"/>
```

② iOS　在ios/Runner/Info. plist 中添加以下权限：

```xml
XML
<key>NSAppTransportSecurity</key>
<dict>
  <key>NSAllowsArbitraryLoads</key>
  <true/>
</dict>
```

步骤 3：测试 demo。

通常我们在集成的第三步会把三方库的 demo 集成到自己的项目中看一下效果是否符合我们的预期。在本例中，我们将 epub_view 库的 demo 中的 MyHomePage 页面集成到实战项目中，并在 assets 文件夹中放入一个 test. epub 文件，以便在测试页面中打开。以下是具体步骤。

在 pubspec. yaml 中配置 assets 路径：

```yaml
YAML
flutter:
  assets:
    - assets/book/
```

这样配置后，将 test. epub 文件放入 assets/book/目录下即可，可以同时放入多个文件。在图 10-4 所示的位置可以看到 epub_view 库的 demo：

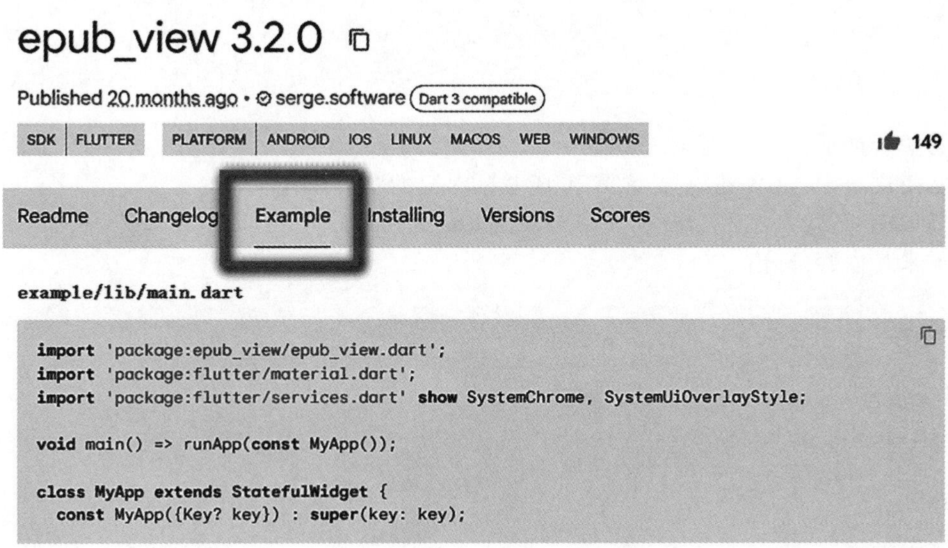

图 10-4　使用示例

找到其中的关键代码部分，本例中是 MyHomePage，将其复制到我们的实战项目中，修改 EPUB 文件的路径。在项目首页中添加一个临时的浮动按钮，跳转到复制过来的 MyHomePage 页面。这就是为什么说一定要选择文档和 demo 健全的三方库。因为我们可以快速验证效果和我们预期的是否一致。

如果这一步验证没有问题，接下来并不是直接将库代码放到我们的项目中使用，而是要进行一个封装。接下来我们看看如何进行封装。

10.3 封装三方库

封装的核心目的是将三方库的复杂逻辑与业务代码分离，提供一个简洁、易用的接口，从而简化调用、提高可维护性并增强扩展性。通过封装，可以隐藏底层实现细节，对外提供统一的调用方式；将三方库的依赖集中在封装类中，便于后续替换或升级；同时，在封装类中可以添加自定义逻辑，例如加载状态、错误处理等，以满足特定需求。

封装的思路是首先将展示 EPUB 书籍内容的部分封装为一个 BookReader 组件，然后将这个组件放入到基于我们项目架构体系的 BookReaderPage 页面中。这样由 BookReader 组件负责封装 EPUB 文件打开及展示的功能。BookReaderPage 页面负责融入项目的架构体系，并提供点击后的页面菜单等功能。

10.3.1 BookReader 组件

BookReader 组件基本结构和 demo 中的 MyHomePage 保持一致，但是因为其不是一个独立的页面，因此去掉 Scaffold 的页面框架部分。代码如下：

```
Dart
class BookReader extends StatefulWidget{
  final String bookUrl;
  const BookReader({super.key,required this.bookUrl});
  @override
  State<StatefulWidget> createState(){
    return _BookReaderState();
  }
}
```

代码解释如下。

仍然使用 StatefulWidget 支持 EPUB 书籍内容的状态变化。

bookUrl：EPUB 文件的路径（如 assets/books/book.epub），由外部传入。

接下来是内容部分：

```
typescript
class _BookReaderState extends State<BookReader>{
  late EpubController _epubController;
  int paragraphCount=0;

  @override
  void initState(){
    super.initState();
```

```
  _epubController=EpubController(
    // Load document
    document:EpubDocument.openAsset(widget.bookUrl),
    // Set start point
    // epubCfi:'epubcfi(/6/6[chapter-2]!/4/2/1612)',
  );
}

@override
Widget build(BuildContext context){
  // 隐藏顶部状态栏
  SystemChrome.setEnabledSystemUIMode(SystemUiMode.manual,overlays:[]);

  return Container(
    padding:const EdgeInsets.all(12),// 整体设置 12 的边距
    child:Column(
      children:[
        // 章节标题
        EpubViewActualChapter(
          controller:_epubController,
          builder:(chapterValue)=>Align(
            alignment:Alignment.centerLeft,
            child:Text(
              chapterValue?.chapter?.Title?.replaceAll('\n','').trim()?? '',
              style:const TextStyle(
                fontSize:6,
                color:Color(0xff88898f),
              ),
            ),
          ),
        ),
        const SizedBox(height:12),
        // 章节内容
        Expanded(
          child:EpubView(
            controller:_epubController,
            onDocumentLoaded:(document){
              // 文档加载成功,计算总段落数
              var chapters=parseChapters(document);
              final parseParagraphsResult=
                  parseParagraphs(chapters,document.Content);
              var paragraphs=parseParagraphsResult.flatParagraphs;
              paragraphCount=paragraphs.length;
            },
            builders:EpubViewBuilders<DefaultBuilderOptions>(
              // 去掉章节名称部分
              chapterDividerBuilder:(value)=>const SizedBox(height:0),
```

```
              options:const DefaultBuilderOptions(
                paragraphPadding:EdgeInsets.all(0),// 取消阅读器内的边距设置
                textStyle:TextStyle(
                  height:1.25,
                  fontSize:10,
                  color:Colors.black,
                ),
              ),
            ),
          ),
        ),
        const SizedBox(height:20),
        // 页数
        EpubViewActualChapter(
          controller:_epubController,
          builder:(chapterValue)=>Align(
            alignment:Alignment.centerRight,
            child:Text(
              '${chapterValue?.position.index}/$paragraphCount',
              // 段落位置近似页数
              style:const TextStyle(
                fontSize:6,
                color:Color(0xff88898f),
              ),
            ),
          ),
        ),
      ],
    ),
  );
 }
}
```

代码解释如下。

文档加载成功后调用内部接口 parseChapters 和 parseParagraphs 分析段落数量用于模拟页数的百分比。

通过 DefaultBuilderOptions 设置了文字样式，同时也取消了内部的边距。这是因为 demo 中是一个完整的页面所以有内边距是合理的。但是 BookReader 作为一个组件，应该由组件的使用者在组件外部设置边距以适应不同的展示场景，例如用户可以在选项中修改边距。

EPUB 内容展示方面解释如下。

隐藏状态栏：通过 SystemChrome.setEnabledSystemUIMode 隐藏顶部状态栏，提供沉浸式阅读体验。

章节标题：使用 EpubViewActualChapter 显示当前章节的标题。

章节内容：使用 EpubView 渲染 EPUB 内容。

页数显示：使用 EpubViewActualChapter 显示当前阅读位置和总段落数。

如果仔细阅读过 epub_view 库的文档可能会注意到，无论是 parseChapters 和 parseParagraphs 接口，还是 DefaultBuilderOptions 选项，文档中均未提及。这种现象在使用三方库时并不罕见。许多三方库的开发者是个人或小型团队，且大多数库是开源且非盈利性质的。因此，许多三方库对文档的重视程度有限，即使提供了较为详细的文档，通常也仅涵盖主要的使用场景。对于开发者而言，具备一定的源代码阅读能力，以满足项目需求，基本上已经成为一项必备技能。

10.3.2 BookReaderPage 页面

BookReaderPage 页面是我们项目的一个标准页面，继承于 BasePage，会绑定自己的 Bloc。代码如下：

```dart
class BookReaderPage extends BasePage<BookReaderPageBloc>{
  BookReaderPage({super.key});

  @override
  Widget buildPage(BuildContext context){
    final bookUrl=ModalRoute.of(context)!.settings.arguments as String;
    return Scaffold(
      body:GestureDetector(
        child:BookReader(bookUrl:bookUrl),
        onTap:(){
          showMenu(context);
        },
      ),
    );
  }

  @override
  BookReaderPageBloc createBloc(BuildContext context){
    return BookReaderPageBloc(StateLoading());
  }
}
```

代码解释如下。

① ModalRoute.of(context)!.settings.arguments 从路由参数中获取传递过来的 bookUrl，并将其转换为 String 类型。

② body 是一个 GestureDetector，用于检测用户点击事件。当用户点击页面时，展示设计图 10-2 中的用户设置菜单。

③ 页面内容是前面封装的 BookReader 组件。

设计图 10-2 中的菜单由顶部和底部两部分组成，但是实现的时候只需要实现为一个单独的占满整个屏幕的对话框即可。下面是代码示例：

```dart
void showMenu(BuildContext context){
  showDialog(
```

```
    context:context,
    barrierColor:Colors.transparent,
    builder:(context){
      return Dialog(
        backgroundColor:Colors.transparent,
        shadowColor:Colors.transparent,
        insetPadding:EdgeInsets.zero,
        child:Column(
          children:[
            Container(
              width:double.infinity,
              height:59.0,
              padding:const EdgeInsets.only(top:20,left:12,right:12),
              color:Colors.white,
              child:const Row(...),
            ),
            Expanded(
              child:GestureDetector(
                child:Container(
                  color:Colors.transparent,
                ),
                onTap:()=>Navigator.pop(context),
              ),
            ),
            Container(
              width:double.infinity,
              height:26.0,
              color:Colors.white,
              child:const Row(...),
            ),
          ],
        ),
      );
    },
  );
}
```

代码解释如下。

如果要将一个对话框占满整个屏幕，并将背景设置为透明需要做以下几个设置：

① showDialog 方法的参数 barrierColor：Colors.transparent：设置背景遮罩为透明，避免遮挡页面内容。

② Dialog 的构造参数解释如下。

a. backgroundColor：Colors.transparent：设置对话框背景为透明。

b. shadowColor：Colors.transparent：去掉对话框的阴影。

c. insetPadding：EdgeInsets.zero：去掉默认的内边距，使对话框占满屏幕。

③ 如果顶部菜单需要避开状态栏，可以使用 SafeArea 包裹顶部菜单部分。

思考：BookReaderPage 页面的核心代码已经实现了，但是还缺少用户修改阅读选项（比如修改字体）后如何通知 BookReader 组件更新显示的内容。请读者结合前面学到的状态管理的知识尝试自己实现这个功能。

至此，实战项目的核心内容已全部讲解完毕。让我们回顾一下整个项目的脉络：首先，我们从 App 的架构设计入手，深入探讨了如何将业务逻辑与底层功能解耦，确保开发者在编写业务代码时无需过多关注底层实现细节，从而提升开发效率和代码可维护性。接着，通过首页和发现页的开发，我们展示了如何将 UI 结构模块化拆分，实现组件的高复用性和清晰的结构层次。在个人中心页面中，我们演示了如何设计并开发一个基于网络请求获取数据并展示的页面模板，为处理动态数据提供了标准化解决方案。书架页面则在个人中心的基础上，进一步引入了本地缓存机制，展示了如何高效结合网络请求与本地数据存储，优化用户体验。最后，在阅读器页面中，我们通过筛选、封装三方库，并将其无缝融入项目架构体系，体现了如何在项目中灵活运用第三方资源。

在实战项目章节中，我们特意预留了少量功能供读者自行实现。这背后的初衷有两点：其一，我们希望读者不仅仅是“看懂了”，而是真正动手实践，因为编程本质上是一项技能，而非单纯的知识积累，只有通过实践才能将其内化为自己的能力；其二，我们希望传递一种开发理念，即代码并非一蹴而就，而是通过不断迭代、优化和完善逐步成型的。开发过程中，我们通常先搭建整体框架，然后逐步填充细节，期间可能会经历多次修改、重构和优化，这是一个动态演进的过程。

实战项目的内容暂时告一段落，但这仅仅是学习旅程中的一个里程碑。接下来，我们将深入探讨更多高阶主题，包括如何高效定位和修复 Bug、如何设计 Flutter 与原生代码的混合架构，以及如何通过测试驱动开发（TDD）提升代码质量和开发效率。这些内容将帮助大家在 Flutter 开发的道路上走得更远、更稳。让我们继续前行，探索更多技术深度与广度的可能性！

第 11 章

Bug分析及调试

在软件开发的世界里，Bug 就像是代码中的“幽灵”，无论你多么小心谨慎，它总是会在某个不经意的时刻出现。作为一名开发者，尤其是初学者，可能会对 Bug 感到头疼甚至恐惧。其实 Bug 并不是洪水猛兽，很多时候是我们成长道路上的“良师益友”。通过定位和解决 Bug，我们可以更深入地理解代码的运行机制，提升自己的调试能力，甚至发现一些隐藏的设计问题。笔者工作中无数次接手新的模块和产品，如何快速掌握新模块的代码脉络呢？定位和解决 Bug 可能是一个非常好的切入点。

在 Flutter 开发中，Bug 的出现同样不可避免。可能是因为 UI 布局的细微偏差，可能是状态管理的不当，也可能是异步操作中的逻辑错误。面对这些 Bug，我们需要保持冷静，掌握科学的分析方法，逐步定位问题的根源。接下来，我们将通过一些常见的 Flutter Bug 案例，带你走进 Bug 分析的世界，帮助你从“怕 Bug”到“爱 Bug”。

11.1 常见 Bug 示例

11.1.1 UI 布局问题

Flutter 的 UI 布局是开发中最容易出问题的部分之一。以下是一个典型的例子：

```
Dart
Container(
  width:100,
  height:100,
  color:Colors.blue,
  child:Text('Hello,Flutter!'),
)
```

问题描述：这段代码的目的是在一个蓝色容器中显示文本“Hello，Flutter!”，但运行后可能会发现文本没有居中，或者容器的尺寸不符合预期。

分析思路：

① 检查 Container 的尺寸是否明确设置。

② 确认 Text 是否使用了 TextAlign.center 或 Align 组件来实现居中。

③ 使用 Flutter 的调试工具（如 Flutter Inspector）查看 UI 树，检查布局约束。

解决方案：

```
Dart
Container(
  width:100,
  height:100,
  color:Colors.blue,
  alignment:Alignment.center,// 添加居中属性
  child:Text('Hello,Flutter!'),
)
```

11.1.2 状态管理问题

状态管理是 Flutter 开发中的核心，也是 Bug 的高发区。以下是一个简单的计数器

示例：

```dart
class Counter extends StatefulWidget{
  @override
  _CounterState createState()=>_CounterState();
}
class _CounterState extends State<Counter>{
  int _count=0;
  void _incrementCounter(){
    _count++;
  }
  @override
  Widget build(BuildContext context){
    return Scaffold(
      appBar:AppBar(title:Text('Counter')),
      body:Center(
        child:Text('Count:$_count'),
      ),
      floatingActionButton:FloatingActionButton(
        onPressed:_incrementCounter,
        child:Icon(Icons.add),
      ),
    );
  }
}
```

问题描述：点击 FloatingActionButton 后，界面上的计数器没有更新。

分析思路：

① 检查_incrementCounter 方法中是否调用了 setState。

② 确认_count 是否被正确更新。

解决方案：

```dart
void _incrementCounter(){
  setState((){
    _count++;
  });
}
```

11.1.3 异步操作问题

异步操作是 Flutter 开发中常见的场景，但也容易引发 Bug。以下是一个网络请求的示例：

```dart
Future<String> fetchData()async{
```

```
  final response=await http.get(Uri.parse('https://example.com/data'));
  if(response.statusCode==200){
    return response.body;
  }else{
    throw Exception('Failed to load data');
  }
}
class MyWidget extends StatelessWidget{
  @override
  Widget build(BuildContext context){
    return FutureBuilder<String>(
      future:fetchData(),
      builder:(context,snapshot){
        if(snapshot.connectionState==ConnectionState.waiting){
          return CircularProgressIndicator();
        }else if(snapshot.hasError){
          return Text('Error:${snapshot.error}');
        }else{
          return Text('Data:${snapshot.data}');
        }
      },
    );
  }
}
```

问题描述：网络请求失败时，界面没有显示错误信息。

分析思路：

① 检查 FutureBuilder 是否正确处理了 snapshot.hasError。

② 确认 fetchData 方法是否抛出了异常。

解决方案：

```
Dart
Future<String> fetchData()async{
  try{
    final response=await http.get(Uri.parse('https://example.com/data'));
    if(response.statusCode==200){
      return response.body;
    }else{
      throw Exception('Failed to load data');
    }
  }catch(e){
    throw Exception('Network error:$e');
  }
}
```

前面的几个例子看似简单，却恰恰是日常开发中最容易忽略的问题。通过这些案例，笔者想传递一个重要的观点：Bug 并非什么深不可测的“逻辑谜题”，而是我们在开发过程中一些不经意的疏忽或失误造成的。解决 Bug 的关键在于建立系统性的思考框架，以及保持认真细致的态度去排查问题。只要你掌握了正确的方法，并愿意耐心分析，任何 Bug 都能迎刃而解。记住，Bug 不是阻碍，而是你成长路上的“垫脚石”。

11.2 建立 Bug 的系统思考框架

接下来，我们将从发现 Bug 的时机和不同时机下的处理思路两个方面，建立一个系统化的 Bug 分析框架，帮助你更从容地应对开发中的各种问题。

11.2.1 发现 Bug 的时机

Bug 的发现时机不同，修复的成本和难度也会有所差异。通常，Bug 的发现时机可以分为以下三种。

(1) 开发中发现的 Bug

比如，刚写完代码一运行，程序就崩溃了。这时，你的大脑中还保留着大量的代码细节，往往能快速定位问题所在，修复成本也最低。

(2) 测试过程中发现的 Bug

一般团队的开发流程是程序员写代码完成后自己测试，发现没有问题就将整个功能提交给测试人员进行系统化的测试。这个时候测试人员可能会给你提一堆 Bug，比如“这个按钮点击没反应”或者“页面加载卡住了”。虽然这些 Bug 修复起来比开发中发现的要复杂一些，但仍在可控范围内。

(3) 发布后用户发现的 Bug

这是最糟糕的情况。比如你的 App 上线了，用户用了你的 App，发现了一个严重的问题。这种 Bug 不仅影响用户体验，修复成本也最高，甚至可能对产品声誉造成损害。

核心原则：Bug 发现得越早，修复的成本越低。因此，在开发过程中，我们要尽量通过代码审查、单元测试等方式，尽早发现并解决问题。

11.2.2 不同时机发现 Bug 的处理思路

11.2.2.1 开发中发现的 Bug

这个时期发现的 Bug，通常是刚写完代码不久，大脑中还保留着大量的代码细节。因此大概率能快速回忆起相关代码的逻辑，甚至马上就能想到问题出在哪里。

处理思路如下。直接到怀疑出问题的地方，分析代码并进行调试。利用 Flutter 的热重载功能，快速验证修复效果。如果问题比较复杂，可以使用调试工具或者 Flutter Inspector 之类的工具逐步排查。

小贴士：在开发过程中，养成“写完一小段代码就运行一下”的习惯，可以大大减少 Bug 的积累。

11.2.2.2 测试中发现的 Bug

这个时期通常是一个完整的功能开发完成并提交给测试之后。这时候代码的总体逻辑大概率还是记得的，只是很多细节可能记不清楚了。因此这个时期发现的 Bug 解决的切入点通常是找到 Bug 的复现条件。因此这些问题可以分为两类：必现问题和概率复现问题。

处理思路如下。

① 必现问题：只要按照测试人员的操作步骤，一定能够重现这个问题。这类问题通常

比较好解决，使用调试工具跟踪代码流程，往往就能快速定位问题所在。

② 概率复现问题：这类问题出现有一定的概率，无法通过固定操作流程复现。解决起来比较棘手，通常需要结合日志和调试工具进行分析，具体方法如下。

a. 复现概率较高的问题：因为复现概率高，所以可以先按照必现问题的处理策略，尝试复现问题，并在问题出现时通过调试工具跟踪代码流程。

b. 复现概率较低的问题：这类问题往往需要重复很多次才能复现一次。因此直接尝试跟踪代码可能会效率很低。这时候需要在代码中添加日志，记录可能导致问题出现的代码流程中的关键节点。然后请测试人员帮忙尝试复现，因为测试人员可以在测试其他相关功能时顺便尝试重复运行过程。等问题出现后，通过分析日志的方式进行问题定位。

小贴士：和测试人员保持良好的沟通，了解他们的测试流程和复现步骤，可以大大提高 Bug 修复的效率。

11.2.2.3 发布后用户发现的 Bug

这个时期可能距离开发代码已经过了一段不短的时间，关于代码的很多细节可能已经忘记了。另一方面经过测试人员覆盖测试后仍然没有发现，大概率这个 Bug 是需要特殊的操作流程、特殊的数据（比如特定的商品组合或者顺序）或者特殊的用户环境（比如手机型号、系统版本、网络环境等）才能复现。

这是最糟糕的情况，Bug 已经影响到了用户体验，但同时复现和定位难度也最高。因此针对这种类型的 Bug 就不能仅仅依靠开发人员的定位 Bug 能力，更多的是要依靠在 App 中提前部署的多种支撑和维护系统。

处理思路如下。

① 覆盖全面的日志系统：日志系统是 App 开发中不可或缺的“第三只眼”，它默默记录着应用运行时的关键信息，从用户操作到系统状态，从网络请求到异常错误，事无巨细地为我们提供了一份详尽的“运行报告”。通过日志，我们可以在问题发生时快速定位根源，甚至在问题还未发生前就发现潜在的风险。一个设计良好的日志系统不仅能帮助我们高效调试和修复 Bug，还能为产品的优化和迭代提供数据支持。无论是开发中的调试，还是发布后的监控，日志系统都是开发者最值得信赖的“助手”。

② 多条件筛选的 AB 测试系统：AB 测试系统就像是一台高精度的“显微镜”，它能够根据用户 ID、设备信息（如品牌、型号、系统版本）等多维度条件，将用户群体细分为不同的测试组。针对不同的组，可以通过服务端下发配置来控制 App 的不同行为。从而精准定位问题出现的具体场景。通过这种方式，开发者可以快速识别出 Bug 是否与特定设备、操作系统或用户行为相关，极大地缩小排查范围，提升问题解决的效率。无论是验证新功能的稳定性，还是排查发布后的异常问题，AB 测试系统都能为开发者提供科学的数据支持和决策依据，让问题无处遁形。

当然 AB 测试系统的作用远不止于定位 Bug，它是产品优化和决策制定的强大工具。通过将用户随机分为不同的测试组，开发者可以对比不同版本的功能、界面设计或交互方式，评估其对用户行为、留存率或转化率的影响。例如，你可以测试两个不同的按钮颜色，看看哪个更能吸引用户点击；或者对比两种推荐算法，找出哪个更能提升用户满意度。AB 测试系统不仅帮助开发者科学地验证假设，还能为产品迭代提供数据驱动的决策依据，让每一次优化都有的放矢，最终提升产品的整体体验和商业价值。

③ 针对少量用户发布特殊版本：当日志系统和 AB 测试系统都无法帮助我们复现 Bug，尤其是当问题仅在少数用户的设备上出现时，我们就需要针对这些用户发布一个特殊版本的 App。这个版本会嵌入更详细的日志记录、更全面的性能监控工具，甚至加入特定的调试功能，专门用于捕捉问题出现的瞬间。通过这种方式，我们可以精准地收集到问题发生的上下

文信息，比如设备状态、用户操作流程以及代码执行路径，从而快速定位 Bug 的根源。虽然这种方法的覆盖范围有限，但它却是解决那些“顽固”Bug 的最有效手段之一。记住，特殊版本不是为了修复问题，而是为了找到问题，为最终的修复提供坚实的数据支持。

小贴士：在发布前，尽量进行全面的测试和灰度发布，可以减少发布后 Bug 的出现概率。

11.3 调试工具的使用

Flutter 提供了丰富的调试工具，帮助我们快速定位和解决 Bug。以下是一些常用的工具。

① Flutter Inspector：用于检查 UI 布局和组件树。

② Debug Console：查看日志输出和错误信息。

③ Breakpoints：在代码中设置断点，逐步调试。

在这些工具中，Flutter Inspector 主要用于调试 UI 的布局，打印日志和设置断点调试则是代码逻辑调试最常用的手段。打印日志很好理解，这里就不赘述了。而对于 Flutter Inspector 以及设置断点，很多初学者可能不太熟悉，下面我们简要讲解一下如何操作。

11.3.1 Flutter Inspector

Flutter Inspector 是 Flutter 开发中不可或缺的调试工具，它集成了多种功能，帮助开发者轻松分析和优化 UI 布局。通过 Flutter Inspector，你可以清晰地查看组件树的结构、理解布局约束的计算过程、实时修改组件的属性，甚至分析 UI 渲染的性能瓶颈。无论是解决布局错乱、组件嵌套过深的问题，还是优化应用的流畅度，Flutter Inspector 都能为你提供直观且强大的支持，让你的 UI 调试工作事半功倍。

11.3.1.1 如何启动 Flutter Inspector

（1）确保应用正在运行

在设备或模拟器上启动你的 Flutter 应用。

（2）打开 Flutter Inspector

在 Android Studio 中，点击右侧的“Flutter Inspector”选项卡。可以看到图 11-1 中展示的 IDE 右侧的 Inspector 界面。

在 VS Code 中，点击左侧的“Flutter Inspector”图标。

（3）选择目标设备

如果有多台设备连接到你的开发机器，选择运行目标应用的设备。

11.3.1.2 Flutter Inspector 的核心功能

（1）查看组件树

① 作用：显示当前页面的 UI 组件树结构，帮助理解组件的嵌套关系。

② 使用方法：在组件树中选择某个组件，右侧会显示该组件的属性和状态。

③ 适用场景：当 UI 布局不符合预期时，可以通过组件树检查是否有组件缺失或嵌套错误。

（2）布局约束可视化

① 作用：显示每个组件的布局约束（如宽度、高度、边距等），帮助理解布局的计算过程。

② 使用方法：点击“Layout Explorer”按钮，查看组件的约束和尺寸信息。

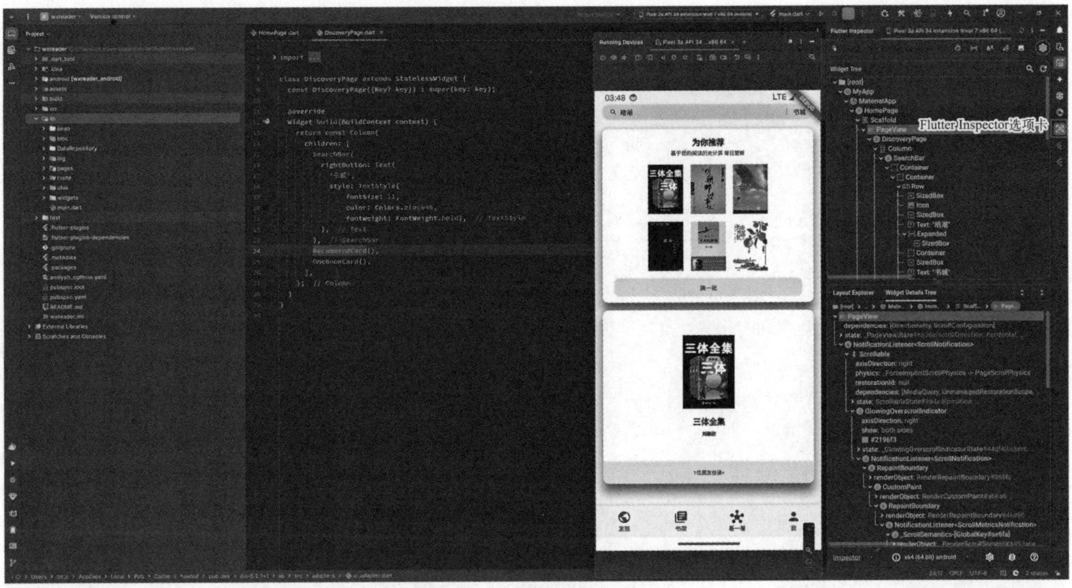

图 11-1　Flutter Inspector

③ 适用场景：当组件尺寸或位置不符合预期时，可以通过布局约束检查问题所在。

(3) 性能分析

① 作用：显示 UI 渲染的性能数据，帮助定位性能瓶颈。

② 使用方法：点击“Performance”选项卡，查看帧率、GPU 使用率等信息。

③ 适用场景：当应用出现卡顿或掉帧时，可以通过性能分析找到优化点。

(4) 实时 UI 修改

① 作用：允许直接修改组件的属性（如颜色、尺寸等），并实时查看效果。

② 使用方法：在组件树中选择某个组件，右侧修改其属性值。

③ 适用场景：当想快速测试某个 UI 效果时，可以通过实时修改功能进行验证。

思考：在布局约束中，我们通过 LayoutBuilder 组件获取子组件的布局约束值并打印出来。大家可以重新运行当时的样例代码，这次通过 Flutter Inspector 来查看每个样例的场景中子组件获得的约束值。

11.3.2　通过 IDE 调试器调试应用

断点调试是一种非常强大的调试手段，它允许你在代码的特定位置暂停程序执行，查看变量的值、调用栈以及程序的状态，从而深入分析问题。

11.3.2.1　设置断点

① 打开代码文件，找到你怀疑有问题的地方。

② 在代码行号的左侧点击，会出现一个红色的圆点，这就是断点。如图 11-2 所示。

③ 运行你的应用（Debug 模式），当程序执行到断点位置时，会自动暂停。图 11-3 展示了 IDE 多种运行模式的按钮。

当然你也可以不重新启动应用，而是设置好断点后利用 Flutter Attach 功能连接到正在运行的 Flutter 应用，实现实时调试。前提是 App 是以 debug 模式编译的。

11.3.2.2　条件断点

在调试过程中，普通的断点会无条件地暂停程序执行，但在某些场景下，我们可能只希

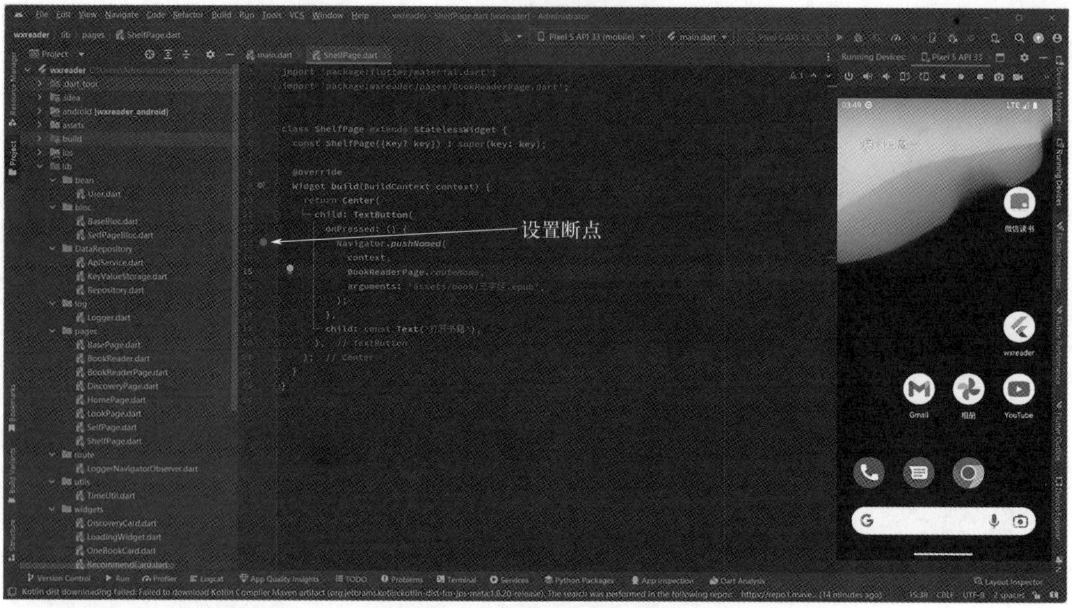

图 11-2　设置断点位置

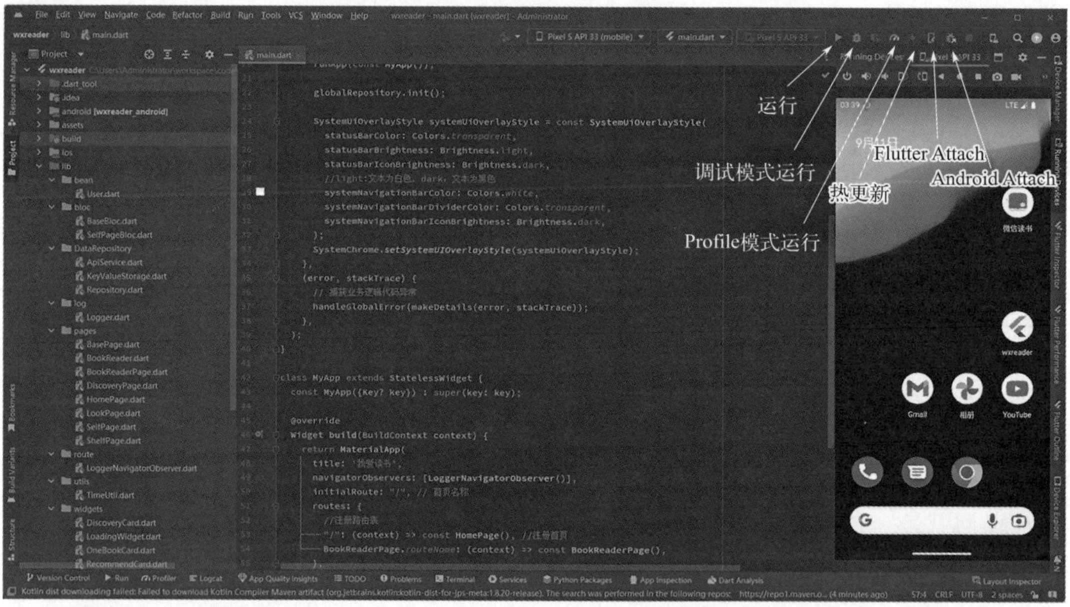

图 11-3　Android Studio 运行区按钮

望在特定条件下暂停程序。这时条件断点就派上了用场。它就像一个“智能助手”，能够根据你设定的条件，智能地决定是否暂停程序，从而让调试更加精准和高效。

条件断点是一种特殊的断点，它允许你为断点设置一个条件表达式。只有当条件表达式为 true 时，程序才会在断点处暂停；否则程序会继续执行。

如何设置条件断点？

① 设置普通断点：在代码行号的左侧点击，添加一个普通断点。

② 添加条件：

a. 在 Android Studio 中，右键点击断点，选择“Edit Breakpoint”，然后在“Condition”字段中输入条件表达式。实际位置如图 11-4 所示。

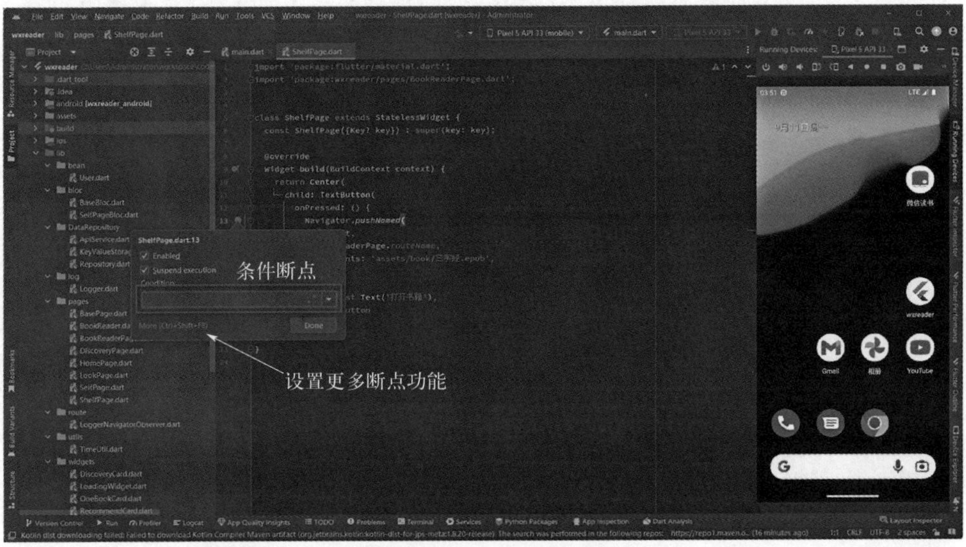

图 11-4　条件断点

b. 在 VS Code 中，右键点击断点，选择“Edit Breakpoint”，然后在弹出的输入框中输入条件表达式。

③ 保存并运行：保存条件后，运行程序。只有当条件满足时，程序才会在断点处暂停。

示例：假设你有一个循环，只希望在 `i==5` 时暂停程序。

```
Dart
for(int i=0;i<10;i++){
  print('Iteration:$i');
}
```

你可以设置一个条件断点，条件为 `i==5`。这样，程序只会在 `i` 等于 5 时暂停，而不会在每次迭代时都中断。

11.3.2.3　断点调试的常用操作

当你的应用在断点处暂停后，IDE 的调试工具为你提供了一系列操作选项，帮助你深入分析代码的执行流程，快速定位 Bug。以下是这些操作的详细说明，以及如何利用它们进行具体问题的排查。

(1) Step Over(F8)

① 作用：执行当前行的代码，并跳到下一行暂停。

② 适用场景：当你只想逐行执行代码，而不想深入某个函数内部时，可以使用此操作。

③ 示例：

```
Dart
void main(){
  print('Step 1');// 执行此行后,跳到下一行并暂停
  print('Step 2');
}
```

（2）**Step Into（F7）**

① 作用：如果当前行调用了函数，会进入函数内部逐步执行。

② 适用场景：当你需要深入分析某个函数的内部逻辑时，可以使用此操作。

③ 示例：

```
Dart
void main(){
  print('Step 1');
  doSomething();// 进入此函数内部
}

void doSomething(){
  print('Inside doSomething');
}
```

（3）**Step Out（Shift+F8）**

① 作用：从当前函数中跳出，回到调用它的地方。

② 适用场景：当你已经分析完某个函数的内部逻辑，想快速返回到调用它的地方时，可以使用此操作。

③ 示例：

```
Dart
void main(){
  print('Step 1');
  doSomething();
}

void doSomething(){
  print('Inside doSomething');// 跳出此函数,回到 main 函数
}
```

（4）**Resume（F9）**

① 作用：继续执行程序，直到遇到下一个断点或程序结束。

② 适用场景：当你已经完成当前断点的分析，想继续执行程序时，可以使用此操作。

③ 示例：

```
Dart
void main(){
  print('Step 1');// 继续执行,直到下一个断点或程序结束
  print('Step 2');
}
```

在程序暂停时，调试工具会显示当前作用域内的变量值以及函数的调用栈。这些信息是定位 Bug 的关键。

① 查看变量值：在调试工具的“Variables”窗口中，你可以看到当前作用域内所有变量的值。这对于分析变量的状态和逻辑是否正确非常有用。

② 查看调用栈：在“Call Stack”窗口中，你可以看到函数调用的顺序。这有助于你理

解程序的执行流程，快速定位问题的根源。

在 Android Studio 中，当程序在断点处暂停时，调试工具不仅提供了“Variables”窗口来查看变量值，还支持一种更加便捷的方式——将鼠标光标移到变量上，实时查看变量的值。这个功能就像是一个“快捷小助手”，让你无需切换窗口或展开复杂的变量树，就能快速获取变量的当前状态。

示例：利用断点操作和变量信息定位 Bug。假设你遇到以下代码中的 Bug：

```
Dart
void main(){
  int result=calculateSum(5,10);
  print('Result:$result');// 预期输出 15,但实际输出 5
}

int calculateSum(int a,int b){
  int sum=a;// 这里漏加了 b
  return sum;
}
```

调试步骤：

① 在 calculateSum 函数的第一行设置断点。

② 运行程序，程序会在断点处暂停。

③ 使用 Step Over(F8) 逐行执行代码，观察 sum 变量的值。

④ 发现 sum 的值始终等于 a，而没有加上 b，从而定位到 Bug 所在。

⑤ 修复代码，重新运行程序验证。

第12章

混合开发方案设计

12.1 为什么要混合开发

在实际项目中，混合开发是一种结合了原生开发和 Flutter 的技术方案。它旨在充分利用两者的优势，弥补单一开发方式的不足。通常，我们在以下三种情况下会考虑采用混合开发方案。

（1）Flutter 功能不能满足需求，需要原生层面的功能支持

Flutter 虽然提供了丰富的 UI 组件和跨平台能力，但在某些场景下，它可能无法直接访问或实现原生平台特有的功能。例如，某些硬件相关的功能（如蓝牙、摄像头、传感器等）或平台特定的 API（如 iOS 的 ARKit、Android 的 Jetpack 库）可能需要通过原生代码来实现。在这种情况下，混合开发可以通过原生模块与 Flutter 的结合，满足更复杂的功能需求。

（2）Flutter 的性能不能满足需求，需要底层的高性能

Flutter 的性能在大多数场景下已经足够优秀，但在一些对性能要求极高的场景（如复杂的动画、实时数据处理、大型游戏等），原生代码可能更能发挥硬件的潜力。通过混合开发，我们可以将性能敏感的部分用原生代码实现，而将其他部分交给 Flutter 处理，从而在性能和开发效率之间取得平衡。

（3）在已有项目中引入 Flutter 开发

对于已经存在的原生项目，完全迁移到 Flutter 可能成本较高，风险也较大。此时，混合开发提供了一种渐进式的解决方案。我们可以在现有项目中逐步引入 Flutter，用于开发新的功能模块或重构部分 UI，而无需重写整个应用。这种方式不仅降低了开发成本，还能让团队逐步熟悉 Flutter 的开发模式。

12.2 Flutter 与原生系统通信的两种方式

在着手设计 Flutter 与原生平台的混合开发方案之前，我们首先需要深入理解 Flutter 中与原生系统通信的两种核心机制：FFI(Foreign Function Interface) 和 MethodChannel。这两种方式为 Flutter 与原生代码的交互提供了强大的支持，但各自适用于不同的场景。FFI 主要用于直接调用 C/C++代码，而 MethodChannel 则是 Flutter 与原生平台（如 Android 的 Java/Kotlin 和 iOS 的 Objective-C/Swift）通信的标准方式。掌握它们的原理和应用场景，是构建高效混合开发方案的关键。

12.2.1 通过 dart 的 FFI 调用 C/C++代码

在 Flutter 混合开发中，通过 Dart 的 FFI 调用本地代码是一种常见且强大的模式。FFI 允许 Dart 直接调用 C/C++等原生代码，从而弥补 Dart 在某些场景下的性能不足，尤其是在计算密集型任务中，如压缩、解压缩、加密、解密、编码、解码等。

（1）FFI 的基本概念

FFI 代表外部功能接口，它允许 Dart 代码直接调用本地 C/C++代码。通过 `dart：ffi` 库，Flutter 可以访问原生平台的 API，从而扩展应用的功能和性能。

FFI 通常用于以下场景。

① 计算密集型任务：如压缩、解压缩、加密、解密等，这些任务在 C/C++中执行效率更高。

② 复用现有 C/C++库：通过 FFI，Flutter 可以直接调用现有的 C/C++库，避免重复开发。

(2) Android 示例

在 Android 平台上，使用 FFI 调用本地代码的步骤如下。

① 编写 C/C++代码：例如，实现一个简单的加法函数。

```
C
int add(int a,int b){
    return a+b;
}
```

② 编译为动态链接库：使用 Android NDK 将 C/C++代码编译为 .so 文件。

③ 在 Dart 中加载并调用：

```
Dart
import 'dart:ffi';
import 'dart:io';

final DynamicLibrary nativeAddLib=Platform.isAndroid
    ? DynamicLibrary.open('libnative_add.so')
    :DynamicLibrary.process();

final addFunc=nativeAddLib.lookupFunction<Int32 Function(Int32,Int32),int Function
(int,int)>('add');

void main(){
    print(addFunc(2,3));// 输出 5
}
```

(3) iOS、macOS 示例

在 iOS 平台上，FFI 的使用与 Android 类似，但动态链接库的扩展名为 .dylib。步骤如下。

① 编写 C/C++代码：与 Android 相同。

② 编译为动态链接库：使用 Xcode 将 C/C++代码编译为 .dylib 文件。

注意 .so 文件也需要编译为 .dylib 文件才能在 iOS 系统上使用。

③ 在 Dart 中加载并调用：

```
Dart
import 'dart:ffi';
import 'dart:io';

final DynamicLibrary nativeAddLib=Platform.isIOS
    ? DynamicLibrary.open('libnative_add.dylib')
    :DynamicLibrary.process();

final addFunc=nativeAddLib.lookupFunction<Int32 Function(Int32,Int32),int
Function(int,int)>('add');

void main(){
    print(addFunc(2,3));// 输出 5
}
```

12.2.2 通过 MethodChannel 调用平台原生代码

Flutter 只是一个 UI 框架，而 Dart 代码在手机平台上无法直接调用系统 SDK 的相关 API。因此 Flutter 提供的解决方案是通过平台通道直接调用系统的原生代码。在 Flutter 中，MethodChannel 是实现原生与 Flutter 通信的核心机制。它允许 Flutter 调用原生平台（如 Android 和 iOS）的 API，并支持双向通信。以下是关于 MethodChannel 的详细说明和使用要点。

(1) Flutter 端

在 Flutter 中，通过 MethodChannel 调用原生代码的步骤如下：

```dart
Dart
import 'dart:async';
import 'package:flutter/material.dart';
import 'package:flutter/services.dart';

static const methodChannel=MethodChannel('通道名称');  //通道名称必须与原生端一致

try{
  final String result=await methodChannel.invokeMethod('getInfo');  //调用原生方法
  deviceInfo=result;
}on PlatformException catch(e){
  deviceInfo="Failed to get device info:'${e.message}'.";
}
```

代码解释如下。

① 通道名称：Flutter 端和原生端必须使用相同的通道名称。

② 方法名：invokeMethod 中的方法名（如 getInfo）用于标识要调用的原生方法，与原生方法名可以不同。

③ 错误处理：通过 PlatformException 捕获并处理原生端返回的错误。

(2) Android 端

在 Android 端，需要封装一个 FlutterActivity 并设置 MethodChannel 的回调处理：

```kotlin
Kotlin
import androidx.annotation.NonNull
import io.flutter.embedding.android.FlutterActivity
import io.flutter.embedding.engine.FlutterEngine
import io.flutter.plugin.common.MethodChannel

class MyFlutterActivity:FlutterActivity(){

  override fun configureFlutterEngine(@NonNull flutterEngine:FlutterEngine){
    super.configureFlutterEngine(flutterEngine)
    MethodChannel(flutterEngine.dartExecutor.binaryMessenger,'通道名称').setMethod-
CallHandler{ call,result->
      if(call.method=="getInfo"){
        val info=getDeviceInfo()
```

```
        result.success(info)  // 返回成功结果
      }else{
        result.notImplemented()  // 方法未实现
      }
    }
  }
}
```

代码解释如下。

① 通道名称：必须与 Flutter 端一致。

② 方法处理：通过 call.method 判断 Flutter 端调用的方法，并返回相应结果。

(3) iOS 端

在 iOS 端，需要在 AppDelegate 中设置 MethodChannel 的回调处理：

```
Swift
@UIApplicationMain
@objc class AppDelegate:FlutterAppDelegate{
    override func application(
    _ application:UIApplication,
    didFinishLaunchingWithOptions launchOptions:[UIApplication.LaunchOptionsKey:Any]?)-
>Bool{

    let controller :FlutterViewController = window?.rootViewController as!Flutter-
ViewController
    let methodChannel = FlutterMethodChannel(name:"通道名称",binaryMessenger:con-
troller.binaryMessenger)
    methodChannel.setMethodCallHandler{ call,result in
      if call.method=="getInfo"{
        result(getDeviceInfo())  // 返回成功结果
      }else{
        result(FlutterMethodNotImplemented)  // 方法未实现
      }
    }

    GeneratedPluginRegistrant.register(with:self)
    return super.application(application,didFinishLaunchingWithOptions:launchOp-
tions)
  }
}
```

代码解释如下。

① 通道名称：必须与 Flutter 端一致。

② 方法处理：通过 call.method 判断 Flutter 端调用的方法，并返回相应结果。

使用注意要点如下。

① 异步模式：MethodChannel 是异步的，避免在主线程中执行耗时操作。

② 数据传递：建议将复杂数据结构转换为 Map 或 JSON 格式传递。这里要注意，平台通道打通的是不同编程语言的逻辑。不同编程语言的数据类型和组合方式会有差异，因此尽

量不要通过平台通道直接传递数据结构，建议转化成 JSON 等序列化的格式传递。当然这样也会对性能造成一定影响。

③ 性能限制：适合传递业务数据，不适合传递图片、视频等大型数据。

④ 双向通信：原生端也可以通过 MethodChannel 调用 Flutter 端的方法。

12.2.3 FFI 与 MethodChannel 对比

在 Flutter 中，FFI 和 MethodChannel 虽然都用于与原生代码交互，但它们的适用场景和解决的问题不同。表 12-1 是 FFI 与 MethodChannel 的对比。

表 12-1 FFI 与 MethodChannel 对比

场景	FFI	MethodChannel
调用 C/C++库	✅	❌
高性能计算(如游戏引擎)	✅	❌
访问 Android/iOS 平台 API	❌	✅
快速实现简单平台功能	❌	✅
复用现有 Java/Swift 代码	❌	✅

12.3 混合开发的三种模式

在 Flutter 混合开发中，主要有三种模式来实现 Flutter 与原生平台的集成，每种模式都有其适用场景和优缺点，以下是详细说明。

12.3.1 通过 Dart 的 FFI 调用本地代码

FFI 允许 Flutter 直接调用 C/C++代码，适用于需要高性能计算的场景，如加密、解密、图像处理等。FFI 的优势在于其跨平台特性，可以在 Android 和 iOS 上复用相同的 C/C++代码。然而，FFI 主要用于调用 C/C++代码，不适合直接调用 Java 或 Objective-C 代码。FFI 的使用逻辑很简单，详细用法前面也已经介绍过，这里就不赘述了。

12.3.2 通过 PlatformView 在 Flutter 页面中展示原生视图

PlatformView 允许在 Flutter 页面中嵌入原生视图，例如使用 Android 和 iOS SDK 中的 Google Maps。这种方式适用于需要直接使用原生控件或功能的场景。然而，PlatformView 会带来一定的性能损失，尤其是在 Android 平台上，存在以下三种实现模式。

① Virtual Display(VD)：通过虚拟显示技术将原生控件渲染到内存中，再通过 Flutter Texture 进行显示。这种方式存在点击事件转发和键盘交互问题。

② Hybrid Composition(HC)：将原生控件直接添加到 FlutterView 上，通过 FlutterImageView 实现混合堆叠。这种方式解决了 VD 的部分问题，但存在线程同步和性能开销。

③ Texture Layer Hybrid Composition(TLHC)：通过替换 Canvas 实现原生控件的绘制，性能优于 VD 和 HC，但不支持 SurfaceView 等控件。

在 Flutter 混合开发中，PlatformView 确实存在一定的复杂性和性能问题，尤其是在 Android 平台上。由于不同系统版本和使用场景的兼容性问题，每种模式都有其固有的缺陷和性能损失。由于这些模式在不同 SDK 版本和场景下的兼容性问题，PlatformView 的实现显得混乱且难以维护。因此，除了少数必须嵌入原生视图的场景（如地图、视频播放等），通常不建议使用 PlatformView。相比之下，通过 MethodChannel 进行 Flutter 与原生平台的通信是一种更清晰、更稳定的方案。MethodChannel 支持双向通信，Flutter 可以调用原生方法，原生平台也可以调用 Flutter 方法，适用于大多数业务场景。

12. 3. 3 Flutter 加原生混合开发模式

Flutter 加原生项目是指在一个项目中同时包含 Flutter 部分的代码和原生部分的代码，其中部分页面使用 Flutter 开发，而其他页面或模块则使用系统原生的代码（如 Android 的 Java/Kotlin 或 iOS 的 Objective-C/Swift）开发。这种混合开发模式通常适用于以下场景。

① 已有原生项目，逐步引入 Flutter：对于已经存在的原生应用，开发者可以通过逐步引入 Flutter 来替换或扩展部分功能，而无需一次性重写整个应用。这种方式可以降低迁移成本，同时利用 Flutter 的跨平台特性提升开发效率。

② 新项目，部分功能需要原生开发：对于新项目，如果某些功能必须依赖原生能力（如复杂的硬件交互或特定平台的 API），而其他部分可以使用 Flutter 简化开发，这种混合模式也非常适用。

12. 3. 3. 1 在 Android 项目中集成 Flutter

在 Android 平台上将 Flutter 模块集成到原生项目中，可以按照以下步骤进行。

（1）创建 Flutter Module

首先，创建一个 Flutter Module 类型的项目。可以在终端中执行以下命令：

```
Bash
flutter create-t module flutter_module
```

这将创建一个名为 flutter_module 的 Flutter 模块。

（2）将 Flutter 模块与原生项目放在同级目录

确保 Flutter 模块与原生项目位于同一级目录中。例如：

```
Plain Text
/project
  /app(原生项目)
  /flutter_module(Flutter 模块)
```

（3）绑定原生与 Flutter 项目

在原生项目的 settings. gradle 文件中添加以下代码，将 Flutter 模块作为子项目引入：

```
Groovy
include':app'
setBinding(new Binding([gradle:this]))
evaluate(new File(
  settingsDir.parentFile,
  'flutter_module/.android/include_flutter.groovy'
))
```

然后在 app/build. gradle 中添加对 Flutter 模块的依赖：

```Groovy
dependencies{
  implementation project(':flutter')
}
```

(4) 解决仓库配置问题

如果遇到“build was configured to prefer settings repositories over project repositories”错误，可以在 settings. gradle 中修改 repositoriesMode：

```Groovy
dependencyResolutionManagement{
    repositoriesMode.set(RepositoriesMode.PREFER_PROJECT)
    repositories{
        google()
        mavenCentral()
    }
}
```

并在 allprojects 中添加仓库配置：

```Groovy
allprojects{
    repositories{
        google()
        mavenCentral()
    }
}
```

(5) 在同一个 Android Studio 中打开原生工程和 Flutter 工程

在 settings. gradle 中添加以下代码，以便在 Android Studio 中同时打开原生工程和 Flutter 工程：

```Groovy
include':flutter_add_to_app'
project(':flutter_add_to_app').projectDir=new File('../flutter_add_to_app')
```

(6) 在原生工程中打开 Flutter 页面

步骤 1：在 AndroidManifest. xml 中添加 FlutterActivity。

```XML
<activity
  android:name="io.flutter.embedding.android.FlutterActivity"
  android:theme="@style/LaunchTheme"

  android:configChanges="orientation|keyboardHidden|keyboard|screenSize|locale|
layoutDirection|fontScale|screenLayout|density|uiMode"
  android:hardwareAccelerated="true"
  android:windowSoftInputMode="adjustResize"
/>
```

步骤 2：在原生代码中启动 FlutterActivity。

```
Java
import io. flutter. embedding. android. FlutterActivity;

myButton. setOnClickListener{
  startActivity(
    FlutterActivity
      . withNewEngine()
      . initialRoute("/")  // 指定 Flutter 中的页面路由
      . build(this)
  );
}
```

12.3.3.2 在 iOS 项目中集成 Flutter

在 iOS 平台上实现 Flutter 与原生项目的混合开发，可以通过以下步骤进行集成。

(1) 创建 Flutter Module

首先，创建一个 Flutter Module 类型的项目。在终端中执行以下命令：

```
Bash
flutter create-t module flutter_module
```

这将生成一个名为 flutter_module 的 Flutter 模块，用于与 iOS 原生项目集成。

(2) 将 Flutter Module 与 iOS 项目放在同级目录

确保 Flutter 模块与 iOS 原生项目位于同一级目录中。例如：

```
Plain Text
/project
  /iOS_App(iOS 原生项目)
  /flutter_module(Flutter 模块)
```

(3) 通过 CocoaPods 集成 Flutter 模块

在 iOS 项目的 Podfile 中添加以下代码，将 Flutter 模块引入原生项目：

```
Ruby
flutter_application_path='../flutter_module/'
load File. join(flutter_application_path,'. ios','Flutter','podhelper. rb')
target 'iOS_App' do
  install_all_flutter_pods(flutter_application_path)
end
```

然后执行 pod install，将 Flutter 模块及其依赖项集成到 iOS 项目中。

(4) 在 iOS 项目中打开 Flutter 页面

步骤 1：在 Info. plist 中添加 FlutterViewController。

确保 Info. plist 中包含以下配置，以支持 Flutter 页面的加载：

```
XML
<key>io. flutter. embedded_views_preview</key>
<true/>
```

步骤 2：在原生代码中启动 FlutterViewController。

```
Objective-C
# import<Flutter/Flutter.h>

-(void)openFlutterPage{
    FlutterViewController * flutterViewController = [[FlutterViewController alloc]
initWithEngine:[self flutterEngine] nibName:nil bundle:nil];
   [self presentViewController:flutterViewController animated:YES completion:nil];
}

-(FlutterEngine * )flutterEngine{
    if(!_flutterEngine){
        _flutterEngine=[[FlutterEngine alloc] initWithName:@"my_flutter_engine"];
        [_flutterEngine run];
    }
    return _flutterEngine;
}
```

（5）处理 Flutter 与 iOS 的通信

通过 MethodChannel 实现 Flutter 与 iOS 的双向通信。举例如下。

Flutter 端：

```
Dart
import 'package:flutter/services.dart';

final MethodChannel _channel=MethodChannel('com.example.flutter_app');

Future<void> sendMessageToNative(String message)async{
  await _channel.invokeMethod('sendMessage',{'message':message});
}
```

iOS 端：

```
Objective-C
# import<Flutter/Flutter.h>

-(void)configureFlutterChannel{
    FlutterMethodChannel * channel=[FlutterMethodChannel
        methodChannelWithName:@"com.example.flutter_app"
              binaryMessenger:self.flutterEngine.binaryMessenger];
    [channel setMethodCallHandler:^(FlutterMethodCall * call,FlutterResult result){
        if([call.method isEqualToString:@"sendMessage"]){
            NSString * message=call.arguments[@"message"];
            NSLog(@"Received message from Flutter:%@",message);
            result(@"Message received on iOS");
        }
    }];
}
```

12.3.3.3 混合栈管理的问题

在 Flutter 混合开发中，混合栈管理是一个常见且复杂的问题，尤其是在原生页面与 Flutter 页面频繁切换的场景下。有两个最常见的问题。

问题 1：Flutter 引擎初始化时间长，影响用户体验。

每个 FlutterActivity 启动时都会初始化一个独立的 Flutter 引擎，这会导致较长的初始化时间，影响用户体验。官方提供的解决方案是提前初始化并缓存一个 FlutterEngine，在打开 FlutterActivity 时复用缓存的引擎，从而减少初始化时间。具体实现方式如下。

① 提前初始化 FlutterEngine：在应用启动时，提前初始化一个 FlutterEngine 并缓存。

② 复用缓存的 FlutterEngine：在打开 FlutterActivity 时，通过 FlutterActivity. withCachedEngine() 方法使用缓存的引擎，避免重复初始化。

这种方式可以有效减少引擎初始化的时间，提升用户体验。

问题 2：多个 Flutter 引擎相互独立。

当打开多个 FlutterActivity 时，每个页面都会启动一个独立的 Flutter 引擎，导致页面间无法直接通信并且资源占用很高。针对这个问题，目前有以下几种解决方案。

① 官方的 FlutterEngineGroup（多引擎方案） FlutterEngineGroup 是官方提供的多引擎方案，它通过共享 GPU 上下文、字体度量等资源，减少每个引擎的内存占用（约 180KB）。虽然引擎之间是独立的，但可以通过原生层进行数据同步。这种方案适合需要独立状态管理的场景，但引擎间的通信需要通过原生层转发，增加了复杂性。

② 闲鱼的 flutter_boost（单引擎方案） flutter_boost 是闲鱼团队开源的单引擎方案，通过复用同一个 FlutterEngine，避免了多引擎的资源浪费。它通过原生层驱动页面跳转，并在 Dart 层维护页面栈，实现了原生页面与 Flutter 页面的无缝切换。flutter_boost 的优点是内存占用低，但需要对 Flutter 框架进行一定的侵入性修改。

③ 哈啰的 flutter_thrio（单引擎方案） flutter_thrio 是哈啰单车团队提供的解决方案，支持单引擎和多引擎模式。它通过原生层驱动页面跳转，但在 Flutter 页面内部使用 Flutter 自带的 Navigator 管理路由。这种方案既减少了内存占用，又保持了路由管理的灵活性，但实现复杂度较高。

在 Flutter 与原生混合开发中，单引擎方案的核心思想是通过复用同一个 FlutterEngine 来减少内存占用和性能开销，同时简化路由管理。如果你的项目是 Flutter 和原生混合开发的，并且 Flutter 页面与原生页面会频繁交互打开，建议选择一种成熟的单引擎方案三方库，并基于该库封装混合栈的路由管理。

12.3.3.4 Flutter 与原生端数据同步

在 Flutter 与原生混合开发中，数据同步是一个不可忽视的关键问题。特别是在原生页面与 Flutter 页面都需要使用相同数据（如用户登录信息、配置信息等）的场景下，如何高效、可靠地实现数据同步，直接影响到应用的性能和开发维护的复杂度。本小节将深入探讨数据同步的常见问题、解决方案以及最佳实践。

(1) 数据同步的常见问题

在混合开发中，数据同步问题主要体现在以下几个方面。

① 数据冗余　在原生与 Flutter 端各自保留一份数据，容易导致数据不一致。例如，用户在 Flutter 端修改了个人信息，但原生端未及时更新，导致数据冲突。

② 同步复杂性　在用户登录、登出或数据更新时，需要在原生与 Flutter 端之间同步数据。这种同步逻辑不仅增加了代码复杂度，还可能导致潜在的 Bug。

③ 性能开销　频繁的数据同步可能会带来性能问题，尤其是在数据量较大或同步频率

较高的场景下，可能导致应用卡顿或响应延迟。

（2）解决方案

针对上述问题，核心的思路是一端作为数据源，另一端实时获取。在实际运行中，MethodChannel 的通信延迟很低，一般来说用户不会有明显感知。

方案一：数据源放在 Flutter 端。

将用户信息等数据统一保存在 Flutter 端，原生页面需要展示数据时，通过 MethodChannel 实时从 Flutter 端获取。优点是数据源单一可以有效避免数据不一致问题，同时开发和维护的复杂性也较低。缺点是如果同时需要获取系统信息或者硬件信息，需要反向从原生端再获取一次数据，增加复杂度。

方案二：数据源放在原生端。

将用户信息等数据保存在原生端，Flutter 页面需要数据时通过 MethodChannel 从原生端获取。优点是原生端可以直接访问系统 API 或硬件资源，适合需要与系统深度集成的场景。缺点是原生端需要为 Android 和 iOS 分别实现数据管理，增加了开发和维护成本。同时因为原生平台差异，必须要小心设计保证数据结构的一致性。

在实际开发中更推荐尽可能将同步数据放在 Flutter 端，原生页面通过 MethodChannel 实时获取数据。因为这种方案的开发成本更低，日常开发时的效率更高。

12.3.3.5 大文件共享

在 Flutter 与原生混合开发中，大文件的传递是一个需要特别关注的问题。如果通过 MethodChannel 直接传递文件，不仅速度不够快，还会占用通道导致其他数据的延迟。此外，多次的内存拷贝也会造成资源浪费。因此，如何高效地传递大文件，是混合开发中必须解决的难题。

为了高效传递大文件，建议采用传递文件路径的方式，而不是直接传递文件内容。具体步骤如下。

① 原生端传递文件路径　在原生端，将文件的路径通过 MethodChannel 传递给 Flutter 端。例如：

```
Java
// Android 端传递文件路径
String filePath="/storage/emulated/0/Download/large_file.zip";
MethodChannel channel = new MethodChannel(flutterEngine.getDartExecutor(),"com.example.app");
channel.invokeMethod("getFilePath",filePath);
```

② Flutter 端读取文件　在 Flutter 端，接收到文件路径后，直接使用 dart：io 库读取文件内容。例如：

```
Dart
import 'dart:io';
final MethodChannel channel=MethodChannel('com.example.app');
String filePath=await channel.invokeMethod('getFilePath');
File file=File(filePath);
List<int> fileBytes=await file.readAsBytes();
```

③ 文件读写的同步互斥　如果文件需要在 Flutter 和原生端同时读写，必须人为保证同步互斥，避免数据冲突。例如：使用文件锁（如 fcntl 或 FileChannel.lock）确保同一时间只

有一个进程可以写入文件；通过 MethodChannel 通知对方文件写入完成，避免并发写入。

注意事项如下。

① 文件路径的跨平台兼容性　不同平台的文件路径格式可能不同（如 Android 使用/storage/emulated/0，iOS 使用/var/mobile/Containers），需要确保文件路径的跨平台兼容性。

② 文件权限　在读取或写入文件时，必须确保应用具有相应的文件访问权限。例如：

在 Android 中，需要在 AndroidManifest.xml 中声明 READ_EXTERNAL_STORAGE 和 WRITE_EXTERNAL_STORAGE 权限。

在 iOS 中，需要在 Info.plist 中声明 NSFileProtectionComplete 或 NSFileProtectionCompleteUnlessOpen。

混合开发特别是 Flutter 加原生的混合开发模式，是笔者最推荐的切入 Flutter 的方式，它不仅灵活高效，还能有效降低开发成本和风险。

如果你已经有一个原生项目，并希望逐步切换到 Flutter 进行开发，混合开发方案可以成为你的最佳选择。通过将 Flutter 模块集成到现有项目中，你能够以最小的成本快速切入 Flutter 开发，同时将风险控制在最低范围内。这种方式不仅保留了原有项目的稳定性，还能逐步引入 Flutter 的高效开发能力。

对于全新的项目，从 Flutter 开始开发是一个不错的选择。Flutter 的跨平台特性能够显著提升开发效率，同时其丰富的 UI 组件和性能优势也能为用户带来更好的体验。如果在开发过程中遇到需要在原生层面解决的问题（如硬件交互或特定平台 API），也可以轻松切换到混合开发框架中，借助原生能力解决复杂问题。

实践建议如下。

① 逐步迁移：对于现有项目，建议从非核心功能模块开始引入 Flutter，逐步扩展到整个项目。

② 模块化设计：在新项目中，采用模块化设计，将 Flutter 与原生代码分离，便于后续维护和扩展。

混合开发不仅是 Flutter 的最佳切入方式，更是未来跨平台开发的重要趋势。通过合理规划和实践，你将能够在现有项目和新项目中充分发挥 Flutter 的优势。

第13章

测试驱动开发

在完成前面章节的内容后，这本书本可以圆满结束，但为什么还要专门增加一章来讲解测试驱动开发（Test-Driven Development，TDD）呢？这背后有两大重要原因：

第一，TDD 依然是 AI 时代的最佳开发流程。

尽管 AI 技术正在快速改变软件开发的模式，但 TDD 作为一套经过时间验证的开发方法论，依然是最适合大多数个人和团队的高效流程。TDD 通过“测试先行”的方式，能够帮助开发者更清晰地定义需求、设计代码结构，并在开发过程中持续验证功能的正确性。这种严谨的开发方式不仅能够提升代码质量，还能降低后期维护的成本，是任何技术栈下都值得推广的实践。

第二，Flutter 为 TDD 提供了最佳实践基础。

Flutter 框架对单元测试的专门优化，使得它在客户端开发领域成为 TDD 的最佳实践平台。Flutter 内置的 flutter_test 库、丰富的测试工具链（如单元测试、Widget 测试和集成测试），以及对热重载的支持，都为 TDD 的实施提供了强大的技术支撑。这些特性使得 Flutter 不仅适合快速开发，还能通过 TDD 确保代码的稳定性和可维护性。

笔者将 Flutter 作为团队进行客户端开发的核心技术栈，其中最重要的原因之一就是 Flutter 对 TDD 的良好支持。为了让更多开发者能够掌握这一高效开发模式，我们特别安排了这一章节，详细介绍 TDD 在 Flutter 中的实践方法。

TDD 不仅仅是一种开发方法，更是一种思维方式和开发习惯。在 Flutter 的加持下，TDD 能够发挥出更大的价值，帮助你在客户端开发中走得更远、更稳。

13.1 为什么要做 TDD

13.1.1 瀑布模型的问题

在传统的软件开发流程中，瀑布模型是最为经典的一种模式。它的核心思想是将开发过程划分为多个阶段（如需求分析、设计、编码、测试、部署等），每个阶段依次进行。其工作流程如图 13-1 所示。然而，这种模式在实际应用中暴露出了许多问题，尤其是项目周期不可控。

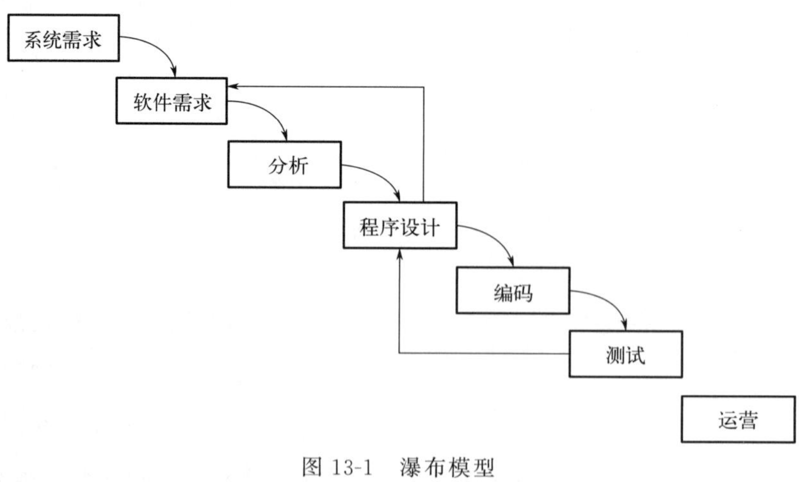

图 13-1 瀑布模型

(1) 问题根源：认知不足，返工频繁

在瀑布模型中，只有进入测试阶段时，团队才能全面认识到开发过程中面临的所有问题和挑战。而此时，往往已经为时已晚，只能回到设计阶段甚至需求阶段进行返工。这种“认知不够，返工来凑”的模式，不仅浪费了大量时间和资源，还严重影响了项目的进度和质量。

（2）解决方案：做两遍

为了解决瀑布模型的问题，业界也在瀑布模型的基础上做了大量的优化和改进工作，其中最普遍采用的是两种改进方案。

① 文档先行：在正式编码之前，先在文档中模拟整个研发流程。通过这种方式，团队可以在纸上完成第一遍“开发”，从而对需求和设计有更清晰的认识。只有当团队对项目的认知达到一定程度后，才开始真正的编码工作。

② 两轮迭代：先开发一个简单的 Demo，将认知不清晰的地方明确化。在第一轮迭代中，团队可以快速验证核心功能和关键技术，发现潜在问题。在第二轮迭代中，基于第一轮的反馈，团队开始正式的工程代码开发。

这两种方案的核心思想都是通过“做两遍”来降低返工风险，提升项目的可控性。

尽管“文档先行”和“两轮迭代”这两种基于瀑布模型的改进方案对项目周期的可控性起到了显著作用，但它们也存在一些局限性。比如文档无法反映实际开发中碰到代码层面的具体问题，而 Demo 的设计和架构很可能无法扩展到实际项目中。这些局限性在实际开发中可能会影响团队的工作效率和项目的最终质量。

13.1.2 TDD 如何做的

与上述两种方案相比，TDD 提供了一种更高效、更可控的开发模式。TDD 通过“先写测试，再写代码”的方式，能够在开发过程中持续验证代码的正确性，从而减少返工风险，提升项目的可控性。其核心流程如下。

第一步：从需求生成任务列表。

在 TDD 中，首先要将需求拆解为具体的任务列表。每个任务需要包含功能的技术细节，例如输入输出、边界条件、异常处理等。如果在拆解过程中发现某些描述不清楚的地方，说明团队对实现技术或代码现状的了解还不够深入。这时，需要进一步调研或确认代码，直到所有未知问题都得到解决，才能生成最终的任务列表。

第二步：将任务拆解为测试用例。

每个任务需要进一步拆解为一个或多个测试用例。每个测试用例的复杂度应控制在 15min 内能够实现并验证通过。通过这种拆解方式，团队可以将复杂问题中的细节具体化、清晰化，同时简化问题的解决难度。

第三步：编写测试代码。

在编写实现代码之前，先编写测试代码。测试代码需要明确描述功能的预期行为，例如输入什么数据，期望得到什么结果。这一步的目的是通过测试用例来定义功能的需求和边界。

第四步：编写实现代码。

编写尽可能简单的代码，使测试通过。这一步的重点是快速实现功能，而不是追求代码的完美性。

第五步：重构代码。

在确保测试通过的前提下，对代码进行优化和重构，提升代码的可读性、可维护性和性能。

总结一下就是需求拆解为任务列表，任务拆解为多个测试例，然后通过反复执行红灯—绿灯—重构的流程用测试例驱动生成项目的每一行代码。其核心流程如图 13-2 所示。

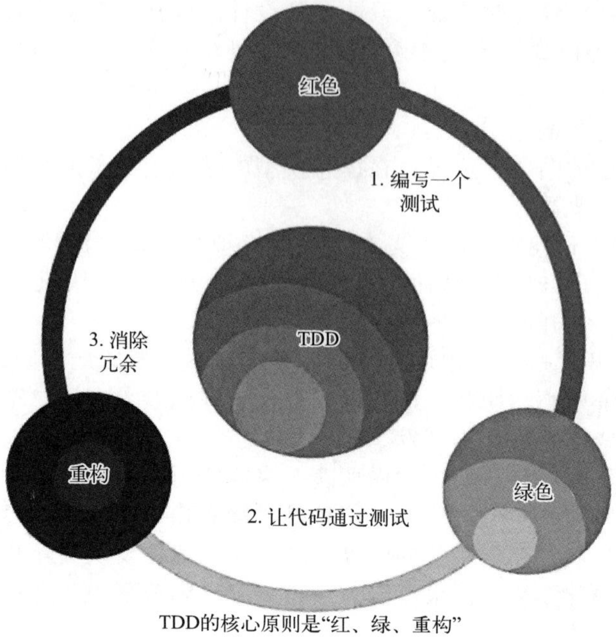

图 13-2　TDD 核心流程

TDD 开发中遵循的原则：

- 尽快变绿
- 出错后放慢脚步
- 绝不跳过重构

13.1.3　TDD 的核心价值

TDD 不仅仅是一种开发方法，更是一种提升代码质量和开发效率的有效手段。它的核心价值体现在以下几个方面。

① 明确需求：通过测试用例，团队可以更清晰地定义功能的需求和边界，避免模糊不清的设计。

② 降低风险：TDD 通过持续验证代码的正确性，能够快速发现和修复问题，降低项目的返工风险。

③ 提升代码质量：TDD 强制要求为每个功能编写测试，从而确保代码的每一部分都经过验证，提升代码的健壮性。

④ 加速开发流程：虽然 TDD 在初期需要投入更多时间编写测试，但从长远来看，它能够减少调试和修复 Bug 的时间，从而加速开发流程。

本书的核心目标是帮助读者掌握 Flutter 开发的基本技能和实践方法，因此并未对 TDD 进行深入探讨，仅对其进行了简要介绍。TDD 作为一种高效且严谨的开发方法论，值得每一位开发者深入学习和实践。

如果你对 TDD 产生了浓厚的兴趣，并希望进一步掌握其核心思想、流程和技巧，建议参考以下书籍：《测试驱动开发：实战与模式解析》（Kent Beck）、《代码整洁之道》（Robert C. Martin）。

13.2 Flutter 中的 TDD 方案设计

13.2.1 Flutter 中单元测试的特点

选择 Flutter 作为开发框架的一个重要原因，就是它对单元测试的出色支持。这种支持不仅是 Flutter 框架设计的一部分，更是保证 TDD 流畅进行的重要基础。在 Flutter 中，单元测试的特点主要体现在以下两个方面。

（1）运行速度快

Flutter 的测试代码运行速度非常快，通常只需几秒，最慢也只需十几秒即可开始运行。这种高效性对于 TDD 的实践至关重要，因为在 TDD 中，开发者需要频繁地运行测试代码以验证功能的正确性。如果测试运行速度过慢，开发者的工作流会被严重打断，从而影响开发效率。

以 Android 原生开发为例，每次运行测试前可能需要先编译数分钟甚至更长时间，这对 TDD 的使用形成了巨大的阻碍。而 Flutter 在这方面提供了极佳的体验，使得开发者可以快速获得反馈，从而更高效地完成开发任务。

（2）优秀的 Widget Test

Flutter 的 Widget Test 为开发者提供了一种在 PC 上测试 UI 逻辑的解决方案。传统开发中，测试 UI 逻辑通常需要连接真机或模拟器，这不仅耗时，还可能因为设备问题导致测试结果不稳定。而 Flutter 的 Widget Test 则完全避免了这些问题，开发者可以直接在 PC 上运行测试，快速验证 UI 逻辑的正确性。

这种能力为 TDD 中覆盖 UI 逻辑提供了有力支撑。通过 Widget Test，开发者可以在编写 UI 代码的同时，编写对应的测试用例，确保 UI 逻辑的正确性和稳定性。

在客户端开发领域，TDD 长期以来一直是一个“理论上很美好，但实战中很鸡肋”的角色。究其原因，主要是受到运行速度、测试环境复杂性等现实因素的制约。例如，在原生开发中，每次运行测试前可能需要漫长的编译时间，或者需要连接真机进行 UI 测试，这些繁琐的流程严重阻碍了 TDD 的流畅实践。

然而，随着 Flutter 的出现，这一局面被彻底改变。Flutter 系统性地对单元测试和组件测试等功能进行了深度支持和优化，使得 TDD 在客户端开发领域终于从“理论上的王者”蜕变为“实战中的利器”。

13.2.2 架构与 TDD 的测试范围

让我们先从架构的角度来梳理一下 Flutter 项目的典型结构。以页面为视角，参考我们在第 6 章架构设计中提供的方案，一个页面的架构通常可以分为图 13-3 展示的几个部分。

① UI 部分：负责页面的布局和交互。

② Bloc 部分：承载业务逻辑，负责处理数据流和状态管理。

③ 基础模块：提供公共功能，可能与外部接口或第三方库交互。

在这个架构中，哪些部分需要通过 TDD 流程来驱动生成代码呢？以下是我们的测试原则和范围。

13.2.2.1 UI 部分的测试

在常规的 App 开发中，UI 细节（例如组件间的距离、组件的实际大小等）通常会随着 UI 设计人员的综合考量而频繁调整和优化。这种动态变化是 App 开发中的常态，尤其是在

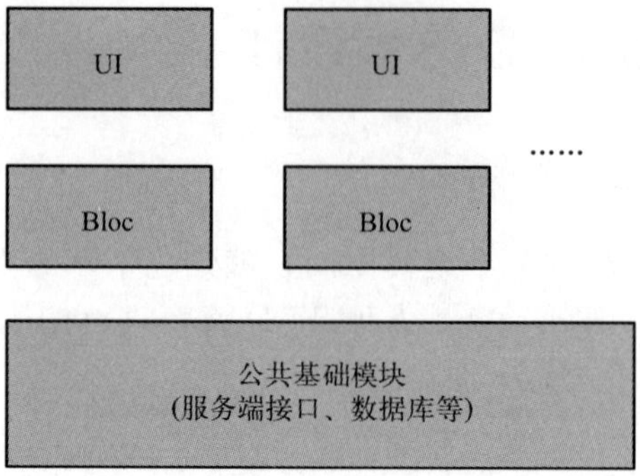

图 13-3　页面架构

快速迭代的开发模式下，UI 布局的细节可能会根据用户反馈或设计优化需求临时修改。然而，对 UI 布局细节进行单元测试往往非常繁琐且耗时，因为每处细微的调整都可能需要重新编写或更新测试用例。

因此，在 TDD 的实战中，我们通常建议忽略 UI 布局细节的测试，而将重点放在 UI 逻辑的测试上。UI 逻辑（例如点击事件、页面跳转、数据更新后的内容展示等）是用户交互的核心，直接影响用户体验，而布局细节的调整通常不会影响功能的正确性。通过专注于 UI 逻辑的测试，我们可以在保证功能稳定的同时，避免因 UI 细节变化而带来的额外测试负担。

但需要注意的是，如果是专门的 UI 组件库开发，情况则完全不同。UI 组件库的核心价值在于提供高度可复用且稳定的 UI 组件，因此布局细节的精确性和一致性至关重要。在这种情况下，测试必须覆盖到布局细节，以确保组件在不同场景下都能正确渲染，并满足设计规范。

测试范围如下。

要测试 UI 逻辑：例如点击后的动作、页面跳转、数据更新后相关内容的展示等。

不测试布局：例如控件的相对位置、控件大小等。

13.2.2.2　业务逻辑部分的测试

Bloc 代表的是页面功能对应的业务逻辑部分。即使采用的不是 Bloc 这个状态管理库，也会有对应的 Controller 等模块本质是一样的。同时随着项目规模扩大，也有可能封装出类似 UserService 这样的纯粹业务逻辑的代码封装。业务逻辑部分稳定性和正确性直接决定了应用功能的可靠性和用户体验的流畅性。因此，在开发过程中，必须通过 TDD 来确保业务逻辑的健壮性。通过先编写测试用例，再实现业务逻辑的方式，我们能够清晰地定义 Bloc 的行为边界，并在开发过程中持续验证其正确性。这不仅能够有效预防潜在 Bug 的出现，还能在需求变更或代码重构时提供快速反馈，从而保障应用功能的长期稳定性。

测试范围如下。

全部业务逻辑：负责处理数据流和状态管理，因此原则上所有业务逻辑都需要测试。

13.2.2.3　基础模块的测试

基础模块作为应用与外部系统（如网络接口、数据库、第三方库等）交互的桥梁，其稳定性至关重要。然而，外部系统的行为往往不可控，可能存在响应延迟、数据异常甚至服务中断等问题。为了降低这些不确定性对应用的影响，在 App 开发中，我们通常会对基础模块进行封装，将其与外部库、资源的调用逻辑解耦。

这种封装的核心思想是分离关注点：将基础模块的业务逻辑与外部依赖的具体实现隔离开来。例如，通过网络抽象层封装 HTTP 请求，通过数据访问层封装数据库操作，或者通过接口适配器封装第三方库的调用。这样，即使外部系统发生变化，只需调整封装层的实现，而无需修改业务逻辑部分，从而提升代码的可维护性和可扩展性。

通过这种方式，我们不仅能够有效隔离外部系统的不稳定性，还能为基础模块的单元测试提供便利。在测试中，可以使用 Mock 工具模拟外部系统的行为，确保测试的独立性和可靠性，从而为基础模块逻辑部分的健壮性提供有力保障。这种解耦设计是构建高质量、可维护应用的重要实践之一。

测试范围如下。

① 自身代码逻辑：基础模块中我们自己编写的逻辑需要测试。

② 外部调用参数：调用外部接口、数据库或第三方库时传入的参数需要测试。

③ 使用 Mock 工具：对接口、数据库、第三方库等的调用及返回数据，使用 Mock 工具进行模拟。

13.2.2.4 测试范围汇总

图 13-4 所示的测试范围是基于 App 的架构体系划分的。

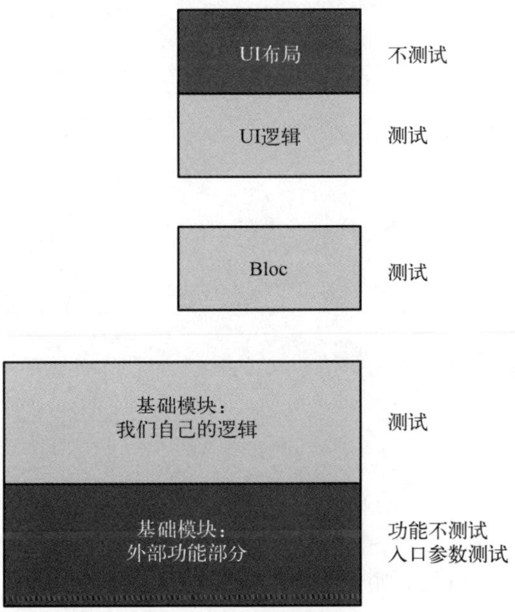

图 13-4 测试范围

在明确了测试范围之后，我们就可以在既定的范围内开始 TDD 的实战了。TDD 的核心流程是“先写测试，再写代码”，通过测试用例来驱动功能的实现，从而确保代码的正确性和健壮性。接下来，我们将重点介绍如何在 Flutter 中使用单元测试框架，帮助你高效地实践 TDD。

13.3 Flutter 单元测试框架

在 Flutter 的测试框架中，分为三个层次：单元测试、组件测试和集成测试。想象你正在建造一座高楼大厦。单元测试就像检查每一块砖头的质量，组件测试是验证每一层楼板的结构强度，而集成测试则是模拟地震来检验整栋建筑的抗震能力。在 Flutter 开发中，我们同样需要这样全方位的质量保障体系。

13.3.1 Dart 单元测试

如果把整个应用比作一座精密的钟表，那么单元测试就是钟表匠手中的放大镜，它让我们能够细致入微地检查每一个齿轮的运转是否完美。单元测试专注于验证业务逻辑中最小的可测试单元——函数或者函数中的一个逻辑分支。下面我们来看一下 Dart test 库为我们提供了哪些功能。

13.3.1.1 Dart test 库详解

在 Flutter 开发中，test 库是 Dart 语言官方的单元测试框架，专门用于验证纯 Dart 代码的逻辑正确性（如工具类、业务模型、算法等）。下面讲解其核心用法。

（1）基础测试结构

每个测试文件以“_test.dart”结尾，并遵循以下模式：

```
Dart
import 'package:test/test.dart';// 引入测试库

void main(){
  group('测试组描述',(){
    test('测试用例 1',(){
      // 断言验证
      expect(实际值,匹配器);
    });
    test('测试用例 2',(){
      //...
    });
  });
}
```

一个测试组用于验证一个完整的功能，其中每个测试用例是一个功能点。test 函数的第一个参数是测试例的说明，第二个参数是一个函数，用于执行测试过程。在执行过程中所有 expect 函数代表的断言都验证通过则整个测试例就通过了。

（2）基础断言（Assertions）

在测试中通过 expect 函数验证实际元素（例如变量）的值和预期是否一致。判断是否一致的方法是匹配器（Matchers）。举例如下。

```
Dart
test('数值比较',(){
  expect(1+1,equals(2));            // 等于
  expect(1,isNot(0));               // 不等于
  expect('hello',contains('ell'));  // 包含
});
```

表 13-1 列举了测试中经常会用到的匹配器及其用途。

表 13-1　常用匹配器

匹配器	用途
equals(value)	严格相等
isTrue/isFalse	布尔值验证
isNull/isNotNull	空值检查
throwsA(type)	验证异常抛出
hasLength(n)	集合长度验证

下面是验证是否抛出异常的示例：

```
Dart
test('异常测试',(){
  expect(()=>int.parse('abc'),throwsA(isA<FormatException>()));
});
```

这个例子中 expect 函数的第一个参数传入要验证的方法，expect 会调用该方法并利用匹配器检查是否抛出了指定的异常。

(3) 异步测试

Future 和 Stream 是 Dart 语言中实际使用率非常高的功能。test 库对这两个功能有很好的支持。测试例的执行方法可以是异步函数，内部可以直接使用 await 关键字。举例如下。

```
Dart
test('Future 测试',()async{
  final value=await Future.value(42);
  expect(value,42);
});

test('Stream 测试',()async{
  final stream=Stream.fromIterable([1,2,3]);
  await expectLater(stream,emitsInOrder([1,2,3]));
});
```

可以通过 await 等待一个异步过程结束，然后用 expect 验证结果。对于流这样比较复杂的异步场景，可以通过 expectLater 直接验证整个异步过程，它会返回 Future，并需要 await。

emitsInOrder 是专门针对流的匹配器，用于验证 Stream 按顺序发射特定值。在 Dart 的 test 库中，针对 Stream 测试提供了一系列强大的匹配器。

① 基础事件匹配器　表 13-2 列举了验证流中的单个事件的匹配器。

表 13-2　基础事件匹配器

匹配器	作用	示例
emits(value)	期望流发射单个指定值后完成	expectLater(stream,emits(1))
emitsError(error)	期望流发射单个错误	expectLater(Stream.error('fail'),emitsError('fail'))
emitsDone	期望流正常关闭(不关心之前的值)	expectLater(Stream.empty(),emitsDone)

② 多事件顺序验证　表 13-3 列举了验证流中事件序列的匹配器。

表 13-3　顺序匹配器

匹配器	特点
emitsInOrder(Iterable)	严格按顺序匹配多个事件(相当于 equals 的流版本)
emitsAnyOf(Iterable)	匹配任意一个指定事件(类似 contains 的流版本)
emitsThrough(matcher)	匹配直到满足条件的所有事件(包含目标事件)
emitsOnce(matcher)	确保指定事件只出现一次

示例：

```
Dart
// 验证 1,2,3 按顺序出现,且以完成事件结束
await expectLater(
  Stream.fromIterable([1,2,3]),
  emitsInOrder([1,2,3,emitsDone])
);

// 验证流中包含大于 2 的数字
await expectLater(
  Stream.fromIterable([1,3,2]),
  emitsThrough(greaterThan(2))
);
```

③ 高级流控制匹配器　表 13-4 列举了验证流逻辑行为的一些匹配器。

表 13-4　高级流控制匹配器

匹配器	使用场景
mayEmit(value)	允许但不要求发射该值(宽松匹配)
neverEmits(matcher)	确保从未发射符合条件的事件
consumesStream	仅验证流是否可被消费(不验证具体值)

示例：

```
Dart
// 验证流不会发射负数
await expectLater(
  priceUpdatesStream,
  neverEmits(lessThan(0))
);
// 允许但不要求发射 null
await expectLater(
  nullableStream,
  mayEmit(isNull)
);
```

④ 时间相关匹配器　表 13-5 列举了验证流中事件是否符合时间预期的方法，需配合 fake_async 包使用。

表 13-5　时间匹配器

匹配器	说明
emitsInTime(matcher)	验证事件在特定时间窗口内到达
completesIn(duration)	验证流在指定时间内完成

示例：

```
Dart
await expectLater(
  delayedStream,
  emitsInOrder([
    emitsInTime(const Duration(milliseconds:100),1),
    completesIn(const Duration(seconds:1))
  ])
);
```

下面是一个组合多种流匹配器的完整示例：

```
Dart
test('倒计时流测试',()async{
  final stream=Stream.periodic(
    Duration(seconds:1),
    (count)=>5-count
  ).take(6);// 5,4,3,2,1,0

  await expectLater(
    stream,
    emitsInOrder([
      equals(5),
      emitsAnyOf([3,4]),// 宽松匹配
      emitsThrough(2),    // 捕获直到 2 的所有值
      emits(1),
      emitsDone
    ])
  );
});
```

(4) 测试前准备和测试后清理

表 13-6 列举了测试前准备和测试后清理环境的方法，在单元测试中，setUp 和 tearDown 系列方法是管理测试环境的核心工具，它们能确保每个测试用例在独立、可控的环境中运行。

表 13-6　测试管理

方法	执行频率	典型用途
setUp	每个测试用例前	初始化测试变量、重置模拟对象
tearDown	每个测试用例后	释放资源、清理临时文件

续表

方法	执行频率	典型用途
setUpAll	整个测试组开始前	启动数据库、创建网络模拟服务器
tearDownAll	整个测试组结束后	关闭数据库、清理全局状态

示例：

```
Dart
void main(){
  // 整个测试文件中只执行一次
  setUpAll((){
    print('===启动测试套件===');
  });

  // 每个测试用例前执行
  setUp((){
    print('初始化 AuthService');
  });

  // 每个测试用例后执行
  tearDown((){
    print('清理测试痕迹,避免影响其他测试例');
  });

  // 所有测试结束后执行
  tearDownAll((){
    print('===清理测试套件===');
  });

  group(
    // 具体测试内容
  );
}
```

(5) 单元测试最佳实践

① 测试金字塔法则：70%的测试应该是单元测试。

② 每个测试用例保持独立：所有测试例都可以单独测试，不能有依赖关系。

③ 使用 setUp 和 tearDown 管理测试环境。

④ 善用 group 组织相关测试。

13.3.1.2 深入理解 Mock 在单元测试中的应用

在单元测试中，当被测代码依赖外部服务（如网络请求、数据库、系统服务等）时，使用 Mock 是隔离外部依赖的最佳实践。下面通过示例，详细解析 Mock 的使用方法和核心思想。

为什么需要 Mock?

① 隔离性：避免测试受网络、数据库等外部服务的不稳定性影响。

② 速度：绕过真实 IO 操作，使测试快速执行。

③ 确定性：可以模拟各种边界情况（如网络错误、超时等）。

④ 验证能力：能精确断言依赖如何被调用。

下面介绍使用 mockito 包的 mock 外部环境方法。

(1) 关键操作详解

假设我们要通过 mock 模拟一个发送 http 请求的 Client 类的行为。可以按照如下步骤操作。

① 创建 Mock 对象　代码如下。

```dart
class MockClient extends Mock implements Client{}
```

在使用 mockito 包创建 Mock 对象时，不需要手动实现被 Mock 的接口（如 Client）的方法。这是因为 mockito 的 Mock 类已经通过 Dart 的 noSuchMethod 机制自动处理了所有未实现的方法调用。

② 行为配置方法　当我们需要在测试中模拟 Client 类的 get 方法的返回值时，可以使用 when() 配置指定的返回值。代码如下。

```dart
test('Mock get 方法',(){
  final mockClient=MockClient();

  // 配置 get 方法
  when(mockClient.get(any)).thenAnswer((_)async=>Response('',200));

  expect(...);
});
```

when 是 mockito 库中用于配置 Mock 对象行为的核心方法，其基本语法和常见用法如下：

```dart
when(mockObject.methodCall()).thenReturn(value);
```

表 13-7 列举了 mock 中支持的返回方式。

表 13-7　when 的返回方法

方法	用途	示例
thenReturn	返回固定值	when(mock.get()).thenReturn(42)
thenAnswer	动态生成返回值	when(mock.get()).thenAnswer((_)=>DateTime.now())
thenThrow	抛出异常	when(mock.get()).thenThrow(TimeoutException())
thenAnswer+async	异步返回值	when(mock.fetch()).thenAnswer((_)async=>await data)

当模拟的函数有参数时，默认情况下 when 语句需要指定精确匹配的参数，如果参数不匹配则 when 语句没有发挥作用。以下是参数匹配的一些技巧：

```dart
// 精确匹配参数
when(mock.get('specific_url')).thenReturn(value);// 调用时必须传入'specific_url'才能匹配
```

```
// 匹配任意参数
when(mock.get(any)).thenReturn(value);

// 使用高级匹配器
when(mock.get(argThat(contains('api')))).thenReturn(value);// 包含'api'即可匹配
```

③ 验证方法被调用　代码如下。

```
Dart
// 验证方法是否被调用
verify(mockClient.get(any)).called(1);
// 验证参数匹配
verify(mockClient.get('https://exact.url')).called(1);
```

（2）注意事项

① 必须在调用前配置：先 when() 再执行被测代码。

② 最后一次配置生效：重复配置会覆盖之前的行为。

③ 支持链式调用：代码如下。

```
Dart
when(mock.method())
  .thenReturn(1)
  .thenReturn(2)  // 第二次调用返回 2
  .thenThrow(Error());// 第三次抛出异常
```

13.3.2　Widget 组件测试

Dart 的 test 包主要负责进行代码逻辑的测试，但是无法验证 UI 布局的正确性。而 Flutter 的 flutter_test 包则为我们提供了验证 UI 布局的能力。Flutter 的 flutter_test 包是专门为 Widget 测试设计的强大工具集，它让开发者能够在脱离真实设备的环境下，对 UI 组件进行全面测试。下面我们将从基础到高级，全面解析这个核心测试包的使用方法。

13.3.2.1　flutter_test 包基本用法

（1）添加依赖

在 pubspec.yaml 中确保已包含（新项目默认已集成）依赖：

```
YAML
dev_dependencies:
  flutter_test:
    sdk:flutter
```

（2）基本测试结构

每个测试文件仍然要以“_test.dart”结尾，并遵循以下模式：

```
Dart
import 'package:flutter_test/flutter_test.dart';
```

```
void main(){
  testWidgets('测试描述',(WidgetTester tester)async{
    // 测试代码将写在这里
  });
}
```

代码解释如下。

① testWidgets：Flutter 特有的测试函数，专为 Widget 测试设计，它的第一个参数是描述测试里的文本，第二个参数是测试方法。

② 测试方法：是一个异步方法，因为 Widget 渲染是异步过程，需要异步测试。

③ WidgetTester：测试方法传入 WidgetTester，它提供与 Widget 交互的能力。

（3）Widget 渲染测试

Flutter Widget 渲染测试的核心模式：渲染→查找→验证。下面基于这个模式来测试一个 Text 组件的文本显示是否正确：

```
Dart
testWidgets('TextWidget 显示测试',(tester)async{
  await tester.pumpWidget(
    MaterialApp(home:Text('Hello World'))
  );

  expect(find.text('Hello World'),findsOneWidget);
});
```

代码解释如下。

① pumpWidget：将 Widget 渲染到测试环境，它类似真实 App 中的 runApp()，因此必须使用 await 等待完成。

② MaterialApp 包裹：提供必要的 Material Design 上下文。一般来说即使测试简单 Widget 也建议包裹，确保环境和 App 中的运行环境一致。

③ find.text()：查找器（Finder），在 Widget 树中查找显示指定文本的 Widget。

在 Flutter 的 flutter_test 包中，find 对象提供了多种查找器（Finder）来定位 Widget 树中的特定组件。以下是常用查找器：

① 基础查找器如下。

find.text(String text)：查找显示指定文本的 Widget（如 Text（'Hello'））。

find.byType(Type type)：查找特定类型的 Widget（如 find.byType(ElevatedButton)）。

find.byKey(Key key)：通过 Key 查找 Widget（如 find.byKey(ValueKey('submit'))）。

find.byWidget(Widget widget)：查找与指定 Widget 实例完全匹配的 Widget。

② 组合查找器如下。

find.descendant({required Finder of,required Finder matching})：在父 Widget 下查找子 Widget（如查找 ListView 中的 Card）。

find.ancestor({required Finder of,required Finder matching})：查找目标 Widget 的祖先 Widget。

下面是组合查找的示例：

```Dart
// 查找 ListView 中的第三个 Card
find.descendant(
  of:find.byType(ListView),
  matching:find.byType(Card),
).at(2);// 索引从 0 开始

// 查找红色按钮
find.byWidgetPredicate(
  (w)=>w is ElevatedButton && w.style?.backgroundColor==Colors.red
);
```

③ 条件查找器如下。

find.byElementPredicate(...)：自定义 Element 匹配逻辑。

find.byWidgetPredicate(...)：自定义 Widget 匹配逻辑（如 find.byWidgetPredicate((w) =>w is Card && w.color==Colors.red))。

④ 图标/图像查找器如下。

find.byIcon (IconData icon)：查找特定图标（如 find.byIcon(Icons.search))。

find.image(ImageProvider image)：查找显示指定图像的 Widget。

⑤ 文本相关查找器如下。

find.textContaining(String text)：查找包含部分文本的 Widget。

find.widgetWithText(Type widgetType, String text)：查找特定类型且包含文本的 Widget（如 find.widgetWithText (Card, 'Title') ）。

此外，还有多种匹配器，举例如下。

findsOneWidget：匹配器（Matcher)，预期找到且仅找到一个匹配的 Widget。

其他常用匹配器列举如下。

findsNothing：找不到。

findsNWidgets(2)：找到指定数量。

findsWidgets：找到至少一个。

(4) 测试执行流程

① 测试框架搭建虚拟的 Flutter 环境。

② 渲染 MaterialApp 包含的 Text 组件。

③ 在 Widget 树中搜索文本内容为"Hello World" 的 Widget。

④ 验证是否恰好找到一个匹配项。

⑤ 报告测试结果（成功/失败)。

(5) 交互测试

渲染测试验证的是某个 UI 元素是否被正确的展示，而交互测试则是验证某个用户行为是否正确响应，例如按钮是否被点击。交互测试的核心模式：渲染→查找→触发→验证。

在实际开发中我们通常会通过验证交互行为造成的影响来判断交互是否发生，例如按钮点击后会修改某个变量，就可以通过验证变量的值判断按钮是否被点击。下面是一个示例：

```Dart
testWidgets('按钮点击测试',(tester)async{
  var tapped=false;
```

```
  await tester.pumpWidget(
    MaterialApp(home:
      ElevatedButton(
        onPressed:()=>tapped=true,
        child:Text('Click me')
      )
    )
  );
  await tester.tap(find.byType(ElevatedButton));
  expect(tapped,isTrue);
});
```

代码解释如下。

tester.tap：模拟用户点击操作，它的参数是找到指定按钮的查找器。通过 await 等待异步点击动作完成后通过 expect 进行变量值的验证。

(6) 状态变化测试

状态变化组件是 Flutter 实现复杂 App 交互的核心，验证一个组件的状态变化的常规流程是：渲染→查找→触发变化→渲染→验证。下面来看一个例子，测试计数器组件的计数是否增加，代码如下。

```
Dart
testWidgets('计数器增加测试',(tester)async{
  await tester.pumpWidget(MyCounterApp());

  // 初始状态验证
  expect(find.text('0'),findsOneWidget);

  // 模拟点击
  await tester.tap(find.byIcon(Icons.add));
  await tester.pump();// 重建 Widget

  // 状态变化验证
  expect(find.text('1'),findsOneWidget);
});
```

代码解释如下。

① pumpWidget：第一次渲染 MyCounterApp（假设是一个包含计数器逻辑的 StatefulWidget）。

② find.text('0')：验证计数器初始值为 0，确保状态初始化正确。

③ tester.tap：模拟点击增加计数器按钮。

④ pump()：触发 Widget 重建，使状态变更生效。这个操作类似真实环境中的 setState () 调用。若不调用 pump()，状态变更不会立即反映到 UI。

⑤ find.text ('1')：验证计数器值从 0 变为 1，确认交互操作正确触发了状态更新。

注意，这种测试模式是 Flutter 声明式 UI 的典型验证方式，强调通过 UI 表现间接测试状态逻辑，而非直接访问状态变量。在真实项目中可能通过 Bloc 等状态管理方案实现逻辑和 UI 的分离，这种情况下需要针对 Bloc 的逻辑进行单元测试，再通过 mock 模拟 Bloc 的状态变化，对 UI 进行不同状态下渲染结果的测试。

13.3.2.2 高级测试技巧

（1）异步操作处理

前面测试状态变化只需要在状态更新后刷新 UI 的一帧即可。我们来考虑一下下面的场景，组件从服务器异步加载数据，这时组件显示 CircularProgressIndicator（进度圈）效果。数据加载完成后组件更新展示具体内容。这个流程该如何测试呢？来看一下示例：

```
Dart
testWidgets('异步数据加载测试',(tester)async{
  await tester.pumpWidget(MyAsyncLoader());

  // 初始加载状态
  expect(find.byType(CircularProgressIndicator),findsOneWidget);

  // 等待异步完成
  await tester.pumpAndSettle();

  // 完成状态验证
  expect(find.text('Loaded!'),findsOneWidget);
});
```

代码解释如下。

① 首先渲染组件并判断 CircularProgressIndicator 进度圈是否展示。

② pumpAndSettle()：持续触发帧刷新，直到所有异步操作（如网络请求）和动画完成。替代真实环境中的等待时间，确保测试同步执行。

③ 异步动作完成后再验证 UI 内容是否符合预期。

注意，这个功能可以用于测试动画效果，例如一个组件从 A 点移到 B 点的过程。在实际的 TDD 执行过程中，我们会把异步数据加载分成多个测试例，例如 UI 部分会测试 Loading 状态、加载到数据状态和 Error 状态时不同的 UI 效果，这时会通过 mock 的 Bloc 实现状态切换，不需要真的去加载数据。而测试 Bloc 的数据加载时则通过 mock 网络接口实现返回不同数据，验证不同数据情况下 Bloc 是否正确地更新了状态。

（2）导航和路由测试

如何验证点击某个按钮后导航到新页面，下面是一个标准方法：

```
Dart
testWidgets('页面跳转测试',(tester)async{
  await tester.pumpWidget(MaterialApp(home:HomePage()));

  // 点击导航按钮
  await tester.tap(find.text('Go to Details'));

  // 持续更新 UI 直到整个导航过程完成
  await tester.pumpAndSettle();

  // 验证新页面
  expect(find.byType(DetailsPage),findsOneWidget);
});
```

注意，在 TDD 的实战中更常用的做法是将这个过程拆分成两部分：

① 点击导航按钮调用了封装好的页面跳转方法，并且传入参数正确。

② 单独测试页面跳转方法，在不同的参数下能正确跳转。

(3) 黄金测试 (Golden Test)

考虑下面的场景，App 中有一个广告位，在产品的迭代中需要保证广告位的渲染效果不能有任何变化。如何实现这种测试呢？我们可以将正确的渲染效果截图保存下来，然后每次产品迭代后将新的渲染效果和之前保存的图片进行像素级对比，以验证正确性。通常我们将这个保存的图片叫作“黄金文件”(Golden File)。

flutter_test 包为我们提供了将渲染效果和 Golden File 进行对比的功能。

```dart
Dart
testWidgets('商品卡片视觉回归测试',(tester)async{
  await tester.pumpWidget(MaterialApp(home:ProductCard()));

  await expectLater(
    find.byType(ProductCard),
    matchesGoldenFile('goldens/product_card.png'),
  );
});
```

代码解释如下。

① expectLater：异步断言，适用于需要等待渲染完成的场景（如动画或布局稳定）。

② matchesGoldenFile：将当前渲染的 ProductCard 与预存的图片 goldens/product_card. png 进行像素级比对。

注意：

① 使用流程　首次运行时会生成参考图片（goldens/product_card. png），后续测试会与之对比。

② 文件路径规范　goldens/是约定俗成的目录名，需手动创建。图片需提交到版本控制中，作为基准参考。

③ 测试覆盖范围　验证组件在给定数据下的渲染结果。不测试交互逻辑（如点击事件），仅验证静态 UI。

④ 更新黄金文件　确认是预期变更→更新黄金文件（flutter test --update-goldens）。

⑤ 使用场景　这种测试方式特别适合电商类应用的商品卡片、广告位等需要严格保证 UI 一致性的场景。建议在 CI 流程中加入黄金测试，防止 UI 意外变更。通常 TDD 中不会用到这种测试方式，这更多的是 CI/CD 流程的一部分。

13. 3. 2. 3　组件测试最佳实践

① 保持测试独立：每个测试应该互不影响。

这包括合理使用 setUp/tearDown，即保证每个测试可以独立运行，不同运行顺序对结果没有影响。

② 避免过度测试实现细节：好的 Widget 测试应该像用户一样思考，验证的是组件的外部行为而非内部实现细节。在实战中可参考前面讲的测试范围。

③ 保持测试快速：单个测试文件运行时间应控制在秒级，避免大量异步等待的测试。

13.3.3 集成测试

集成测试作为软件质量保障体系中的关键环节，是在真实设备或模拟环境中对整个应用程序进行验证的重要测试手段。与单元测试聚焦单个模块不同，集成测试更侧重于验证各模块间的交互逻辑和整体功能表现。

在现代软件开发实践中，集成测试通常具备以下特征。

① 功能导向：主要验证系统功能的完整性和正确性，而非单个模块的实现细节。

② 自动化执行：常被纳入 CI/CD 流水线，实现核心功能的自动化验证。

③ 专业分工：成熟团队通常设有专职测试开发工程师负责编写和维护集成测试代码。

④ 效率提升：通过自动化回归测试，显著降低人工测试成本，确保迭代质量。

这种测试方式不仅能及时发现接口兼容性和模块协作问题，还能有效验证系统在真实环境中的表现，为产品持续交付提供可靠的质量保障。

本章重点探讨以单元测试驱动开发（UTDD）为核心的 TDD 实践，其测试范围主要覆盖独立函数/方法验证（通过 `test` 包）和组件级测试（通过 `flutter_test` 包）。由于集成测试涉及跨模块交互和端到端流程验证，属于更宏观的测试层级，相关内容建议参考官方 `integration_test` 包文档。对于希望采用验收测试驱动开发（ATDD）的读者，需注意其测试金字塔定位更高，通常需要结合集成测试能力来验证完整的用户场景。

13.3.4 构建你的测试策略

虽然 TDD 会深度依赖该测试体系中的许多环节（如单元测试、自动化验证等），但即使不采用 TDD 的开发方式，这套体系依然能为开发者提供强大的质量保障。因此，本小节的重点是帮助读者掌握测试体系的构建方法，而不仅仅是 TDD 本身。这套方法论适用于各种开发场景，是打造健壮软件系统的关键基础。下面是测试体系的整体概括。

优秀的测试策略应遵循金字塔分层原则：

① 单元测试（60%）——全面覆盖核心业务逻辑。

② 组件测试（25%）——验证关键 UI 交互与状态。

③ 集成测试（10%）——保障端到端业务流程畅通。

④ 黄金测试（5%）——锁定重要视觉组件的像素级一致性。

这种分层结构既保证了快速反馈（底层单元测试高频执行），又通过上层测试系统性守护用户体验，实现效率与质量的平衡。

13.4 实战案例：购物车页面开发

13.4.1 需求描述

我们已获得完整的电商 App 项目需求文档及 UI/UE 设计稿，现需要采用 TDD 模式实现核心功能模块。我们以实现购物车的部分功能为例，详细展示如何运用 TDD 方法论，从需求拆解到代码实现的完整开发流程。

基于提供的设计规范，我们识别出以下关键功能点。

① 商品信息展示：完整呈现商品图片、名称、规格属性，准确显示单价、购买数量及单品总价。

② 交互功能：数量增减操作（±按钮），单选/全选切换功能，商品删除操作。

③ 金额计算：实时计算选中商品总金额，优惠券抵扣计算，运费计算逻辑。

13.4.2 将需求拆解为任务

在 TDD 实践中，开发人员的核心任务是将需求转化为可执行的测试用例。我们推荐采用分层拆解的策略来系统性地完成这一转化过程。以购物车模块为例，不建议直接拆解为大量细碎的测试用例，而是建议先进行模块层面的结构化分解。

具体而言，我们通常采用两级拆解方法：

① 首先将购物车模块划分为 UI 展示层和业务逻辑层两个主要部分。

② 然后针对每层进一步拆解为具体的功能点或任务单元。

当然，实践中也存在另一种可行的拆解路径：

① 先按功能维度拆解为多个独立任务。

② 再为每个任务区分 UI 和业务逻辑的实现。

这两种拆解方式各有优势，具体选择需要根据项目特点、团队习惯和技术架构等因素综合考量。基于我们的实践经验，由于 UI 交互与业务处理往往存在多对多的映射关系，采用先区分 UI 和业务逻辑的拆解方式通常能带来更好的可维护性和测试独立性。

购物车的 UI 部分可以拆解为以下几个任务：用户可以查看展示购物车列表，用户在每个购物车商品上可以进行删除操作，用户可以批量选中商品进行删除，用户在每个购物车商品上可以修改数量。

对于业务逻辑可能拆解为以下几个任务：用户可以将商品加入购物车，用户可以从购物车中删除商品，用户可以查看购物车中的所有商品。

从加入购物车这个功能点就可以看出来，对于购物车页面来说可能在 UI 上没有这个的功能。但是从业务逻辑来看是有这个功能的，这个功能是提供给其他页面比如商品详情页使用的。

现在有了具体的任务，接下来就可以把每个任务拆解为一个或者多个测试例了。

13.4.3 任务拆解为测试用例

我们在 UI 和业务逻辑中各拿出一个任务进行拆解。

(1) UI：在单个购物车商品上进行点击删除按钮

拆解任务如下：在商品上横滑展示操作菜单；点击删除按钮调用删除操作；删除成功更新商品列表；删除失败，更新商品列表，toast 提示失败原因。

(2) 业务逻辑：从购物车中删除商品

① 正常删除：传入商品列表，返回删除成功。

从 UI 上可能有在商品上横滑和批量选中两种删除方式，但是在业务逻辑的实现上可能只需要提供批量删除一种操作就可以了。

② 异常删除 1：部分商品 id 异常，返回失败商品 id 列表。

部分 id 异常的场景可能是有的商品在其他终端已经删除了，但是当前页面没有更新。

③ 异常删除 2：全部商品 id 异常，返回失败商品 id 列表。

部分 id 异常和全部 id 异常的后台操作可能不一样，这取决于产品业务逻辑如何设计。如果产品设计这两种操作一致，则可能没有必要区分这个测试例。

通常来说拆分测试例后要和产品及测试的技术人员做一个简单的核对。这主要是为了保证不同部门间对产品细节的理解是一致的，以及避免遗漏场景。

还要注意一点，测试例的拆解没有一个统一的标准。不同项目、不同技术选型、不同团队拆解的思路可能会有差异。一个经验准则是单个测试例的完成时间在 15min 以内。但这只是一个粗略的估计标准，不能严格限制，如果某个测试例碰到难点，那就按照实际情况去完成就好，不必强求 15min。

有了测试例接下来就可以按照 TDD 的标准流程进行测试和实际代码的开发。

13.4.4 红灯、绿灯、重构

图 13-5 是 TDD 的核心流程，让我们来看看这个核心流程是如何具体操作的。

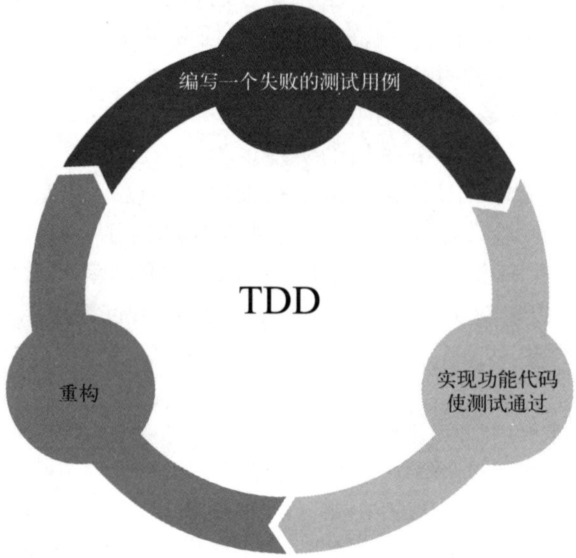

图 13-5　红灯-绿灯-重构

13.4.4.1　红灯：编写第一个失败的测试用例

在选择测试用例的时候一定不要选择依赖其他未实现功能的测试用例。

比如，如果你第一个测试用例选择了“在商品上横滑展示操作菜单”就不太合适，因为这个删除功能是依赖于展示商品列表的。因此，这时第一个测试用例可能是“用户打开购物车页面，页面标题是购物车”。

这个测试用例的示例代码如下：

```
Dart
testWidgets('打开购物车页面后,标题应为购物车',(WidgetTester tester)async{
    // 构建 CartPage 页面
    await tester.pumpWidget(MaterialApp(
      home:CartPage(),
    ));

    // 查找标题文本(AppBar 中的标题)
    final titleFinder=find.text('购物车');

    // 验证标题是否显示在页面上
    expect(titleFinder,findsOneWidget);
  });
```

执行流程如下。

理论上这时候我们还没有写任何购物车相关的业务代码，所以这时候写的任何测试代码都是无法测试通过的，甚至会 IDE 语法报错。这就是标准的红灯状态的一种。所以其实红灯状态有两种典型的情况。

① 测试代码执行报错，通常在 IDE 中用红色 test 运行信息提示。

② 测试代码有语法错误无法执行，比如测试代码使用的类、方法不存在。通常 IDE 的编辑器也会用红色的波浪线提示语法错误。

那么在这个例子中，CartPage 并不存在，IDE 会提示语法错误，我们的红灯这一步就完成了。

13.4.4.2 绿灯：实现功能代码使测试通过

接下来，按照测试用例的要求逐步实现功能代码。这里有两个关键点。

① 小步前进：每次只实现足够让一个测试通过的功能，确保每次提交的代码都是可测试的和可工作的。

② 避免过早优化：只实现最基本的功能，避免过度设计和优化，先让测试通过，再考虑其他细节。

这两个要点其实本质上是一件事，就是实现功能的时候就专心用最简单最快速的方法满足测试用例的要求。这里不要分心去考虑代码结构是否合理，代码逻辑是否需要抽象等问题，TDD 接下来的重构步骤会让你专门去做这些事。

基于上面的原则，我们实现最简单的购物车页面：

```java
class CartPage extends StatelessWidget{
  @override
  Widget build(BuildContext context){
    return Scaffold(
      appBar:AppBar(
        title:Text('购物车'),  // 页面标题
      ),
    );
  }
}
```

接下来重新运行所有测试代码，所有测试用例通过，绿灯这一步就完成了。

13.4.4.3 重构：优雅的代码实现

代码重构是一项旨在提升代码质量的关键实践，其核心目标是通过优化内部结构来增强代码的可读性和可维护性，同时严格保持功能的正确性。在开发过程中，我们通常会经历两个不同的思维阶段。

① 功能实现阶段：专注于快速实现需求功能，暂时搁置对代码质量的考量。

② 代码优化阶段：集中精力提升代码的简洁性、清晰度和优雅度，只要确保对外接口不变，功能就不会受到影响

以初始版本的购物车页面为例，虽然代码结构简单直接，看似没有明显的优化空间，但坚持重构思维至关重要。这源于人类大脑的“节能”特性：如果不主动要求大脑寻找优化点，我们往往会满足于现状。然而实践表明，通过系统性的审视，我们通常能在看似完美的代码中发现多处可改进之处。

重构完成后，必须确保所有测试用例通过，这是验证功能一致性的关键环节。在 TDD 的框架下，当重构后的代码通过全部测试时，不仅意味着重构步骤的完成，也标志着该功能点的开发工作圆满结束。

这种持续重构的实践，配合完善的测试保障，能够有效避免技术债务的积累，确保代码库长期保持健康状态。记住，优秀的代码不是一蹴而就的，而是通过不断迭代优化逐渐形成的。

13.4.4.4 循环上述步骤

在开发过程中，你会不断循环进行前面的三个操作：编写新的测试用例；实现代码使测试通过；重构代码，确保结构清晰。

直到所有的测试例都实现完成，基础开发工作就完成了。

13.4.5 集成与端到端测试

当各个功能模块完成时，可以进行集成测试和端到端测试，确保系统的整体协同工作。

集成测试：验证不同模块之间的接口是否正确，确保数据流通和功能集成。

端到端测试：模拟用户从头到尾的交互流程，确保整体应用的流程符合需求。

这里面集成测试一定是开发者完成的，但是端到端测试可能开发者只完成其中最基础的部分。更完整的端到端测试可能会交给测试团队进行。

笔者建议有能力的团队这两步一定要进行自动化。因为随着一次次迭代，项目规模越来越大，靠人工测试后期不可能做到每个迭代都覆盖到所有功能。

到了这里，研发部分的整个开发流程就走完了，后面就是客户验收交付或者发布上线等环节。

TDD 是一种以测试为先导的软件开发方法，其核心在于通过“红-绿-重构”的循环来推动代码演进。首先开发者需要编写一个描述功能需求的测试用例（红），此时测试会因缺少实现而失败；接着编写刚好能通过测试的最小代码（绿）；最后在不改变外部行为的前提下优化代码结构（重构）。这种循环确保了每个功能点都有明确的验证标准，同时通过持续的小步迭代避免了过度设计。

TDD 的本质不仅是测试技术，更是一种设计方法和需求分析工具。Kent Beck 将其定义为“通过测试来澄清需求，通过重构来发现设计”的过程。开发者需要将复杂需求拆解为可验证的独立任务，测试用例本身成为需求的精确描述文档。这种方法特别适合逻辑复杂或需要长期维护的项目，虽然初期会增加 20%～30%的时间成本，但能显著减少后期调试和维护工作量。

在 Flutter 开发中采用 TDD 确实是一种极具价值的实践方式。通过本章内容，我们重点展示了如何在 Flutter 项目中有效实施 TDD，而非全面讲解 TDD 本身。核心要点包括以下几个方面。

① 架构设计的关键性：合理的分层架构（如 Bloc 模式）是 TDD 顺利实施的基础。通过将 UI 层与业务逻辑层解耦，可以更轻松地为各个组件编写测试。例如购物车模块可拆分为 CartPage(UI)、CartBloc（逻辑）和底层服务，这种结构使得每个部分都能独立测试。

② 依赖注入的实践：在 Flutter 中实现 TDD 需要特别注意依赖管理。推荐采用构造函数注入或工厂方法模式，避免直接硬编码依赖对象。这不仅能提高代码的可测试性，也符合 SOLID 原则。例如通过 `CartPage({this.cartBloc=CartBloc()})`这样的设计，可以方便地在测试中替换模拟对象。

③ 测试覆盖策略：Flutter 的快速测试运行和优秀的 Widget 测试支持，使得 TDD 流程更加高效。建议重点测试业务逻辑和 UI 交互，而对纯布局代码可以适当放宽。Bloc 作为业

务核心应当全面测试，而外部服务调用则可通过 mock 工具模拟。

这些实践为开发者打开了 TDD 的大门，但最终每个团队都需要根据项目特点（如复杂度、团队规模等）调整实施方式。从简单功能（如计算器）开始实践 TDD，逐步扩展到复杂模块，是一种有效的学习路径。Flutter 优秀的测试支持使其成为实践 TDD 的理想框架，希望开发者能通过这些基础实践，探索出最适合自己项目的开发流程。

在实践中，TDD 要求开发者遵循三条铁律：①仅当测试失败时才编写生产代码；②测试代码只需足够引发失败；③生产代码只需足够通过测试。这种约束强制形成了“需求→测试→实现→验证”的闭环，配合 FIRST 原则（快速、独立、可重复、自验证、及时）的测试设计，能构建出高内聚低耦合的代码结构。值得注意的是，TDD 并不局限于单元测试，而是包含不同粒度的功能测试组合。

总之希望各位开发者能由此进入一个更广阔的开发世界。